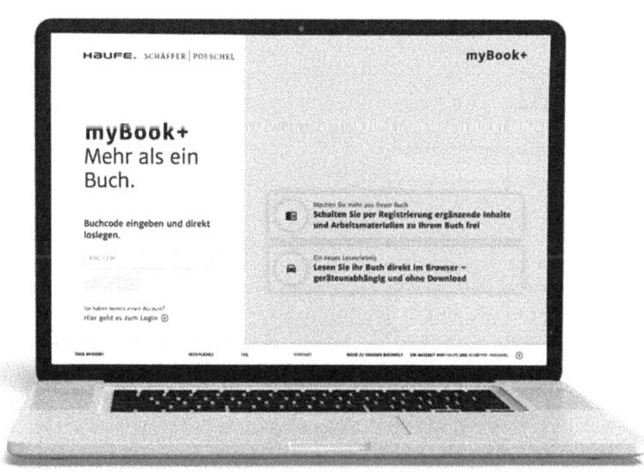
HAUFE. SCHÄFFER | POESCHEL
myBook+
myBook+
Mehr als ein Buch.
Buchcode eingeben und direkt loslegen.
Schalten Sie per Registrierung ergänzende Inhalte und Arbeitsmaterialien zu Ihrem Buch frei
Lesen Sie Ihr Buch direkt im Browser – geräteunabhängig und ohne Download

Verfahrensdokumentation nach GoBD

Michael Bissinger/Elisa Lutz

Verfahrensdokumentation nach GoBD

Praxisleitfaden für Umsetzung und Betriebsprüfung

1. Auflage

Schäffer-Poeschel Verlag Stuttgart

Bibliografische Information der Deutschen Nationalbibliothek

Die Deutsche Nationalbibliothek verzeichnet diese Publikation in der Deutschen Nationalbibliografie; detaillierte bibliografische Daten sind im Internet über http://dnb.dnb.de/ abrufbar.

Print: ISBN 978-3-7910-6240-2 Bestell-Nr. 11132-0001
ePub: ISBN 978-3-7910-6241-9 Bestell-Nr. 11132-0100
ePDF: ISBN 978-3-7910-6242-6 Bestell-Nr. 11132-0150

Michael Bissinger/Elisa Lutz
Verfahrensdokumentation nach GoBD
1. Auflage, Juni 2024

www.schaeffer-poeschel.de
service@schaeffer-poeschel.de

Bildnachweis (Cover): © Umschlag: Stoffers Grafik-Design, Leipzig

Produktmanagement: Rudolf Steinleitner
Lektorat: Petra Bandl
Abbildungen: Michael Bissinger

Schäffer-Poeschel Verlag Stuttgart
Ein Unternehmen der Haufe Group SE

Vorwort

In einer Zeit, in der die steuerliche Welt sich nicht nur dreht, sondern im Zuge der Digitalisierung regelrecht um ihre eigene Achse tanzt, sind zahlreiche Verpflichtungen und Regelungen für Unternehmen hinzugekommen oder komplexer geworden. Die Grundsätze zur ordnungsmäßigen Führung und Aufbewahrung von Büchern, Aufzeichnungen und Unterlagen in elektronischer Form gehören unweigerlich dazu und haben die Verpflichtung zur Erstellung einer Verfahrensdokumentation mit sich gebracht.

Das vorliegende Werk soll eine praxisnahe Arbeitshilfe und Orientierung bei der Erstellung der Verfahrensdokumentation für Unternehmen und die Steuerberatung gleichermaßen bieten. Es taucht tief in die Materie ein und versucht, die Vorgaben verständlich und anwendbar darzustellen. Dabei wurden auch die Grauzonen nicht ausgespart, denen man in der Praxis begegnet. Der Leitfaden gibt konkrete Hinweise, wie man trotz der Unschärfe in den BMF-Schreiben eine Verfahrensdokumentation erstellt, die den Anforderungen der Finanzverwaltung standhält und zusätzlich einen Mehrwert für das Unternehmen bieten kann.

Die Verfahrensdokumentation wird als Thema von zentraler Bedeutung im Kontext der digitalen Buchführung angesehen. Der Fokus liegt darin, die Inhalte so praxisnah wie möglich zu gestalten. Und obwohl die Verfahrensdokumentation im Arbeitsalltag häufig als bürokratische Notwendigkeit wahrgenommen wird, ist es das Ziel, aufzuzeigen, dass eine detaillierte und gut durchdachte Verfahrensdokumentation nicht nur gesetzliche Pflichtkür ist, sondern auch ein effektives Instrument für die effiziente Umsetzung der Digitalisierung und das interne Kontrollsystem des Unternehmens sein kann.

Mit dem vorliegenden Buch möchten wir den Lesern ein Instrumentarium an die Hand geben, um die Brücke zwischen den notwendigen gesetzlichen Anforderungen und deren praktischer Umsetzung zu schlagen.

Bei Redaktionsschluss war das BMF-Schreiben vom 11.03.2024 noch nicht im Bundessteuerblatt veröffentlicht. Daher wird bei der Zitierung in diesem Buch auf die Bekanntmachung verwiesen, die der Plattform Juris zu diesem Zeitpunkt zu entnehmen war.

Aus Gründen der besseren Lesbarkeit wird bei Personenbezeichnungen und personenbezogenen Hauptwörtern in diesem Buch das generische Maskulinum verwendet. Entsprechende Begriffe gelten im Sinne der Gleichbehandlung grundsätzlich für alle Geschlechter. Die verkürzte Sprachform hat nur redaktionelle Gründe und beinhaltet keine Wertung.

Stuttgart, im April 2024
Elisa Lutz
Michael Bissinger

Inhaltsverzeichnis

Abkürzungsverzeichnis

Abs.	Absatz
ADF	Automatic Document Feeder
AEAO	Anwendungserlass zur Abgabenordnung
AktG	Aktiengesetz
AO	Abgabenordnung
Art.	Artikel
AWV	Arbeitsgemeinschaft für wirtschaftliche Verwaltung e. V.
BMF	Bundesministerium der Finanzen
BPMN	Business Process Model and Notation
BpO	Betriebsprüfungsordnung
BStBl	Bundessteuerblatt
BStBK	Bundessteuerberaterkammer
COSO	Committee of Sponsoring Organizations of the Treadway Commission
CRUD	Create Read Update Delete
DAC7	Directive on Administrative Cooperation in the Field of Taxation
DFKA	Deutscher Fachverband für Kassen- und Abrechnungssystemtechnik
DMS	Dokumentenmanagement-System
DOMEA	Dokumentenmanagement und elektronische Archivierung im IT-gestützten Geschäftsgang
DSFinV-K	Digitale Schnittstelle der Finanzverwaltung für Kassensysteme
DSGVO	Datenschutzgrundverordnung
DStR	Deutsches Steuerrecht
DStV	Deutscher Steuerberaterverband e. V
DStZ	Deutsche Steuer-Zeitung
DV	Datenverarbeitung
EPK	Ereignisgesteuerte Prozesskette
EStH	Einkommensteuer-Handbuch
e. V.	eingetragener Verein
FAIT	Fachausschuss für Informationstechnologie
GDPdU	Grundsätze zum Datenzugriff und zur Prüfbarkeit digitaler Unterlagen
gem.	gemäß
GoB	Grundsätze ordnungsgemäßer Buchführung
GoBD	Grundsätze zur ordnungsmäßigen Führung und Aufbewahrung von Büchern, Aufzeichnungen und Unterlagen in elektronischer Form sowie zum Datenzugriff
GoBS	Grundsätze ordnungsmäßiger DV–gestützter Buchführungssysteme
GuV	Gewinn- und Verlustrechnung
HGB	Handelsgesetzbuch
IDW	Institut der Wirtschaftsprüfer
IKS	Internes Kontrollsystem

IP	Internet Protocol
i.S.d.	im Sinne des
i.V.m.	in Verbindung mit
KassenSichV	Kassensicherungsverordnung
n.F.	neue Fassung
Nr.	Nummer
OCR	Optical Character Recognition
OFB	Oberfinanzbehörde
OPOS	OLE for Retail POS
OWiG	Gesetz über Ordnungswidrigkeiten
PDF	Portable Document Format
RESISCAN	Rechtssicheres Scannen
Rz.	Randziffer
SQL	Structured Query Language
TIFF	Tagged Image File Format
TOMs	Technisch-organisatorische Maßnahmen
TSE	Technische Sicherheitseinrichtung
UDP	User Datagram Protocol
UStG	Umsatzsteuergesetz
u.v.m.	und vieles mehr
UML	Unified Modelling Language
WCAG	Web Content Accessibility Guidelines
XML	Extensible Markup Language
z.B.	zum Beispiel
ZUGFeRD	Zentraler User Guide des Forums elektronische Rechnung Deutschland

1 Einleitung

Die steuerliche Landschaft unterliegt einem kontinuierlichen Wandel, und die Anforderungen an Unternehmen und deren steuerliche Berater sind vielfältiger und anspruchsvoller denn je zuvor. In diesem sich ständig verändernden Umfeld spielt die Verfahrensdokumentation mittlerweile eine zentrale Rolle. Das gilt nicht nur, um den steuerlichen Anforderungen gerecht zu werden, sondern auch um eine effiziente und erfolgreiche Digitalisierung im Unternehmen sicherzustellen.

Dieses Buch widmet sich der anspruchsvollen Thematik der Verfahrensdokumentation im Detail – einem Bereich, der nicht nur in der Theorie, sondern vor allem in der täglichen Praxis von entscheidender Bedeutung ist. Die Zielsetzung ist es, eine praxisnahe Anleitung an die Hand zu geben, um die rechtlichen Anforderungen zur Verfahrensdokumentation sicher zu erfüllen und dabei im Idealfall sogar Unternehmensprozesse zu optimieren.

Die Verfahrensdokumentation ist eine Pflicht im Rahmen der Rechnungslegungsgrundsätze, weil die Digitalisierung mittlerweile jedes Unternehmen prägt. Sie ist ein unverzichtbares Instrument, um den steigenden Anforderungen an eine ordnungsgemäße Buchhaltung in Datenform gerecht zu werden. Sie dient nicht nur der rechtlichen Absicherung, sondern auch der Qualitätssicherung in der täglichen Arbeit im Unternehmen und der strukturierten Darstellung der rechnungslegungsrelevanten Arbeitsabläufe. Die transparente Dokumentation von Prozessen und Technologieeinsatz soll eine lückenlose Nachvollziehbarkeit gegenüber den Finanzbehörden und Prüfern eröffnen und allen Parteien Zeit sparen.

Die rechtlichen Grundlagen für die Verfahrensdokumentation sind in der Praxis nicht leicht zu handhaben, weil ihnen an einigen Stellen Genauigkeit fehlt. Nicht nur die Abgabenordnung (AO) legt die Anforderungen an die Dokumentation von steuerlich relevanten digitalen Prozessen und technischen Gegebenheiten im Unternehmen fest, sondern vor allem die Verwaltungsanweisungen, die bedauerlicherweise an wichtigen Stellen unkonkret bleiben. Dieses Buch bietet eine Anleitung dafür, wie man trotz Unschärfen in den rechtlichen Vorgaben eine rechtskonforme und ordnungsgemäße Verfahrensdokumentation erstellen kann.

Die Gesetzgebung entwickelt sich stetig weiter und die fortschreitende Digitalisierung und die damit einhergehende Modernisierung der Finanzverwaltung erfordern die laufende Anpassung in Unternehmen und in der steuerlichen Beratungspraxis. Dieses Buch geht nicht nur auf die bestehenden rechtlichen Grundlagen und die Umsetzung der Verfahrungsdokumentation ein, sondern erläutert auch die aktuelle Prüfungspraxis und zukünftige Entwicklung beim Thema Verfahrensdokumentation.

Die folgenden Kapitel führen Schritt für Schritt durch die verschiedenen Aspekte der Verfahrensdokumentation, angefangen bei den rechtlichen Grundlagen und der Historie, um das Verständnis für die Vorschriften und deren Stärken und Schwächen herzustellen. Danach folgt die Erstellung einer individuellen Dokumentationsstrategie bis hin zur praktischen Umsetzung und der grafischen Prozessdarstellung. Zum Schluss werden wichtige Hinweise für die Beratungspraxis und Betriebsprüfung gegeben, die den Arbeitsalltag erleichtern sollen. Das Ziel ist es, ein umfassendes Verständnis für die Bedeutung und die Umsetzung der Verfahrensdokumentation zu vermitteln, sodass man nicht nur rechtlich auf der sicheren Seite steht, sondern auch eine Verfahrensdokumentation mit Mehrwert für den Unternehmensalltag erstellen kann.

Teil I: Historie und rechtliche Grundlagen

2 Historie der GoBD

2.1 Geschichte und Herkunft der GoBD

Um zu verstehen, wie die »Grundsätze ordnungsgemäßer Buchführung« (GoB) zu den »Grundsätzen ordnungsgemäßer Buchführung in Datenform« (GoBD) führten und die verpflichtende Erstellung einer Verfahrensdokumentation mit sich brachten, muss man die Herkunft der Regelungen und deren Zweck betrachten. Grundlage waren immer die Vorschriften der Abgabenordnung. Die begleitenden Verwaltungsanweisungen wurden jedoch zu den richtungsweisenden Leitplanken für die Buchungspraxis, weil sie im Detail die Vorgehensweisen und Anforderungen darlegten. Im Folgenden werden die wichtigsten Verwaltungsanweisungen und ihre Entwicklung dargestellt.

1950er-Jahre
Bereits Mitte der 1950er-Jahre, einhergehend mit dem starken Wirtschaftswachstum, gab es in Fachkreisen Diskussionen zur Notwendigkeit einer einheitlichen Buchführungspraxis in Deutschland. Die Diskussion über die Grundsätze ordnungsgemäßer Buchführung (GoB) begann unter Fachleuten, jedoch ohne eine offizielle Formulierung.

1977
Im Jahr 1977 ist mit dem Schreiben des Bundesministeriums der Finanzen (BMF) vom 29.12.1977 ein entscheidender Schritt in der Entwicklung der Grundsätze ordnungsgemäßer Buchführung erfolgt. Es war die Geburtsstunde der GoB. Erstmals wurden in einer offiziellen Formulierung die Grundsätze der ordnungsgemäßen Buchführung festgehalten. Dies führte zu einer einheitlichen Buchführungspraxis und mehr Sicherheit in der täglichen Buchhaltungsarbeit. In den darauffolgenden Jahrzehnten galt das damals festgelegte Grundwerk als maßgebend und ausreichend.

1984
Mit dem BMF-Schreiben vom 01.02.1984 – S 0318 BStBl 1984 I 155 wurde die Verwendung von Mikrofilmaufnahmen zur Erfüllung gesetzlicher Aufbewahrungspflichten geregelt und dessen Rahmen näher dargelegt. Nach § 147 Abs. 2 AO konnten damals schon alle aufbewahrungspflichtigen Unterlagen (§ 147 Abs. 1 AO) mit Ausnahme der Bilanz als Wiedergabe auf einem Bildträger oder auf anderen Datenträgern aufbewahrt werden. Angesichts der fortschreitenden technischen Entwicklung konnten die bis dahin bestehenden Mikrofilm-Grundsätze nicht mehr ausschließlich gelten. Abweichende Verfahren zur Datenspeicherung wurden anerkannt, wenn der Aufbewahrungszweck in gleicher Weise erfüllt wurde und die Zugriffsmöglichkeiten der Betriebsprüfung dadurch nicht eingeschränkt wurden.

1995

Erst 1995 mit dem Erlass vom 07.11.1995 gab es eine Erweiterung durch die »Grundsätze ordnungsmäßiger DV-gestützter Buchführungssysteme« (GoBS). Sie wurden von der Arbeitsgemeinschaft für wirtschaftliche Verwaltung e.V. (AWV), Eschborn, ausgearbeitet und sollten der Verarbeitung von Buchhaltungsdaten in elektronischen Datenverarbeitungssystemen Rechnung tragen. Der Einzug des Computers als notwendiges Arbeitsmittel zur Erfassung der Buchhaltung hatte diese Ergänzung unabdingbar gemacht. Unter anderem wurden hier die Grundsätze zur Ordnungsmäßigkeit von Dokumentenarchiven aufgenommen. Zu führende Bücher und sonst erforderliche Aufzeichnungen konnten demnach auf Datenträgern verarbeitet und gespeichert werden, soweit diese Form der Buchführung einschließlich des dabei angewandten Verfahrens den Grundsätzen ordnungsmäßiger Buchführung (GoB) entsprach. Auch die Aufbewahrung von Unterlagen auf Datenträgern wurde nun zugelassen.

Rz. 1 des o.g. Erlasses besagte: »*Die Ordnungsmäßigkeit einer DV-gestützten Buchführung ist grundsätzlich nach den gleichen Prinzipien zu beurteilen wie die einer manuell erstellten Buchführung. Mit den GoBS sollen die allgemeinen GoB – der Maßstab für die Ordnungsmäßigkeit der Buchführung – für den Bereich der DV-gestützten Buchführung präzisiert werden.*« Das Ziel war es nun, auch für EDV-gestützt erstellte Buchhaltungen einen sicheren Rechtsrahmen zu bieten.

2001

Mit dem BMF-Schreiben vom 16.07.2001 regelte die Finanzverwaltung die Grundsätze zum Datenzugriff und zur Prüfbarkeit digitaler Unterlagen. Das bis heute genutzte Format GDPdU wurde eingeführt. Gem. § 147 Abs. 6 AO muss den Finanzbehörden im Rahmen der steuerlichen Außenprüfung ermöglicht werden, die mithilfe von EDV-Systemen erstellte Buchhaltung durch Datenzugriff zu prüfen. Damit wurde damals eine neue Prüfmöglichkeit eingeführt.

Durch die Regelungen zum Datenzugriff wurde der sachliche Umfang der Außenprüfung gem. § 194 AO nicht erweitert, die Prüfmethoden wurden lediglich den damals neuen und mittlerweile gängigen digitalen Buchführungstechniken angepasst. Effizientere und zeitnähere Außenprüfungen wurden damit ermöglicht.

Durch die Anpassung der §§ 146, 147 und 200 AO durfte die Finanzverwaltung ab 01.01.2002 im Rahmen von Außenprüfungen bei Buchhaltungen, die EDV-gestützt abgebildet wurden, Einsicht in die gespeicherten Daten fordern und das Datenverarbeitungssystem der Steuerpflichtigen bei der Prüfung einbeziehen. Im Jahr 2002 gab es von der OFD Düsseldorf im Schreiben vom 22.02.2002 (S 0316 – 6 – St 421) hierfür notwendige Konkretisierungen und Ergänzungen.

2012

Im darauffolgenden Jahrzehnt erfolgte eine zunehmende Umstellung des Geschäftsverkehrs auf eine papierlose Abwicklung. Das BMF-Schreiben vom 14.09.2012 (IV A 4-S 0316/12/10001) führte Änderungen zum Schreiben aus 2001 ein, die durch die Weiterentwicklung der technischen Werkzeuge in den Unternehmen notwendig geworden waren. Um mit dem technologischen Fortschritt in den Unternehmen Schritt halten zu können, reichten diese Anpassungen doch bald schon nicht mehr aus. Eine umfassende Erweiterung der Vorgaben und Richtlinien wurde notwendig.

2014

Trotzdem dauerte es weitere zwei Jahre, bis mit dem BMF-Schreiben vom 14.11.2014 endlich die »Grundsätze zur ordnungsgemäßen Führung und Aufbewahrung von Büchern, Aufzeichnungen und Unterlagen in elektronischer Form« (GoBD) in ihrer heute bekannten Form eingeführt wurden. Sie regeln in einem umfassenden Rahmen die Prinzipien, nach denen die digitalen Buchhaltungsaufzeichnungen zu führen sind.

Sie geben u. a. den Rahmen bezüglich der Vollständigkeit, Richtigkeit und Nachvollziehbarkeit von Buchungen, der Periodenabgrenzung, der Nutzung von digitalen Systemen, deren Sicherung und Auswertbarkeit (Datenzugriff) vor.

2019

Mit seinem Schreiben vom 28.11.2019 markierte das BMF einen weiteren Meilenstein. Die bestehenden Prinzipien der GoBD wurden vertieft und genauer erläutert. Es wurden neue Aspekte sich wandelnder Geschäftsfelder berücksichtigt, wie z. B. bei der Kassenführung und der Belegvorlagepflicht. Generell wurde die zunehmende Bedeutung der Digitalisierung und elektronischen Buchführung in den Mittelpunkt gestellt. Damit sollten die Grundsätze ordnungsgemäßer Buchführung für die Zukunft gerüstet sein, um den ständig wachsenden Herausforderungen durch gesetzliche Änderungen, neue Technologien und internationale Standards standhalten zu können. Dieses BMF-Schreiben ist laut Rz. 183 an die Stelle des BMF-Schreibens vom 11.11.2014 getreten und beendete somit dessen Wirksamkeit. Welche Erweiterungen konkret eingeführt wurden, wird in Kapitel 2.3 erläutert.

2024

Das Schreiben vom 11.03.2024, das seine Wirksamkeit ab dem 01.04.2024 entfaltete, brachte weitere Anpassungen mit sich. Diese waren weitestgehend redaktioneller Art und waren aufgrund des Gesetzes zur Umsetzung der Richtlinie (EU) 2021/514 des Rates vom 22.03.2021 zur Änderung der Richtlinie 2011/16/EU über die Zusammenarbeit der Verwaltungsbehörden im Bereich der Besteuerung und zur Modernisierung des Steuerverfahrensrechts, das bereits seit dem 01.01.2023 wirksam war, notwendig geworden.

An die Stelle des BMF-Schreibens vom 28.11.2019 trat das neue Schreiben vom 11.03.2024 und beendete somit dessen Wirksamkeit. Im vorliegenden Buch wird bei Gebrauch des Begriffs GoBD immer auf das aktuelle Schreiben vom 11.03.2024[1] Bezug genommen und aus diesem zitiert.

1 BMF-Schreiben vom 11.03.2024 – IV D 2-S 0316/21/10001:002, FMNR2024/00432.

Die Entwicklung der Vorschriften der AO und der diese begleitenden Verwaltungsanweisungen zeigt vor allem auf, dass eine Reaktion auf den technischen Fortschritt in der Buchhaltungspraxis immer eher später als zu früh erfolgte. Dies hatte zur Folge, dass eine gewisse Unschärfe entstand, die sich vor allem in den BMF-Schreiben ab 2014 bis heute widerspiegelte. In den kommenden Kapiteln wird darauf eingegangen, welche Folgen das in der Buchhaltungs- und Prüfungspraxis mit sich brachte.

Fazit:

Es war sehr schwer, die rechtlichen Vorgaben für eine ordnungsgemäße Finanzbuchhaltung stetig an die aktuellen technischen Entwicklungen anzupassen. In der Folge blieb oft eine gewisse Unsicherheit aufseiten der Steuerpflichtigen und Steuerberater ebenso wie bei den Finanzbehörden.

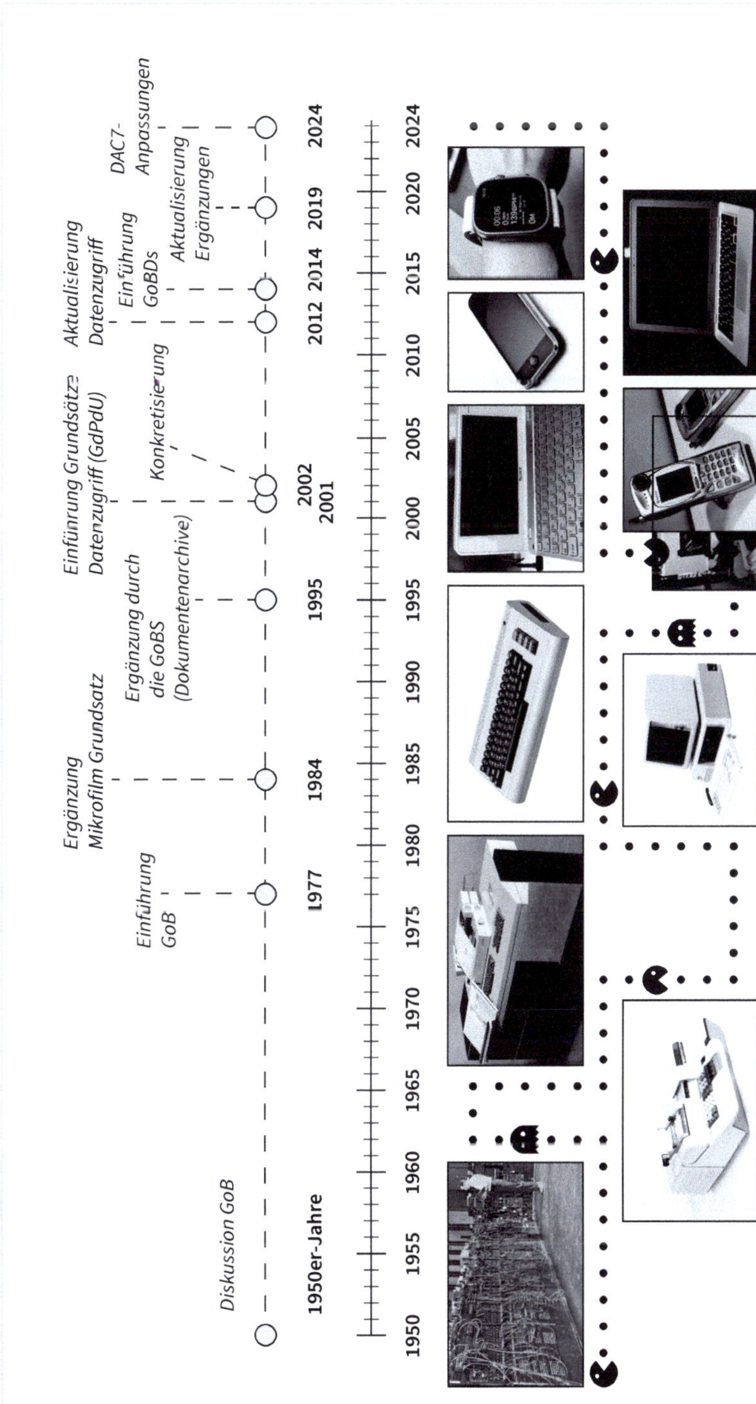

Bildquellen: Von KKPCW (Kyu3) - Eigenes Werk, CC BY-SA 4.0, https://commons.wikimedia.org/w/index.php?curid=123334014, Von Tim Malabuyo from Santa Cruz - IMG_8843, CC BY 2.0, https://commons.wikimedia.org/w/index.php?curid=3427271, Von Carl Berkeley from Riverside California - iPhone First Generation 8GBUploaded by Partyzan_XXI, CC BY-SA 2.0, https://commons.wikimedia.org/w/index.php?curid=41718431, By Mazzmn - Own work, CC BY-SA 3.0, https://commons.wikimedia.org/w/index.php?curid=5200535, Von Olivetti (progettista/ costruttore), Bellini Mario (designer), Perotto Pier Giorgio (inventore/ progettista) - Catalogo collezioni (in it). Museo nazionale della scienza e della tecnologia Leonardo da Vinci, Milano., CC BY-SA 4.0, https://commons.wikimedia.org/w/index.php?curid=47910885, Von Heinz Nixdorf MuseumsForum - Heinz Nixdorf MuseumsForum, CC BY-SA 3.0 de, https://commons.wikimedia.org/w/index.php?curid=10808456

Abb. 1: Zeitleiste

2.2 Prüfhinweise des IDW

Wenn man sich in der Praxis mit den GoBD eingehend beschäftigt, ist man gut beraten, auch die Hinweise des IDW (Institut der Wirtschaftsprüfer) zu diesem Thema heranzuziehen. Sie spielen eine interessante Rolle bei der Auslegung und Umsetzung der GoBDs, weil sie an unscharfen Stellen Klarheit verschaffen können. Vor allem bezüglich des internen Kontrollsystems (IKS) bieten sie hilfreiche Ansätze. In diesem Buch werden die Prüfhinweise als eine der Grundlagen für die rechtliche Auslegung und vor allem praktische Umsetzung der Vorgaben der GoBD und damit der Erstellung einer Verfahrensdokumentation inkl. IKS herangezogen.

PRAXISTIPP:

Im Folgenden werden die besonders hilfreichen Prüfhinweise des IDW genannt und beschrieben. Es ist empfehlenswert, diese beim Thema GoBD als Arbeitshilfe heranzuziehen.

Prüfhinweis zum IKS:

Die Bestandteile einer Verfahrensdokumentation werden in den späteren Kapiteln eingehend dargestellt und erläutert. Ein wichtiger Baustein ist hierbei das interne Kontrollsystem (IKS i. S. der GoBD, Rz. 100 ff.). Es hat kurz gefasst die folgenden Funktionen, die durch Kontrollen und Sicherheitsmaßnahmen hergestellt werden sollen:

- Die Einhaltung der relevanten steuerrechtlichen Vorschriften im Unternehmen soll gewährleistet werden.
- Eine ordnungsgemäße und verlässliche interne und externe Rechnungslegung soll sichergestellt werden.
- Die Sicherung der Geschäftstätigkeit im Rahmen der Wirtschaftlichkeit und Wirksamkeit ohne Vermögensschäden oder gar strafrechtlich relevante Versäumnisse und Fehler soll hergestellt werden.

Hierzu gibt es eine ganze Reihe von Ausarbeitungen des IDW, die in den letzten Jahren auch für den steuerlichen Berater hilfreiche Informationen bieten konnte.

Vor allem zu nennen ist der IDW-Prüfungsstandard »Feststellung und Beurteilung von Fehlerrisiken und Reaktionen des Abschlussprüfers auf die beurteilten Fehlerrisiken (IDW PS 261)« (vgl. Institut der Wirtschaftsprüfer in Deutschland e. V. (IDW).[2] Darin wird das IKS definiert und ein sinnvoller und logischer Aufbau dargestellt).

2 Die Wirtschaftsprüfung, 2006, 1433–1445.

Diverse Prüfhinweise zu den GoBD:
Die Grundlage für Prüfhinweise des IDW zu den GoBD allgemein bildet daneben der Prüfhinweis IDW PS 860 »IT-Prüfung außerhalb der Abschlussprüfung« aus dem Jahr 2018. Er wurde als Basis aller später veröffentlichten Prüfhinweise zu den GoBDs herangezogen.

Hierzu gehört der am 14.06.2021 vom Fachausschuss für Informationstechnologie (FAIT) herausgegebene Prüfungshinweis IDW PH 9.860.4. Dieser ermöglicht es, die GoBD-Konformität von Verfahren zur Digitalisierung von Belegen, von Arbeitsabläufen und der Belegarchivierung zu prüfen. Er umfasst auch die Vorgaben zur Prüfung der Dokumentation dieser Bereiche. Hier werden die Grundsätze und Vorgehensweisen festgelegt, nach denen IT-Prüfungen außerhalb der Abschlussprüfung durchzuführen sind.

Um die im BMF-Schreiben vorgegebenen Richtlinien in einer Prüfung greifbar machen zu können, wurden die GoBD-Anforderungen auf Basis der Bausteine der IT-Ausstattung aufgeteilt. Demnach sind solche DV-Systeme bei der Prüfung der GoBD einzubeziehen, die zur Erfassung, Verarbeitung, Speicherung und Übertragung von aufzeichnungs- und aufbewahrungspflichtigen Daten dienen. Dabei muss es sich nicht ausschließlich um Buchhaltungssysteme oder Buchhaltungsdaten handeln.

Im Jahr 2023 erfolgte die folgerichtige Anpassung des IDW PH 9.860.4, nachdem mit dem DAC7 Umsetzungsgesetz auch der § 147 Abs. 6 AO zum Datenzugriff der Finanzverwaltung und § 147b AO zur einheitlichen digitalen Schnittstelle und Datensatzbeschreibung für den standardisierten Export von Daten geändert bzw. erweitert wurden. Die Veröffentlichung erfolgte im IDW Life Heft 10/2023.[3]

Diese Änderungen wurden im Gesetz zur Umsetzung der Richtlinie (EU) 2021/514 des Rates vom 22.03.2021 zur Änderung der Richtlinie 2011/16/EU über die Zusammenarbeit der Verwaltungsbehörden im Bereich der Besteuerung und zur Modernisierung des Steuerverfahrensrechts aufgenommen und später entsprechend auch im BMF-Schreiben vom 11.03.2024 berücksichtigt.

WICHTIG:

Der Prüfungshinweis für »Die Prüfung der Einhaltung der Grundsätze der ordnungsmäßigen Führung und Aufbewahrung von Büchern, Aufzeichnungen und Unterlagen in elektronischer Form sowie zum Datenzugriff (GoBD-Compliance)« thematisiert die Prüfung der Einhaltung der GoBD.

3 Corbe/Kreitmayr, IT-Audit – Informationssicherheit als begleitendes Merkmal in der Abschlussprüfung, WP Praxis 7/2023, 218, NWB BAAAJ-42367.

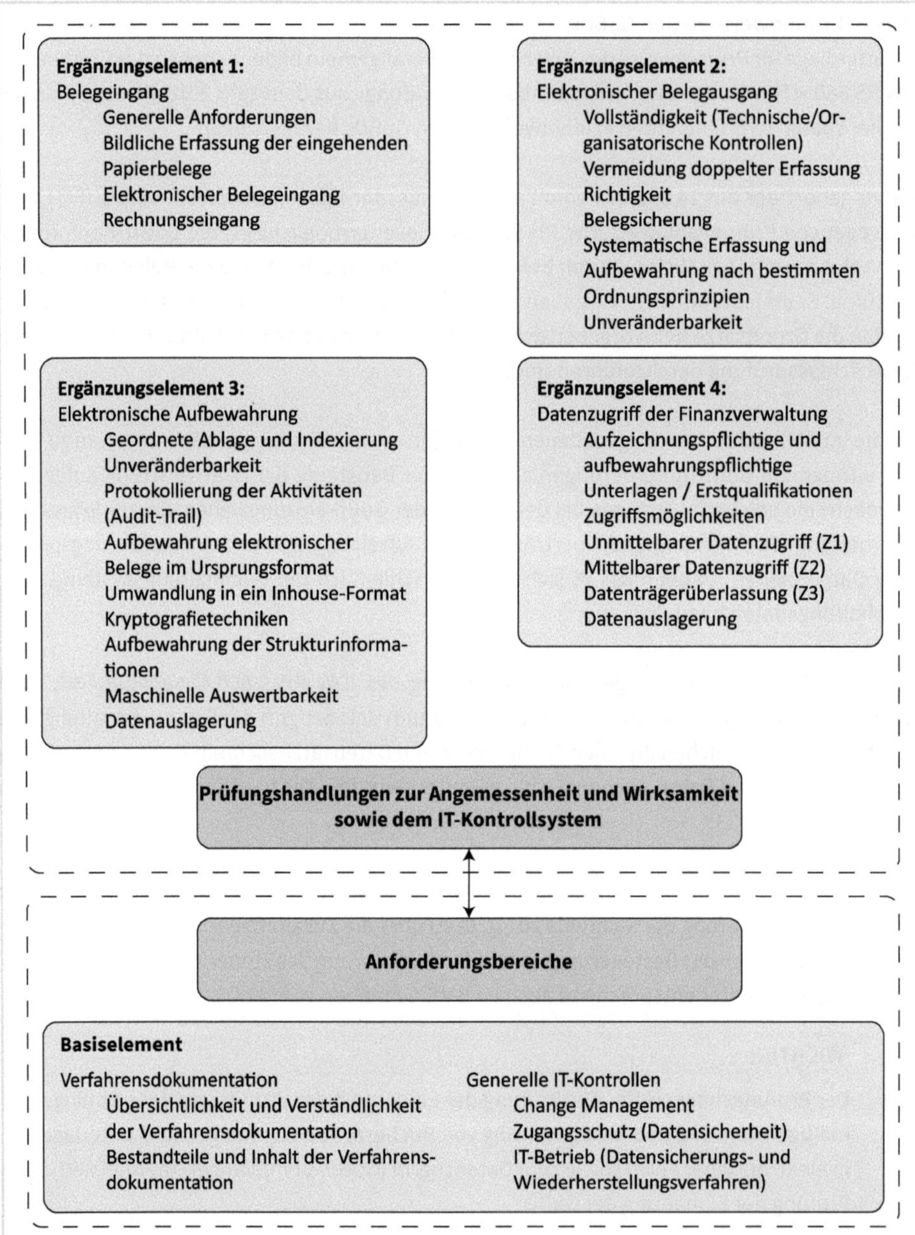

Abb. 2: Verfahrensdokumentation nach IDW PH 9.860.4

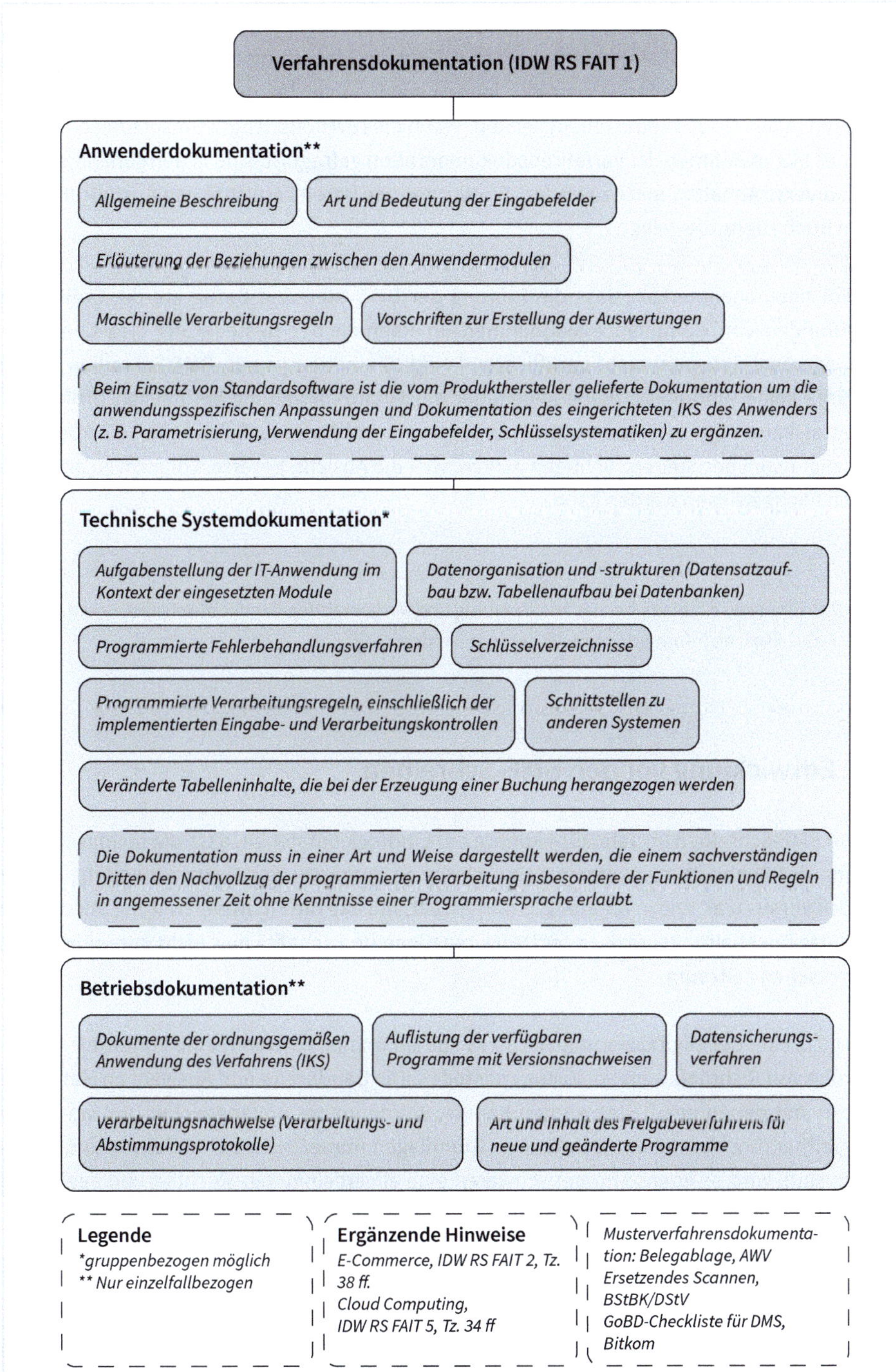

Abb. 3: Verfahrensdokumentation nach IDW RS FAIT 1

Grundsätzlich richten sich die genannten Prüfhinweise an Wirtschaftsprüfer. Sie geben vor, wie ein Wirtschaftsprüfer bei einem Auftrag zur Prüfung der Einhaltung der GoBD am besten vorgehen sollte. Sie können Steuerberatern jedoch genauso gut bei der Interpretation von Unklarheiten in den GoBDs Hilfestellung leisten. Wenn die revisionssichere Umsetzung der GoBD und eines IKS im Rahmen der Verfahrensdokumentation gefragt ist, sind in den genannten Hinweisen diverse Anhaltspunkte zu finden. Sie wurden wie bereits erwähnt den Ausführungen in diesem Buch zugrunde gelegt.

Es bleibt noch anzumerken, dass die Prüfung der DV-Systeme in Bezug auf die GoBD oder die Prüfungen von Compliance-Maßnahmen im Rahmen der Besteuerung (Tax-Compliance-Management-Systeme) nicht verpflichtend sind. Sie haben gemäß BMF-Schreiben (GoBD Rz. 179 ff.) keine Bindungswirkung gegenüber der Finanzverwaltung bei Betriebsprüfungen. Das Testat kann aber in Steuerstrafrechtsverfahren und Haftungsfällen (vgl. 153 AO, § 130 OWiG) zugunsten der Steuerpflichtigen wirken, weil die Absicht, gesetzeskonform zu arbeiten, dadurch nachgewiesen werden kann.

Fazit:

Die IDW-Prüfhinweise können bei der Ausarbeitung und Ausgestaltung der Verfahrensdokumentation inkl. IKS als hilfreiche Informationsquelle genutzt werden.

2.3 Entwicklung vor den BMF-Schreiben

Vor dem BMF-Schreiben im Jahr 2014 konnte der Eindruck entstehen, dass die technische Entwicklung der Buchhaltungssysteme den rechtlichen Vorgaben der Finanzverwaltung immer ein Stück voraus war. Wie in Kapitel 2.1. dargestellt, musste die Finanzverwaltung auf die sich veränderte Buchhaltungspraxis unter Druck reagieren und schaffte dies nicht immer in einem angemessenen Zeitraum.

Mit fortschreitender Digitalisierung wurde es zudem immer schwerer, eine konforme Ausformulierung von Richtlinien zur Verfügung zu stellen. Die Bandbreite und Auswahl an Hard- und Software, mit denen gearbeitet werden konnte, wurde immer umfangreicher und war kaum noch greifbar. Doch wenn die technischen Grundlagen immer schwerer zu fassen und einzurahmen sind, wird es ebenso immer schwerer, eine allgemeingültige Rechtsgrundlage zu formulieren.

Das hatte zur Folge, dass sich die Veröffentlichung der GoBD zeitlich immer weiter verzögerte, während sie dringend notwendig war. Gleichzeitig veränderte sich die technische Buchhaltungslandschaft rasant weiter. Es wurde zunehmend schwieriger, praxisnahe rechtliche Vorgaben konkret zu definieren.

Praxisbeispiel:

Immer mehr Cloud-Anbieter und Software-as-a-Service-Dienstleister strömen stetig auf den Markt. Dieser wird dadurch konstant unübersichtlicher. Die Funktionen und Möglichkeiten der Anwendungen werden zunehmend ausgeweitet. Bei Kassensystemen z. B. ging die Entwicklung von der klassischen Ladenkasse hin zu Cloud-basierten Kassensystemen, die über Tablets bedient werden können und ein Kartenzahlungsmodul integriert haben.

Nicht zuletzt deshalb wurden im BMF-Schreiben vom 14.11.2014 teilweise Begrifflichkeiten genannt, jedoch deren Definition und Darstellung eher vage gehalten. Dazu zählt auch die Verfahrensdokumentation (GoBD Rz. 151 ff.) und das dazugehörige IKS (GoBD Rz. 100 ff.).

An manchen Stellen wurde sogar von einer verpflichtenden Regelung abgesehen und nur eine Vorgabe mit Empfehlungscharakter formuliert.

Beispiel:

Rz. 153: »*Die Verfahrensdokumentation besteht in der Regel aus einer allgemeinen Beschreibung, einer Anwenderdokumentation, einer technischen Systemdokumentation und einer Betriebsdokumentation.*«

Dass es keine verpflichtende Vorgabe gibt, ob die Bestandteile vorhanden sein müssen oder nicht, lässt Spielraum offen und erschwert es dem Ersteller einer Verfahrensdokumentation ebenso wie einem Prüfer, zu beurteilen, ob diese ordnungsgemäß und ausreichend ist oder nicht.

Dies hat in den Jahren nach der Einführung der GoBD zunächst an einigen Stellen für Verunsicherung gesorgt. Unternehmen und deren steuerliche Berater wollten den steuerlichen Buchhaltungspflichten ordnungsgemäß nachkommen, aber die Vorgaben definierten an einigen Punkten nicht, wie genau sich die Finanzverwaltung die Umsetzung vorstellte.

Es konnte sogar der Eindruck entstehen, dass selbst in der Betriebsprüfung nicht in jedem Punkt Gewissheit über die Vorstellungen der Finanzverwaltung herrscht. Prüfer fragen selten nach einer Verfahrensdokumentation. Studien oder Aufzeichnungen gibt es hierzu nicht, aber in der Berufspraxis war die Verfahrensdokumentation in vielen Kanzleien 2015 und in den Folgejahren nur ein Nebenthema, wenn es überhaupt bekannt war. Und während in der Praxis sehr selten tatsächlich im Rahmen einer Betriebsprüfung Verfahrensdokumentationen angefordert wurden und vorgelegt werden mussten, führten sie auch gleichzeitig so gut wie nie zu Prüfungsfeststellungen.

Grundsätzlich ist das Fehlen einer Verfahrensdokumentation auch kein Grund dafür, dass die Buchführung verworfen werden kann (GoBD Rz. 155 ff.), was das Gefühl der Dringlichkeit noch weiter in den Hintergrund gerückt haben dürfte. Gleichzeitig gab es in den Bundesländern und deren Landesfinanzbehörden wohl unterschiedliche Vorstellungen darüber, wie streng und umfassend Verfahrensdokumentationen zu prüfen sind.

In der Praxis führte die unklare Situation dazu, dass viele Unternehmen und auch Steuerberater die Notwendigkeit zur Erstellung einer Verfahrensdokumentation als immer geringer erachteten. »Wenn in der Betriebsprüfung nicht danach gefragt wird, dann wird es nicht so wichtig sein.« So oder so ähnlich muss in zahlreichen Unternehmen zunächst das Fazit gezogen worden sein, dass eine Verfahrensdokumentation keine dringende Verpflichtung darstelle. In der Steuerberatung störte man sich zudem an der Ungewissheit über die genaue Ausarbeitung einer solchen. Wie hätten steuerliche Berater ihrer Mandantschaft zu etwas raten können, dass sie selbst nicht genau erklären konnten?

Fazit:

Es wurde notwendig, die GoBD zu ergänzen und eine Klarstellung zu diversen Punkten zu veröffentlichen.

2.4 Entwicklung nach den BMF-Schreiben

Einige notwendigen Aktualisierungen und Klarstellungen erfolgten im BMF-Schreiben vom 28.11.2019. Das heute noch aktuelle Schreiben ist lediglich eine Novellierung des Schreibens aus dem Jahr 2014. Die Randziffern und Regelungsinhalte sind grundsätzlich unverändert geblieben und die bisherigen Grundprinzipien der Ordnungsmäßigkeit gelten auch in der Neufassung weiter. Konkretisierungen und Ergänzungen wurden dem Ursprungstext hinzugefügt.

WICHTIG:

Das Schreiben vom 28.11.2019 ist weitestgehend identisch und hebt die ursprüngliche Fassung vom 14.11.2014 auf. Es hat die GoBD an vielen Stellen an die gesetzlichen Änderungen und vor allem technische Weiterentwicklung angepasst.

Dieses BMF-Schreiben gilt grundsätzlich für Besteuerungszeiträume, die vor dem 01.01.2020 enden (GoBD Rz. 194), kann aber auch für frühere Zeiträume angewendet werden. Das neue BMF-Schreiben vom 11.03.2024 hat nur sehr geringe Ergänzungen mit sich gebracht und stellt den letzten Stand der BMF-Schreiben dar.

2019 wurde der organisatorisch und technisch gewollte Prozess der Abwicklung der elektronischen Buchführung vom Eingang bzw. der Entstehung einer Information über deren Verarbeitung bis zum Bereich der Aufbewahrung genauer definiert.

Des Weiteren gab es 2019 die folgenden maßgeblichen Ergänzungen und Änderungen zum bisherigen Schreiben aus dem Jahr 2014:

Cloud-Systeme: Rz. 20 stellt klar, dass auch der Einsatz von Cloud-Systemen zur Erfüllung der steuerlichen Buchhaltungs- und Aufbewahrungspflichten in Datenform möglich ist. Damit hatte man eine lange notwendige Ergänzung vorgenommen, da beispielsweise durch zahlreiche Anbieter von Software as a Service Datenspeicherung und Datensicherung in Cloud-Systemen schon lange im Buchhaltungsalltag angekommen waren.

- **Einzelaufzeichnungspflicht:** Die Rz. 39 wurde konkretisiert und die Erwartungen der Finanzverwaltung genauer definiert. Wenn es technisch, betriebswirtschaftlich oder praktisch zu anspruchsvoll ist, Geschäftsvorfälle einzeln aufzuzeichnen, wird nach wie vor auf eine Einzelaufzeichnungspflicht verzichtet. Diese Erleichterung war vor allem für kleine Unternehmen willkommen.

Nicht laufend gebuchte Geschäftsvorfälle: Laut Rz. 50 ist eine periodenweise Erfassung in bestimmten Fällen nicht zu beanstanden.

Bare und unbare Tagesgeschäfte: Solange Kassensturzfähigkeit gegeben ist, dürfen laut Rz. 55 bare und unbare Geschäfte gemeinsam erfasst werden, wenn die unbaren Umsätze kenntlich gemacht werden und anschließend auf ein gesondertes Konto gebucht werden.

Archivierung elektronischer Meldungen: Rz. 76 besagt, dass originäre elektronische Meldungen in bestimmten Fällen nicht mehr archivierungspflichtig sind.

Digitalisierung von Belegen: Gem. Rz. 130 darf ein Beleg nun neben dem Scannen grundsätzlich auch mit dem Smartphone per Foto digitalisiert werden.

Archivierung von Belegen nach Umwandlung des Formats: Gem. Rz. 135 wurde es nun möglich, auf die Aufbewahrung von beiden Formaten nach einer Umwandlung von aufbewahrungspflichtigen Unterlagen in ein anderes Format zu verzichten, wenn bestimmte Voraussetzungen erfüllt sind.

Zugriff der Finanzverwaltung: Rz. 164 besagt, dass fünf Jahre nach einer Systemumstellung oder Verlagerung der Finanzbuchhaltungsdaten in das Ausland ein Z3-Zugriff gem. RZ. 167 als ausreichend erachtet wird.

Mit dem BMF-**Schreiben vom 11.03.2024** gab es eine weitere Anpassung, die ebenso eine Novellierung darstellte und überwiegend durch die neuen AO-Regelungen notwendige redaktionelle Änderungen mit sich brachte.

Die Änderungen betrafen u. a. die **Datenüberlassung** an die Finanzbehörden. Die Erweiterung des sog. Z3-Zugriffs gem. Rz. 167 von einer Datenträgerüberlassung zur Datenüberlassung wurde notwendig, nachdem in der Realität schon lange kein Austausch mehr auf Datenträgern, sondern vielmehr mit Cloud-Diensten und Online-Speichern zwischen Finanzbehörden und Steuerpflichtigen durchgeführt wurde. Zudem wurde eine Anlage mit ergänzenden Informationen zur Datenüberlassung angefügt. Diese enthält konkrete Erläuterungen zu bestimmten Beschreibungsstandards, Schnittstellen und Dateiformaten, die zum Einsatz kommen und von den Finanzbehörden eingefordert werden können.

Konkretisierungen oder weitere Erläuterungen zur Verfahrensdokumentation gab es nicht.

Fazit:

Es gab zwar Anpassungen und Klarstellungen, aber es wurde nicht viel näher darauf eingegangen, wie Inhalt, Aufbau, Ablauf und die Ergebnisse des DV-Verfahrens zu dokumentieren sind, um die Nachvollziehbarkeit und Nachprüfbarkeit der Ergebnisse der digitalen Buchführung im Rahmen der Verfahrensdokumentation wirklich sicherzustellen. Die Verfahrensdokumentation wurde außerdem als Grundlage der abstrakten Systemprüfung nicht wesentlich genauer beschrieben und deren Bestandteile nicht näher erläutert.

In Rz. 151 wird der Umfang, den die Verfahrensdokumentation haben muss, offengehalten: »Die konkrete Ausgestaltung der Verfahrensdokumentation ist abhängig von der Komplexität und Diversifikation der Geschäftstätigkeit und der Organisationsstruktur sowie des eingesetzten DV-Systems.«

In der Folge ist eine Unsicherheit darüber geblieben, wie die Erfüllung der Anforderung an die Erstellung der Verfahrensdokumentation zu erfolgen hat. Dieser Unsicherheit soll in den kommenden Kapiteln entgegengewirkt werden, indem eine klare Empfehlung zur Vorgehensweise dargestellt wird.

Neben den o. g. IDW-Prüfhinweisen und maßgeblich von der Finanzverwaltung als Grundlage gedachten anderen Quellen werden für die erörterten Empfehlungen Erfahrungswerte aus der Praxis und Prüfung zugrunde gelegt.

PRAXISHINWEIS:

Die Bundessteuerberaterkammer nahm diese Ungenauigkeit zum Anlass, eine Muster-Verfahrensdokumentation zu veröffentlichen, die als Vorlage genutzt werden kann. Auf die von verschiedenen Stellen zur Verfügung gestellten Muster-Verfahrensdokumentationen wird in den kommenden Kapiteln ebenfalls näher eingegangen.

3 Stellung der Verfahrensdokumentation im Rahmen der GoBD

3.1 Die Bedeutung des Bestandteils Verfahrensdokumentation in rechtlicher Hinsicht

Die Verfahrensdokumentation ist als wichtiger Baustein der GoBD zu betrachten. Sie ist die Dokumentation, die es ermöglichen soll, die Einhaltung der GoBD in einer angemessenen Zeit zu prüfen. Des Weiteren soll sie den Nachweis erbringen, dass im Rahmen des IKS alle notwendigen Maßnahmen getroffen wurden, um Fehler zu vermeiden.

Rz. 32 der GoBD besagt: »*Die Buchführung muss so beschaffen sein, dass sie einem sachverständigen Dritten innerhalb angemessener Zeit einen Überblick über die Geschäftsvorfälle und über die Lage des Unternehmens vermitteln kann. Die einzelnen Geschäftsvorfälle müssen sich in ihrer Entstehung und Abwicklung lückenlos verfolgen lassen (progressive und retrograde Prüfbarkeit).*«

»*Von einem sachverständigen Dritten kann zwar Sachverstand hinsichtlich der Ordnungsvorschriften der §§ 145 bis 147 AO und allgemeiner DV-Sachverstand erwartet werden, nicht jedoch spezielle, produktabhängige System- oder Programmierkenntnisse.*« (GoBD Rz. 148)

Das hat zur Folge, dass eine Verfahrensdokumentation notwendig wird. Die technischen Gegebenheiten müssen für die Betriebsprüfung verständlich und nachvollziehbar beschrieben und dargelegt werden.

Rz. 152 gibt zudem vor: »*Die Verfahrensdokumentation beschreibt den organisatorisch und technisch gewollten Prozess, z. B. bei elektronischen Dokumenten von der Entstehung der Informationen über die Indizierung, Verarbeitung und Speicherung, dem eindeutigen Wiederfinden und der maschinellen Auswertbarkeit, der Absicherung gegen Verlust und Verfälschung und der Reproduktion.*«

Ohne Verfahrensdokumentation ist es in unserer digitalisierten Welt heutzutage nicht mehr möglich, eine Betriebsprüfung in der Tiefe und Genauigkeit durchzuführen, die die Prüfungsgrundsätze erfordern. Die Verfahrensdokumentation stellt erst die Transparenz her, um die Nachvollziehbarkeit, Überprüfbarkeit und Ordnungsmäßigkeit der Buchführung prüfbar zu machen.

Durch die genaue Dokumentation der Arbeitsabläufe in der Verfahrensdokumentation können Unternehmen darüber hinaus ihre Buchführungsprozesse effizienter gestalten. Gleichzeitig minimiert dies das Risiko von Fehlern in der Buchführung, da klare Abläufe und Kontrollen etabliert sind.

Fazit:

Zusammengefasst sind die Verfahrensdokumentation und die ordnungsgemäße Buchführung eng miteinander verbunden, da die Verfahrensdokumentation eine Grundlage für die korrekte und gesetzeskonforme Buchführung bildet. Gleichzeitig ist die Vorlage der Verfahrensdokumentation in rechtlicher Hinsicht ein Baustein der GoBD.

3.2 Die Bedeutung des Bestandteils Verfahrensdokumentation in praktischer Hinsicht

Die Verfahrensdokumentation bildet einfach gesagt eine Art »Gebrauchsanweisung« für das Buchführungssystem in technischer und organisatorischer Hinsicht und hilft dabei, dieses zu erfassen und zu verstehen. Auch der Einsatz von Vor- und Nebensystemen und deren Relevanz werden darin erläutert. Sie hat damit in der Praxis die folgende Bedeutung:

Betriebsprüfung:
Im Rahmen einer Betriebsprüfung wird die Verfahrensdokumentation im Idealfall als Erstes geprüft. Dies erspart Zeit im Unternehmen und auf Prüfungsseite, weil sie effizient und zielgerichtet einen transparenten Überblick über die technischen Gegebenheiten, Prozesse und Sicherungsmaßnahmen im Unternehmen verschafft. Lange Erläuterungen und Rückfragen dazu sind nicht mehr nötig. Langatmige Recherchen zu Anwenderhandbüchern der eingesetzten Soft- und Hardware entfallen.

Effizienzsteigerung:
Effizienzpotenziale innerhalb der Arbeitsabläufe können im Unternehmen bei der Erstellung der Verfahrensdokumentation identifiziert und genutzt werden. Die Verfahrensdokumentation kann dabei helfen, die Abläufe zu optimieren und Redundanzen zu beseitigen.

Datenqualität:
Bei der Erstellung einer Verfahrensdokumentation wird im Rahmen der Beschreibung der Prozesse und Kontrollen die Datenqualität auf den Prüfstand gestellt. Fehlerquellen können an dieser Stelle erkannt und beseitigt werden. Ebenso werden ggf. Schwachstellen durch die Transparenz sichtbar und man kann ihnen entgegenwirken. Durch die in der Dokumentation festgelegten Kontrollmechanismen wird zudem ein System etabliert, das für gleichbleibende Datenqualität und Datensicherheit sorgt.

Schnittstellen:
Die im Unternehmen bestehenden Daten- und Programmschnittstellen werden sichtbar, was allen Beteiligten ihre Überwachung und Prüfung erleichtert.

Datensicherung in Notfällen:
In der Verfahrensdokumentation können auch Notfallpläne dokumentiert werden. Diese sind wichtig, um bei Ausfällen von Systemen oder Personal schnell reagieren und die Buchführung weiterführen zu können. Vor allem die Sicherung der Daten vor Verlust bei unvorhergesehenen Ereignissen wird damit gewährleistet, zum Beispiel die Notfalldatensicherung bei Stromausfällen, Bränden, Wasserschäden und anderen Naturkatastrophen.

Anwenderfehler:
Die im Rahmen des internen Kontrollsystems zu etablierenden Kontrollen und Maßnahmen wie z. B. die Einführung eines Vieraugenprinzips können im Arbeitsalltag Anwenderfehlern vorbeugen. Ein weiteres Beispiel ist die Einführung von Checklisten, die das Vergessen oder Überspringen von notwendigen Arbeitsschritten verhindern.

Softwarewechsel oder -updates:
Bei einem Wechsel oder Update der Buchführungssoftware kann die Verfahrensdokumentation als Grundlage für die Implementierung der neuen Software herangezogen werden. Die Verfahrensdokumentation bietet einen schnellen Überblick, welche Voraussetzungen die neue Software erfüllen muss, um die buchhalterischen Prozesse ordnungsgemäß abzubilden.

Erfüllung diverser Vorgaben:
Nicht zuletzt zeigt die Verfahrensdokumentation auf, dass das Unternehmen die gesetzlichen Anforderungen erfüllt. Als Beispiel sind hier die Festschreibung von Buchungen im Journal oder die Datenzugriffsmöglichkeiten des Finanzamtes in Form von Z1 bis Z3 (gem. Rz. 159 ff.) zu nennen. Sie dient als Beweismittel, dass diese Vorgaben eingehalten werden.

Fazit:

In der Praxis bedeutet die Erstellung und Pflege einer Verfahrensdokumentation eine Erleichterung bei der Zusammenarbeit mit den Finanzbehörden. Ebenso ist sie als ein Instrument zur Verbesserung und Absicherung der internen Prozesse und der Unternehmensorganisation geeignet.

Teil II: Grundlagen und praktische Ansätze

Die Erstellung von Verfahrensdokumentationen erzeugt sowohl bei Unternehmen als auch deren zuständigen Steuerkanzleien Unsicherheit. Ziel dieses Teils ist es daher, neben einem Grundverständnis des Themas ein praktisches Konzept für die Erstellung des Berichts zu vermitteln.

4 Inhalte einer Verfahrensdokumentation

Nachdem im Rahmen des letzten Kapitels der Frage nach dem »Warum« nachgegangen wurde, folgt nun die Erörterung des »Was«. Hierbei ist zu berücksichtigen, dass sich die Inhalte einer Verfahrensdokumentation je nach Unternehmen stark unterscheiden können. Die vonseiten der Finanzverwaltung empfohlenen Bestandteile bieten allerdings eine verlässliche Orientierungshilfe.

4.1 Vorbemerkungen zu den Bestandteilen

In den vorausgehenden »Grundsätzen ordnungsmäßiger DV-gestützter Buchführungssysteme« (GoBS), welche durch das BMF-Schreiben vom 07.11.1995 eingeführt wurden, sahen die Anforderungen für die Beschreibung der Datenverarbeitung noch anders aus. Damals wurden beispielsweise Beschreibungen der sachlogischen und programmtechnischen Lösung, der Wahrung der Programmidentität und der Wahrung der Datenintegrität verlangt. Darüber hinaus sollten Arbeitsanweisungen für den Anwender dokumentiert werden.[4]

Diese Anforderungen bieten auch heute noch eine sinnvolle Grundlage für das Verständnis der erwarteten Themen innerhalb einer Verfahrensdokumentation. Allerdings sind diese veraltet und durch die Vorgaben aus den BMF-Schreiben vom 14.11.2014, 28.11.2019 und 11.03.2024 abgelöst.

In Rz. 153 der GoBD[5] werden folgende Bestandteile vorgeschlagen:

- Allgemeine Beschreibung,
- Anwenderdokumentation,
- Technische Systemdokumentation,
- Betriebsdokumentation.

Laut des Bundesfinanzministeriums sind diese Bestandteile *»in der Regel in einer Verfahrensdokumentation aufzufinden«*,[6] es kann also nicht von einer Verbindlichkeit gesprochen werden. Verpflichtend ist lediglich das im Rahmen der Betriebsdokumentation anzufertigende interne Kontrollsystem.[7] Trotz der Aktualisierungen der Finanzbehörden besteht allerdings weder bei der Gliederung noch der konkreten Ausgestaltung der Inhalte einer Verfahrensdokumentation Konsens.

4 BMF-Schreiben vom 07.11.1995 – IV A 8-S 0316/52/95, BStBl 1995 I S. 738, 6.2.

5 BMF-Schreiben vom 11.03.2024 – IV D 2-S 0316/21/10001:002, FMNR2024/0184201, Rz. 153.

6 BMF-Schreiben vom 11.03.2024 – IV D 2-S 0316/21/10001:002, FMNR2024/0184201, Rz. 153.

7 BMF-Schreiben vom 11.03.2024 – IV D 2-S 0316/21/10001:002, FMNR2024/0184201, Rz. 102.

Wie ausführlich die einzelnen Bereiche der Verfahrensdokumentation zu beschreiben sind, steht immer im Kontext der Nachprüfbarkeit und Nachvollziehbarkeit der Buchführung des individuellen Unternehmens. Nach den GoBD ist für die Verfahrensdokumentation ein Detaillierungsgrad zu wählen, welcher Folgendes berücksichtigt:

- Komplexität und Diversifikation der Geschäftstätigkeit,
- Organisationsstruktur,
- Eingesetzte DV-Systeme.

Darüber hinaus muss auch gewährleistet sein, dass die Dokumentation durch einen sachverständigen Dritten in angemessener Zeit nachprüfbar ist.[8]

Die beschriebenen Vorgaben werden in Abbildung 4 visualisiert.

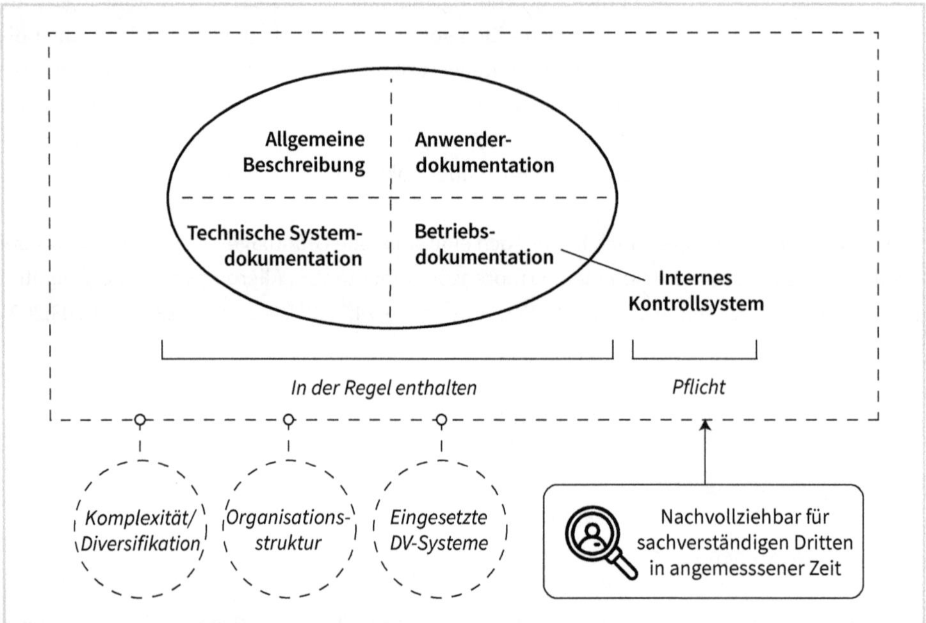

Abb. 4: Bestandteile einer Verfahrensdokumentation

4.2 Bestandteil: Allgemeine Beschreibung

Dieser Bereich lässt sich unter den Begriffen Übersicht oder Verfahren fassen. Hier werden elementare Angaben bezüglich des Unternehmens erfasst. Beispiele hierfür sind die Stamm-

8 BMF-Schreiben vom 11.03.2024 – IV D 2-S 0316/21/10001:002, FMNR2024/0184201, Rz. 151.

daten, die internen Strukturen, Abläufe etc.[9] Ziel ist es, einen detaillierten Überblick hinsichtlich des gesamten Unternehmens zu geben, aus welchem sachverständige Dritte im Rahmen einer Betriebsprüfung die generelle Funktionsweise der internen Verfahren erkennen können. Aufgrund der individuellen Informationen ist dieser Teil durch das Unternehmen selbst oder einen entsprechend spezialisierten Dienstleister im Auftrag des Unternehmens zu erstellen. Die Informationen, welche unter den Bereich der allgemeinen Beschreibung fallen, sind relevant, um Prüfern einen direkten Einblick in die betrieblichen Besonderheiten eines Unternehmens zu ermöglichen.[10]

Auch die technische Ausstattung eines Unternehmens ist wesentlich, speziell die DV-Systeme, in welchen Daten für die Buchhaltung *»erfasst, erzeugt, empfangen, übernommen, verarbeitet, gespeichert oder übermittelt«*[11] werden.[12] Hierfür ist ein Verständnis des in Rz. 20 der GoBD beschriebenen Konzepts von **Haupt-, Neben- und Vorsystemen** nötig: In Vor- und Nebensystemen entstehen Buchhaltungsdaten, welche anschließend an Hauptsysteme übertragen werden, sodass die Buchhaltung nachvollziehbar erstellt werden kann.[13] Die Daten sind dabei nicht unbedingt sofort zu synchronisieren (beispielsweise automatisiert per Schnittstelle), sondern können bis zum Ablauf des Folgemonats im Vorsystem verbleiben.[14]

In Abbildung 5 wird das Zusammenspiel zwischen Vor-, Neben- und Hauptsystemen inklusive Systembeispielen dargestellt. Die Systeme wurden aus Rz. 20 der GoBD übernommen sowie durch die praktische Erfahrung ergänzt.

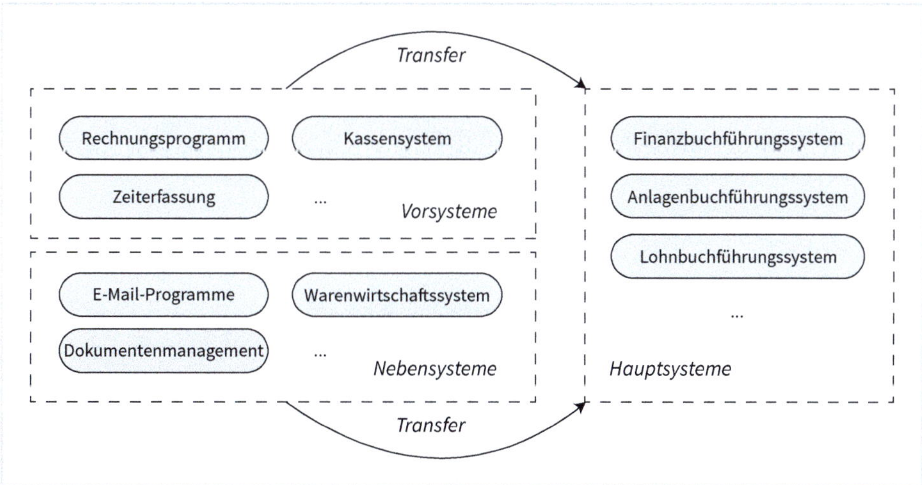

Abb. 5: Vor-, Neben- und Hauptsysteme

9 Danielmeyer in: AO-StB 2019 (Heft 04), 125.
10 Teutemacher, Praxis-GoBD, 2020, 110.
11 BMF-Schreiben vom 11.03.2024 – IV D 2-S 0316/21/10001:002, FMNR2024/0184201, Rz. 20.
12 Teutemacher, Praxis-GoBD, 2020, 110.
13 Teutemacher, Praxis-GoBD, 2020, 52.
14 BMF-Schreiben vom 11.03.2024 – IV D 2-S 0316/21/10001:002, FMNR2024/0184201, Rz. 87.

Neben den Angaben zu den DV-Systemen sind auch die Verfahren zur Nutzung dieser Systeme und die relevanten Prozesse bezüglich der Buchhaltung Teil der allgemeinen Beschreibung. Die Darstellung von Prozessen wird konkret in Kapitel 7 besprochen. Wie genau die DV-Systeme durch die User zu bedienen sind, ist allerdings nicht mehr Teil der allgemeinen Beschreibung, sondern wird über die Bereitstellung von Handbüchern innerhalb der Anwenderdokumentation erklärt, mehr hierzu in Kapitel 4.3.

Anbei eine Liste von Inhalten, wie sie in der Praxis am Beispiel eines Restaurants aussehen könnten (**Achtung:** Dies ist nur eine Auflistung beispielhafter Daten, es handelt sich weder um eine Verfahrensdokumentation, noch sind die Inhalte vollständig):

- **Stammdaten**
  - **Unternehmensname:** Muster-Gastro GmbH
  - **Adresse:** Appetit-Weg 20, 70173 Stuttgart
  - **Branche:** Gastronomie
  - **Geschäftszweck:** Bewirtungsdienstleistung
  - **Wirtschaftliche Tätigkeiten:** Bewirtungsdienstleistungen, Organisation von Events, Catering
  - **USt-ID Nummer:** DE124356789
  - **Steuernummer:** 00/001/00001
  - **Gewinnermittlungsart:** Bilanzierung
  - **Umsatzversteuerungsart:** Soll-Versteuerung
  - **Steuerberatung:** Kanzlei Steuerfit GmbH, Elif Yildiz (Steuerberaterin)
  - **Zuständiges Finanzamt:** Finanzamt Stuttgart I, Rotebühlplatz 30, 70173 Stuttgart
- **Verwendete DV-Systeme (Hardware):**
  - Orderbird Gastro-Kasse: Verwaltung von Daten zu Bestellungen *(Nebensystem)* *Z1, Z2 und Z3 möglich gemäß Rz. 165 ff. GoBD*
  - Kassensystem Swan 1: Erfassung von Bestellungsdaten *(Vorsystem)* *Z1, Z2 und Z3 möglich gemäß Rz. 165 ff. GoBD*
  - DELL EMC PowerEdge T640 (8xLFF) Tower Server: On-Premise-Speicherung von Bestellungsdaten *(Nebensystem)*
  - EPSON TSE USB 5: Sicherstellung von Manipulationsschutz *Z1, Z2 und Z3 möglich gemäß Rz. 165 ff. GoBD*
- **Verwendete DV-Systeme (Software):**
  - DATEV: Buchhaltung und Lohn, zusätzliche Nutzung des Moduls LODAS classic *(Hauptsystem)*
  - Connectteam: Restaurantabläufe *(Vorsystem)*
  - easybill: Rechnungserstellung *(Vorsystem)*
  - Lieferando-App *(Vorsystem)*
- **Struktur:**
  - Restaurantbetrieb (Küche, Gästebereich)
  - Catering (Fahrzeug, Ausrüstung)
  - Büroräumlichkeit
  - Serverraum

- **Relevante Personen:**
  - Daniela Meister: Geschäftsführerin, zuständig für sämtliche Freigaben
  - Elias Petridis: Buchhalter, zuständig für Buchhaltung, Lohn und Anlagenbuchführung
  - Susann Fischer: Betriebsleitung, verantwortlich für die Abläufe des Betriebs
- **Relevante Zulieferer:**
  - Lieferando, Schlesische Str. 34, 10997 Berlin
  - Kanzlei Steuerfit GmbH, Umsatzstraße 20, 70173 Stuttgart
- **Abläufe:**
  - **Posteingang:** Entgegennahme, Verarbeitung und Ablage eingehender physischer Post.
    - <Darstellung über Prozessbeschreibung>
    - Verantwortlich: Elias Petridis
    - Turnus: Täglich
  - **Ersetzende bildhafte Verarbeitung:** Einscannen, digitale Ablage und gegebenenfalls anschließende Vernichtung.
    - <Darstellung über Prozessbeschreibung>
    - Verantwortlich: Elias Petridis
    - Turnus: Nach Bedarf
  - **Rechnungserstellung:** Vorgehensweise beim Schreiben von Rechnungen über easybill.
    - <Darstellung über Prozessbeschreibung>
    - Verantwortlich: Daniela Meister
    - Turnus: Wöchentlich
  - **Kassenführung:** Erzeugung von Kassenvorfällen bei Abrechnung im Restaurant.
    - <Darstellung über Prozessbeschreibung>
    - Verantwortlich: Susann Fischer
    - Turnus: Wöchentlich
  - **Vorbereitende Buchhaltung:** Transfer der Unterlagen an Steuerkanzlei Steuerfit GmbH über DATEV Unternehmen Online.
    - <Darstellung über Prozessbeschreibung>
    - Verantwortlich: Elias Petridis
    - Turnus: Monatlich
  - **Belegablage und Archivierung:** Regelungen zur Ablage buchhaltungsrelevanter Dateien.
    - Detaillierte Beschreibung der Archiv-Infrastruktur
    - Verantwortlich: Daniela Meister

Über die hier dargestellten Informationen zum Unternehmen hinaus gehören auch die Informationen zur Verfahrensdokumentation selbst zur allgemeinen Beschreibung. Die verlangte Änderungshistorie des Dokuments mit allen vorangehenden Dokumenten ist ebenfalls mitzuliefern.[15] Es ist also auch zu beschreiben, wann welcher Stand der Verfahrensdokumentation vorlag und ob dieser gegebenenfalls freigegeben wurde.

15 AWV-Arbeitskreis 3.4 »GoB beim IT-Einsatz«, GoBD, 2023, 152.

4.3 Bestandteil: Anwenderdokumentation

Um Betriebsprüfern zu ermöglichen, die Prozesse eines Unternehmens nachzuvollziehen, müssen diese in die Lage versetzt werden, die im Einsatz befindlichen DV-Systeme zu bedienen. Aus diesem Grund ist es wichtig, die Handhabung der eingesetzten Software aus Sicht eines Nutzers zu erklären. Alle Informationen, die hierzu in der Verfahrensdokumentation gesammelt werden, fallen in den Bereich der Anwenderdokumentation.

Es wird nicht erwartet, dass Unternehmen die Verwendung ihrer genutzten Anwendungen selbst detailliert beschreiben. Stattdessen sind die Anbieter der jeweiligen DV-Systeme aufgefordert, eine solche Dokumentation zur Verfügung zu stellen.[16] Wenn Unternehmen eigene Handbücher für die Nutzung von Systemen erstellt haben, ist es allerdings sinnvoll, diese ebenfalls bereitzustellen.

Über die Informationen zu den Anwendungen ist sicherzustellen, dass eine sachgerechte Bedienung ermöglicht wird. Anbei verschiedene Beispiele, welche Bereiche für Betriebsprüfer gegebenenfalls erklärungsbedürftig sind:

- **Aufgabenbereich:** Was kann die Anwendung? Wofür wird sie genutzt?
- **Wichtigste Funktionen:** Welche Funktionen stellen die Kernkompetenzen der Anwendung dar und wie werden sie genutzt? Wie werden Daten erfasst? Wo sind Dokumentenbestände einsehbar?
- **Export:** Wie lassen sich Daten aus der Anwendung exportieren? Wie sehen die erhaltenen Exporte aus? Ist es möglich, verschiedene Dateiformate zu erhalten? Welche Möglichkeiten hat die Finanzverwaltung, auf die Daten zuzugreifen? (Z1-, Z2- oder Z3-Zugriff)
- **Buttons:** Welche Buttons müssen geklickt werden, um bestimmte Ergebnisse zu erzielen?
- **Eingabefelder:** Wie sind die Textfelder der Benutzeroberfläche zu bedienen? Gibt es Besonderheiten, die zu beachten sind?
- **Auswertung:** Ist es möglich, über das System Auswertungen zu erhalten? Wenn ja, wie wird dies umgesetzt?
- **Anwendermodule:** Ist das Programm in verschiedene Softwaremodule unterteilt? Wenn ja, wie sind diese aufgebaut? Wie interagieren sie miteinander?[17]
- **Sicherung der Daten:** Wie können Nutzer Daten im Buchhaltungssystem festschreiben?[18]

PRAXISTIPP:

Wenn Software über deren Grundfunktionen hinaus noch durch eigenes Customizing angepasst wurde, ist dies ebenfalls als Teil der Anwenderdokumentation bereitzustellen.[19] Dieser Punkt ist zumeist bei großen Unternehmen relevant, welche die eingesetzten Anwendungen selbst auf ihre Bedürfnisse abstimmen. Ein gutes Beispiel für

16 AWV-Arbeitskreis 3.4 »GoB beim IT-Einsatz«, GoBD, 2023, 152.
17 Danielmeyer, AO-StB 2019 (Heft 04), 2019, 126–127.
18 BMF-Schreiben vom 11.03.2024 – IV D 2-S 0316/21/10001:002, FMNR2024/0184201, Rz. 110.
19 AWV-Arbeitskreis 3.4 »GoB beim IT-Einsatz«, GoBD, 2023, 152.

solche Fälle ist die Softwarefamilie von SAP, welche in entsprechend großen Betrieben genutzt und dort anschließend häufig von spezialisierten SAP-Entwicklern an die individuellen internen Bedürfnisse angepasst wird. Verständlicherweise ist die Nutzung der individuell entwickelten Funktionen auf Basis der Bestandssoftware nun nicht mehr durch den Systemanbieter, sondern das Unternehmen selbst zu erklären.

Über die Anwenderdokumentation wird die Bedeutung mitgeltender Unterlagen sichtbar. Vereinfacht lassen sich die Inhalte der Anwenderdokumentation darauf reduzieren, Handbücher oder Bedienungsanleitungen der Systemhersteller bereitzustellen.[20] Wenn die dort enthaltenen Erklärungen die Prüfer im Rahmen einer Betriebsprüfung befähigen, die eingesetzte Software oder Hardware zu nutzen, ist der Bereich ausreichend beschrieben.

Schwierigkeiten bei der Umsetzung entstehen erst, wenn nicht zu jeder Hardware und Software ein Handbuch erhältlich ist. Dies tritt beispielsweise bei unbekannter Software kleiner Entwicklungsteams auf. Auch wenn Software aus dem Open-Source-Bereich genutzt wird, fehlen häufig die nötigen Anwenderdokumentationen.

PRAXISTIPP:

Bei der Bereitstellung von Handbüchern ist es empfehlenswert, den Aufwand und Nutzen abzuwägen. Während sicherlich für die meisten eingesetzten Standardanwendungen wie Microsoft Word oder Excel keine Bedienungsanleitung nötig ist, sollte für das genutzte Buchhaltungssystem auf jeden Fall ein Handbuch bereitgestellt werden. Sollte in einer Betriebsprüfung überraschenderweise doch das Fehlen eines Handbuchs reklamiert werden, kann dies immer noch nachträglich zur Verfügung gestellt werden.

4.4 Bestandteil: Technische Systemdokumentation

Während bei der Anwenderdokumentation die Nutzung der DV-Systeme durch die User erklärt wird, sind die Inhalte der technischen Systemdokumentation auf die dahinterliegende Programmierung fokussiert. Dieser Teil ist ebenfalls durch den Anbieter des jeweiligen Systems zur Verfügung zu stellen.[21,22]

Die hier geforderten Informationen setzen ein hohes Fachwissen voraus. Es ist daher verständlich, dass Unternehmen sich mit den geforderten Auskünften in diesem Bereich überfordert sehen.

20 Danielmeyer, AO-StB 2019 (Heft 04), 2019, 127.
21 Danielmeyer, AO-StB 2019 (Heft 04), 2019, 127.
22 Danielmeyer in Hruschka/Peters/von Freeden, Steuerliche Betriebsprüfung, 2022, 2.86.

Folgendes ist beispielsweise mitzuliefern:

- **Datenbank:** Welche Technologie wird hier eingesetzt? Wie sind die Daten in der Datenbank organisiert?
- **Daten:** Wie sind die Daten strukturiert? Wie sind die Daten organisiert?
- **Schnittstellen:** Bestehen Schnittstellen? Wenn ja, wie werden diese genutzt? Welche Daten werden übertragen? Wie ist sichergestellt, dass diese Daten sauber übertragen werden?
- **Interaktion zwischen Systembestandteilen:** Wie verständigen sich die einzelnen Elemente des DV-Systems untereinander? Wie erfolgt die Kommunikation? Wie wird sichergestellt, dass die Daten korrekt weitergegeben werden? Wie verläuft der Datenfluss durch die Software?

Die technische Systemdokumentation stellt die Funktionsweise des DV-Systems beziehungsweise der Software dar und dient zum Nachweis der sicheren und akkuraten Ausführung.[23] Dieser Bereich ist im Besonderen relevant, um zu erklären, wie die eingesetzten Anwendungen Kontrollmechanismen technisch umsetzen.[24]

Zusammenfassend kann gesagt werden: Da die Datenbank der genutzten DV-Systeme das Äquivalent der physischen Bücher darstellt, muss argumentiert werden, wie die hier enthaltenen Daten gegen Manipulation und Verlust geschützt sind. Nur so können sie als vollwertige Aufzeichnungen im Sinne der Buchführung betrachtet werden.

Die von der Finanzverwaltung im Rahmen der technischen Systemdokumentation verlangten Informationen sind nachvollziehbar, in der Praxis ergeben sich hieraus jedoch Herausforderungen. Derart tiefgehende Einblicke in die Implementierung eines DV-Systems oder einer Software stellen einen Eingriff in die Betriebsgeheimnisse der Hersteller dar.[25] Bei der praktischen Umsetzung dieser Vorgaben ist es dementsprechend nicht verwunderlich, dass Systemanbieter nur in den seltensten Fällen eine solche Dokumentation vorhalten oder herausgeben möchten.

Die mangelnde Verfügbarkeit technischer Systemdokumentationen stellt praktisch seit dem Einsatz elektronischer DV-Systeme in der Buchhaltung ein Problem dar. Daher wurden in einer Stellungnahme des IDW aus dem Jahr 2002 bereits Vorschläge für den Umgang mit diesem Umstand aufgezeigt. Hier wurde zunächst eingeräumt, dass Anwendern normalerweise weder Quellcode noch eine technische Systemdokumentation ihrer genutzten Softwares zur Verfügung stehen. Daher wird empfohlen, jegliche Beschreibungen, in welcher die Funktionen der eingesetzten Software beschrieben werden, aufzubewahren.[26]

23 Institut der Wirtschaftsprüfer e. V., IDW-Verlautbarungen, 2002, RS FAIT 1, Tz. 57.

24 AWV-Arbeitskreis 3.4 »GoB beim IT-Einsatz«, GoBD, 2023, 153.

25 Teutemacher, Praxis-GoBD, 2020, 112.

26 Institut der Wirtschaftsprüfer e. V., IDW-Verlautbarungen, 2002, RS FAIT 1, Tz. 63.

Diese Empfehlung entspricht dem Ansatz, letztlich alle verfügbaren Informationen zum Backend, also der Programmierung eines Systems, zu sammeln. Diese können unter dem Oberbegriff »Technische Systemdokumentation« als Annäherung an die Vorgaben der Finanzverwaltung bereitgestellt werden. Folgende Materialien sind hierzu empfehlenswert:

- **DevDocs:** Bei größeren Softwares oder DV-Systemen werden ausführliche Einblicke innerhalb der entsprechenden Entwicklerportale der Anbieter gegeben. Hier wird transparent dargestellt, wie Schnittstellen angesprochen werden, zugrunde liegende Dateiformate aufgebaut sind, welche Protokolle zum Transfer von Daten genutzt werden, welche Art von Datenbank der Anwendung zugrunde liegt etc. Es werden also einige der tiefergehenden technischen Informationen einer Verfahrensdokumentation abgedeckt. Sollte also ein entsprechend großes DV-System im Einsatz sein, ist es sinnvoll, einen Link zur jeweiligen Entwicklerplattform – beziehungsweise den »DevDocs« - in den mitgeltenden Unterlagen der Verfahrensdokumentation beizulegen.
- **Beschreibungen zu Funktionen:** Alle Materialien, in welchen die Funktionen beschrieben werden, sollten aufbewahrt werden. Dies können technische Spezifikationen, Werbemittel, Broschüren etc. sein.
- **Support:** Um den Support bei Softwares zu erleichtern, geben Anbieter häufig detaillierte Hilfestellungen für die Selbsthilfe. Hier werden gegebenenfalls auch technisch komplexere Themen besprochen, welche entsprechend ausgebildete Personen in die Lage versetzen sollen, das System zu bereinigen.
- **Repositories:** Der Quellcode von Anwendungen wird in sogenannten »Repositories« gespeichert und ist wahrscheinlich bei einem Anbieter für Cloud-Speicher gehostet. Bekannte Beispiele sind Github, Gitlab oder Bitbucket. Je nachdem, wie vertrauensvoll die Zusammenarbeit zwischen Softwarehersteller und Betrieb verläuft, kann auf Anfrage eines Betriebsprüfers gegebenenfalls ein Zugang zu deren Repository bewilligt werden. Open-Source-Lösungen sind bereits dem Namen nach anders organisiert: Hier ist es gängige Praxis, dass deren Repositories mitsamt dem enthaltenen Quellcode frei zugänglich sind. Bei Einsatz solcher Anwendungen kann der Quellcode also einfach verlinkt werden, in allen anderen Fällen müssen die Softwarehersteller kontaktiert werden.

PRAXISTIPP:

Das Entwicklerportal von SAP stellt ein gutes Beispiel für technisch komplexe Einblicke dar, welche den Inhalten einer technischen Systemdokumentation entsprechen. Hier wird die Funktionsweise der Produkte und Module in einem Maß beschrieben, welches Entwicklern erlaubt, hierauf eigene Lösungen zu realisieren. Die Informationen finden sich unter https://developers.sap.com/ und https://help.sap.com/docs/. Diese Links können direkt an die Verfahrensdokumentation angehängt werden, womit die technische Systemdokumentation der Fremdanbieter abgeschlossen ist. Über Abbildung 6 und 7 wird das Aussehen demonstriert.

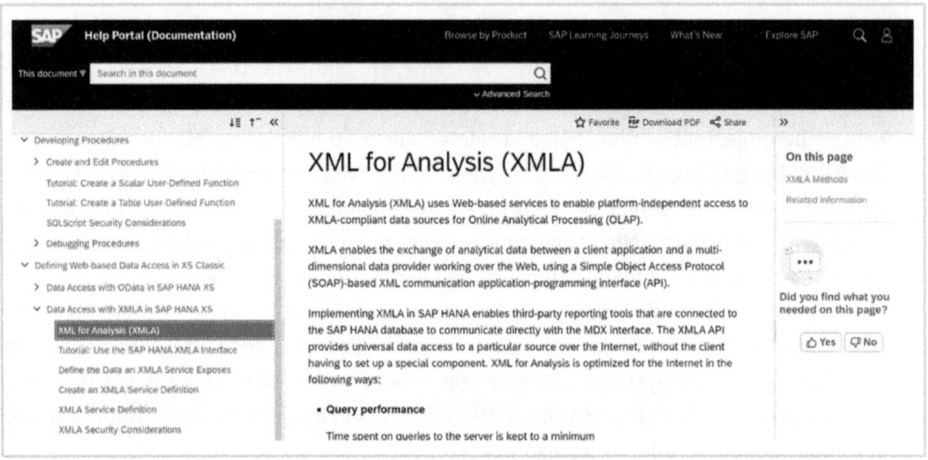

Abb. 6: Beispielseite aus dem SAP-Help-Portal (https://help.sap.com/)

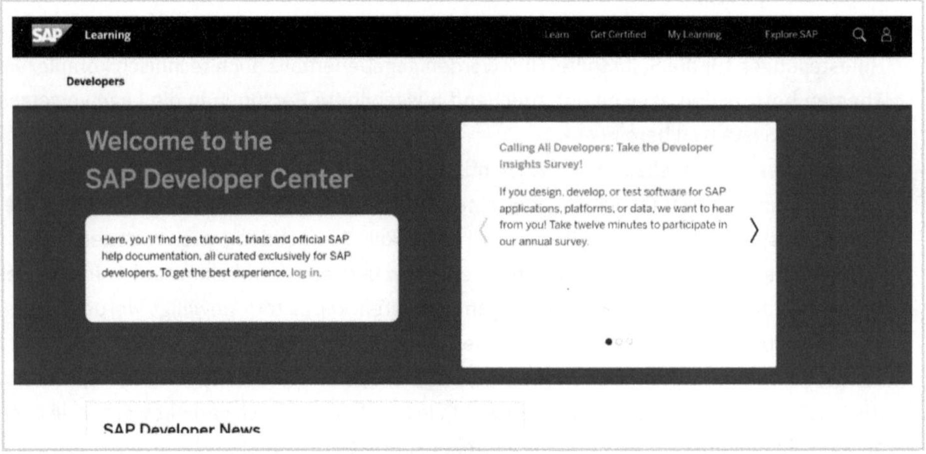

Abb. 7: SAP Learning-Plattform (https://developers.sap.com/)

Da auf die Kooperation der Systemanbieter meistens nicht gebaut werden kann, sollten Unternehmen zumindest in Fällen, in welchen selbst Customizing an einem bestehenden System durchgeführt wurde, eine eigene Dokumentation erstellen. Die an der internen Softwareentwicklung beteiligten Mitarbeiter sind hierfür zu verpflichten.

4.5 Bestandteil: Betriebsdokumentation

Ziel der Betriebsdokumentation ist es, darzustellen, wie die Anforderungen der GoBD in den Verfahren des Unternehmens berücksichtigt sind. Zusammenfassend lässt sich dieser Bereich über die Oberbegriffe »Sicherungskonzepte« oder »Schutzkonzepte« beschreiben. Neben der

Darstellung von Vorgehensweisen sind im Besonderen Abschirmungen für die eingesetzten DV-Systeme relevant.[27] Aufgrund der individuellen Beschreibung unternehmensinterner Informationen sind die in diesem Bereich verlangten Informationen durch das Unternehmen zur Verfügung zu stellen.

Um die Inhalte der Betriebsdokumentation korrekt zu beschreiben, fordert die Finanzverwaltung die Einrichtung eines internen Kontrollsystems.[28] In Rz. 100 der GoBD werden beispielhaft folgende möglichen Kontrollen[29] genannt:

- Zugangs- und Zugriffsberechtigungskontrollen auf Basis entsprechender Zugangs- und Zugriffsberechtigungskonzepte (z. B. spezifische Zugangs- und Zugriffsberechtigungen),
- Funktionstrennungen,
- Erfassungskontrollen (Fehlerhinweise, Plausibilitätsprüfungen),
- Abstimmungskontrollen bei der Dateneingabe,
- Verarbeitungskontrollen,
- Schutzmaßnahmen gegen die beabsichtigte und unbeabsichtigte Verfälschung von Programmen, Daten und Dokumenten.

Detaillierte Erläuterungen zu diesen Vorgaben finden sich in Kapitel 6.3.

WICHTIG

Es ist durch bestimmte Handlungen sicherzustellen, dass die Buchhaltung nach den Vorgaben der GoBD konform umgesetzt ist. Als zentrale Prüfstelle für die Konformität des internen Kontrollsystems fungiert die Finanzverwaltung. Die Betriebsdokumentation ist gleichbedeutend mit dem internen Kontrollsystem.

Die Anforderungen der GoBD, welche durch die Einrichtung eines aussagekräftigen internen Kontrollsystems sichergestellt werden müssen, lauten folgendermaßen:

- **Gleiche Anforderungen wie physische Bücher:** Laut Rz. 22 muss sichergestellt werden, dass die digitalen Daten den gleichen Anforderungen wie physische Bücher gerecht werden.[30]
- **Ordnungsgemäße Buchführung:** Laut Rz. 24 sind neben außersteuerlichen Rechtsnormen vor allem die Regelungen gemäß §§ 145 bis 147 AO zu beachten. Das bedeutet:
  - Sachverständige Dritte können in angemessener Zeit die (Entstehung von) Geschäftsvorfälle(n) verstehen.
  - Die Ordnungsvorschriften für die Aufbewahrung von Unterlagen werden eingehalten.[31]
- **Grundsätze ordnungsgemäßer Buchhaltung:** Teil der in Rz. 24 geforderten ordnungsgemäßen Buchführung liegt in der Einhaltung der handelsrechtlichen GoB, welche nochmals im Besonderen in den Regelungen aus § 146 Abs. 1 AO hervorgehoben sind. In Rz. 26 werden

27 Teutemacher, Praxis-GoBD, 2020,110–111.
28 AWV-Arbeitskreis 3.4 »GoB beim IT-Einsatz«, GoBD, 2023, 152–153.
29 BMF-Schreiben vom 11.03.2024 – IV D 2-S 0316/21/10001:002, FMNR2024/0184201, Rz. 100.
30 BMF-Schreiben vom 11.03.2024 – IV D 2-S 0316/21/10001:002, FMNR2024/0184201, Rz. 22.
31 BMF-Schreiben vom 11.03.2024 – IV D 2-S 0316/21/10001:002, FMNR2024/0184201, Rz. 24.

daher die folgenden Anforderungen aufgelistet. Anbei konkrete Beispiele, wie die Fragestellungen eines internen Kontrollsystems hierzu aussehen könnten:

- **Nachvollziehbarkeit:** Wie wird sichergestellt, dass die Entstehung und Verbuchung der aufgezeichneten Geschäftsvorfälle sowohl progressiv als auch retrograd nachvollzogen werden können (Rz. 31, 32)?
- **Nachprüfbarkeit:** Welche Maßnahmen werden ergriffen, damit die Aufzeichnungen (beispielsweise durch Belege) von Dritten nachprüfbar sind (Rz. 30)?
- **Vollständigkeit:** Mit welchen Mitteln wird die vollständige und lückenlose Aufzeichnung von Geschäftsvorfällen, also die Einzelaufzeichnungspflicht, garantiert (Rz. 36)?
- **Richtigkeit:** Wie wird sichergestellt, dass die realen Verhältnisse und die rechtlichen Vorschriften inhaltlich korrekt dargestellt werden (Rz. 44)?
- **Zeitgerechte Buchung und Aufzeichnung:** Was wird unternommen, um einen zeitlichen Zusammenhang zwischen Geschäftsvorfall und Erfassung der Buchung zu gewährleisten (Rz. 45)? Werden Belege möglichst zeitnah erfasst (Rz. 46)?
- **Ordnung:** Wie wird eine systematische Erfassung (Rz. 53) und die Einhaltung von Ordnungsprinzipien (Rz. 54) sichergestellt?
- **Unveränderbarkeit:** Wie wird der ursprüngliche Inhalt einer Aufzeichnung revisionssicher gespeichert (Rz. 58)? Werden Änderungen protokolliert (Rz. 59)?

Neben dem BMF-Schreiben vom 11.03.2024 sind ebenfalls die IDW-Verlautbarungen nach IDW PS 261 n.F., Tz. 19 relevant. Hier werden unter einem internen Kontrollsystem die Gesamtheit aller *»Grundsätze, Verfahren und Maßnahmen«* eines Betriebs verstanden, welche die folgenden Bereiche betreffen:

- Sicherung der Wirksamkeit und Wirtschaftlichkeit der Geschäftstätigkeit (inklusive Schutz des Vermögens, Verminderung und Aufdeckung von Vermögensschädigungen),
- Sicherstellen der Ordnungsmäßigkeit und Verlässlichkeit der internen und externen Rechnungslegung,
- Einhaltung der für das Unternehmen maßgeblichen rechtlichen Vorschriften.[32]

Aufgrund fehlender gesetzlicher Vorgaben stützt sich die Verlautbarung des IDW an verschiedenen Stellen in seinen Anforderungen und Begrifflichkeiten auf den internationalen Standard COSO, welcher für Risikomanagement und »Internal Controls« in Unternehmen eingesetzt wird.[33]

Im Rahmen der zugrunde liegenden BMF-Schreiben vom 14.11.2014, 28.11.2019 und 11.03.2024 werden keine Vorgaben für die Umsetzung eines internen Kontrollsystems gegeben.[34] Offensichtlich ist es nötig, hierzu Werkzeuge aus dem Bereich des Risikomanagements einzusetzen.

32 Institut der Wirtschaftsprüfer e. V., IDW-Verlautbarungen, 2024, PS 261 n. F., Tz. 19.
33 Institut der Wirtschaftsprüfer e. V., IDW-Verlautbarungen, 2024, PS 951 n. F., Rz. 43/PS 981, Rz. 5.
34 BMF-Schreiben vom 28.11.2019 – IV A 4-S0316/19/10003:001, BStBl I S. 1269 und BMF-Schreiben vom 14.11.2014 – IV A 4-S 0316/13/10003, BStBl 2014 I S. 1450 und BMF-Schreiben vom 11.03.2024 – IV D 2-S 0316/21/10001:002, FMNR2024/0184201.

Bestimmte Aktivitäten und Ansätze aus dem Risikomanagement sind jedoch den Zielen in der Buchhaltung entgegengesetzt. Folgendermaßen sind hier genutzte Aktivitäten also einzuschränken:

Im Rahmen von Risikomanagement können unvorhergesehene Ereignisse auch als Chancen betrachtet oder mögliche Schäden bewusst akzeptiert werden. Diese Konzepte sind im Rahmen der Buchhaltung jedoch nicht anwendbar, da hier eine einwandfreie Einhaltung der GoBD-Regelungen ohne kreative Spielräume, beziehungsweise Fehlertoleranzen verlangt wird. Das interne Kontrollsystem einer Verfahrensdokumentation kann also nur Bereiche des Risikomanagements nutzen, welche einen einseitigen Fokus auf die Eliminierung von Fehlerquellen statt der Ermittlung von Potenzialen oder Chancen haben.[35]

Abschließend werden die besprochenen Vorgaben der Betriebsdokumentation visualisiert. Werkzeuge für die konkrete Umsetzung eines internen Kontrollsystems finden sich in Kapitel 6.

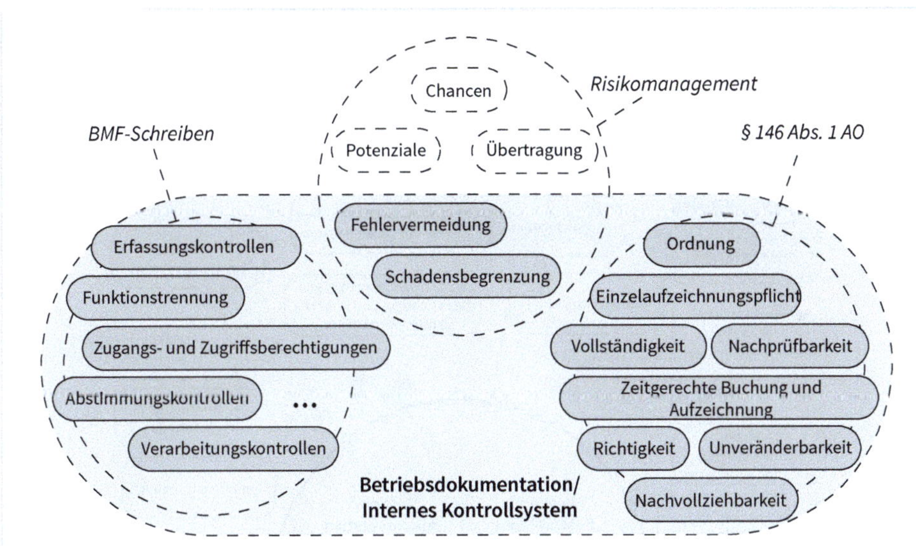

Abb. 8: Einflussfaktoren für die Erstellung eines internen Kontrollsystems

Die Intention hinter einem internen Kontrollsystem ist, sicherzustellen, dass in allen die Buchführung betreffenden Bereichen die internen und externen Vorschriften eingehalten werden. Außerdem soll dargelegt werden, dass die Prozesse korrekt ablaufen und die organisatorischen Vorgaben beachtet sind.[36]

35 Alves, Crashkurs Internes Kontrollsystem für Buchhaltung und Steuern, 2021, 47.
36 Mylich in: Hachmeister/Kahle/Mock/Schüppen, Bilanzrecht, 2024, 112.

Auf Grundlage des BMF-Schreibens vom 11.03.2024 und der Verlautbarungen des IDW ergibt sich im Kontext der Verfahrensdokumentation abschließende Definition:

Ein internes Kontrollsystem stellt die Gesamtheit aller Regelungen eines Unternehmens dar, welche die Einhaltung der Ordnungsvorschriften des § 146 AO sowie der GoBD zum Ziel haben.

4.6 Fazit der Bestandteile

Die beschriebenen Bereiche unterteilen die Verfahrensdokumentation in die Oberbegriffe »Allgemeine Beschreibung«, »Anwenderdokumentation«, »Technische Systemdokumentation« und »Betriebsdokumentation«. Hiermit sind alle zu behandelnden Themenbereiche abgedeckt.

Nach den Ausführungen zu den Bestandteilen werden deren zugehörige Inhalte in Abbildung 9 visualisiert.

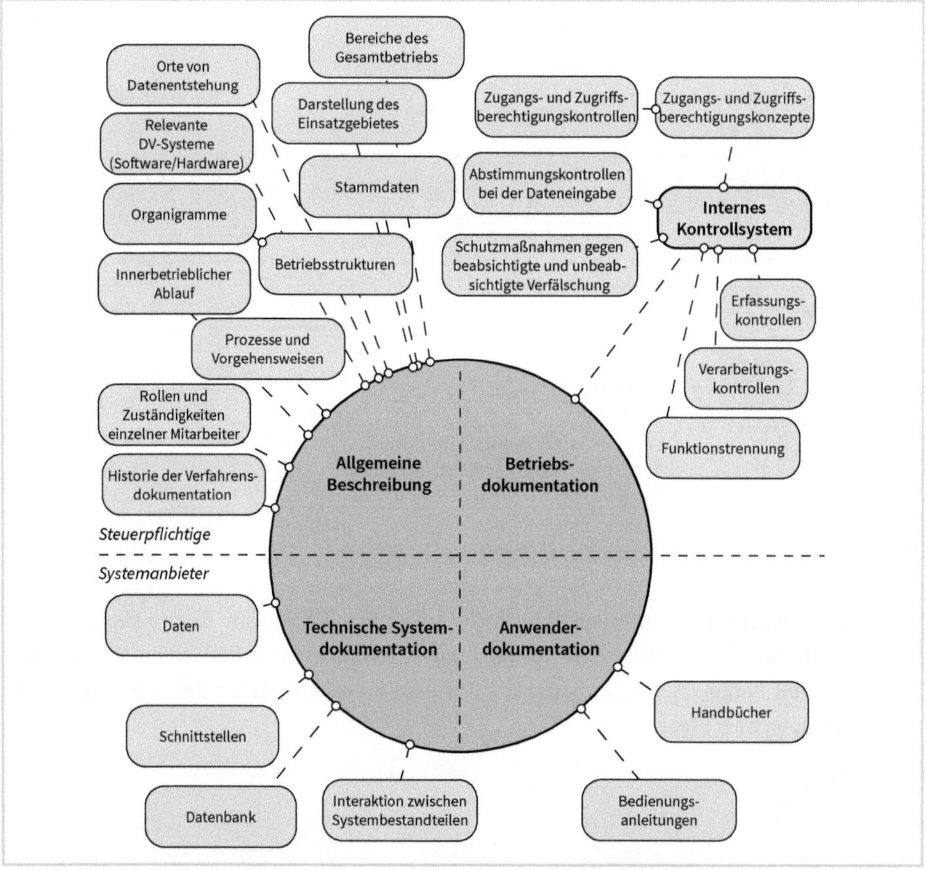

Abb. 9: Inhalte einer Verfahrensdokumentation nach den vorgegebenen Bestandteilen

Diese Zuordnung stellt das Ergebnis auf Grundlage der in den letzten Kapiteln ausgewählten Quellen dar. Ein Anspruch auf Korrektheit kann nicht erhoben werden, da weder in den zugrunde liegenden BMF-Schreiben noch an sonstiger Stelle vonseiten der Finanzbehörden die Zugehörigkeit von Inhalten zu Bestandteilen konkretisiert wurde.

Grundsätzlich herrscht hier allerdings Einigkeit. Es gibt zwar Fälle im Internetdiskurs, bei denen einzelne Themen bei anderen Bestandteilen eingegliedert wurden, aber zumeist findet sich die in Abbildung 9 dargestellte Verteilung wieder. Typische Diskussionen stellen beispielsweise die Zuordnung der unternehmensinternen Netzinfrastruktur dar. Manche weisen diese ebenfalls der technischen Systemdokumentation zu, was dem vorgegebenen Prinzip widersprechen würde, dass dieser Bestandteil durch einen externen Systemanbieter bereitzustellen ist. Hiervon ausgehend müsste dies eigentlich unter die allgemeine Beschreibung fallen. Auch bei der Zuweisung von Inhalten zur Anwenderdokumentation oder allgemeinen Beschreibung kommt es zu Vermischungen. Die ideale Zuordnung verläuft sicherlich nicht trennscharf und über die Grauzonen kann diskutiert werden.

Wie bereits in Kapitel 4.1 beschrieben, besteht eine Verfahrensdokumentation in der Regel aus diesen Bestandteilen, eine rechtliche Verbindlichkeit besteht somit nicht. Sie bieten eine Orientierung während der Erstellung der Dokumentation. Ein weicher Ansatz bezüglich der Bestandteile ermöglicht einen umso stärkeren Fokus auf die Ausgestaltung der konkreten Inhalte.

PRAXISTIPP:

Da für die Bestandteile keine rechtliche Verbindlichkeit festgelegt wurde, ist es nicht ratsam, diese als Oberkapitel einer Verfahrensdokumentation zu wählen. Auch die im Internet kursierenden Muster von Verfahrensdokumentationen verwenden die Bestandteile zumeist nicht als Hauptüberschriften. Detailliertere Ausführungen zu einer möglichen Gliederung der Verfahrensdokumentation finden sich in Kapitel 5.1.

Die empfohlenen Bestandteile sind sinnvoll, sorgen allerdings auch für Missverständnisse. Um hier Vereinfachungen zu schaffen, war es daher nötig, die Unterschiede über die letzten Kapitel ausführlich darzustellen.

Abschließend wird daher in Abbildung 10 ein eigenes Modell vorgestellt, welches die zuvor dargestellten Inhalte enthält, aber aus der praktischen Erfahrung als Dienstleister für die Erstellung von Verfahrensdokumentationen entwickelt wurde.

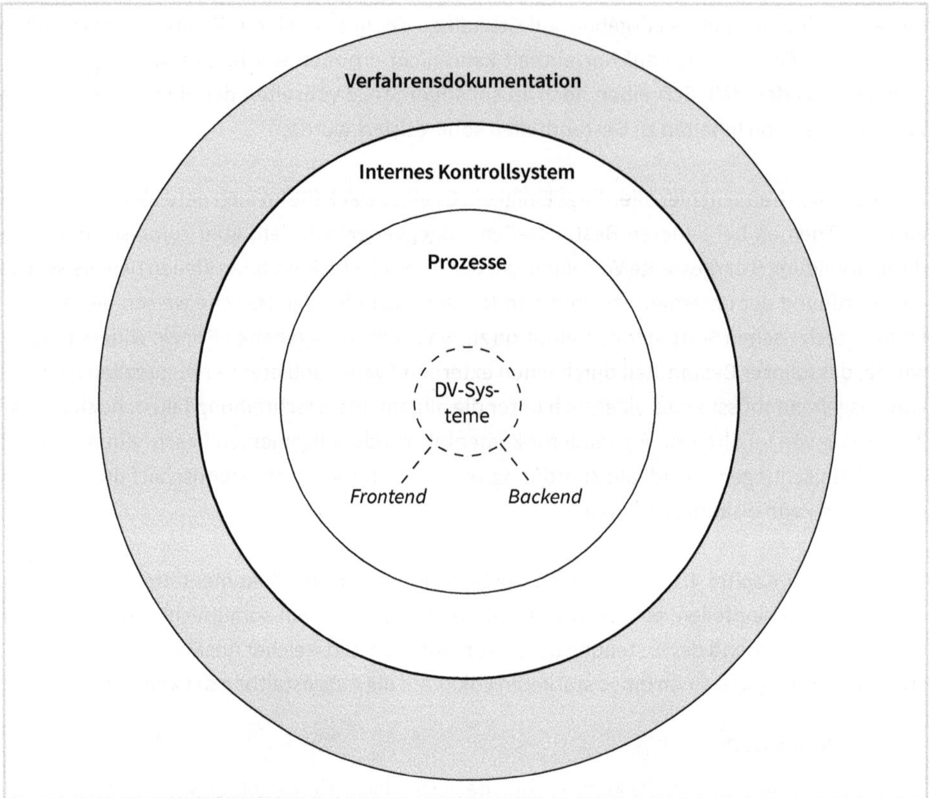

Abb. 10: Alternatives Modell zur Einsortierung der Inhalte einer Verfahrensdokumentation

Folgendermaßen sind die Inhalte einer Verfahrensdokumentation enthalten:

- **DV-Systeme:** Um die Wichtigkeit der eingesetzten DV-Systeme zu illustrieren, wurden diese in die Mitte gesetzt. Hierunter fallen beispielsweise Softwares, Apps, Server, Scanner etc. Zu jedem der Geräte gibt es das »Frontend«, also die Bedienung (entspricht der Anwenderdokumentation) und das »Backend«, also die Funktionsweise im Hintergrund (entspricht der technischen Systemdokumentation). Die Nutzung dieser Begrifflichkeiten gegenüber den durch die GoBD genannten Bestandteilen bietet den Vorteil, dass diese im Alltag gebräuchlicher sind und auch von Informatikern verstanden werden.
- **Prozesse:** Das zentrale Thema einer Verfahrensdokumentation stellen die Verfahren und Maßnahmen dar, welche hier unter dem Hauptbegriff »Prozesse« zusammengefasst sind. DV-Systeme wären ohne Prozesse bedeutungslos, weswegen sie als im Teil »Prozesse« enthalten dargestellt wurden. Prozesse setzen sich aus Zuständigkeiten, Aufgabenteilung, Regelungen etc. zusammen, welche zwischen Personen, Partnerunternehmen, internen Abteilungen, Behörden oder auch automatisierten Abläufen aufgeteilt sein können. Es kann sich hierbei sowohl um einzelne Prozesse mit klarem Anfang und Ende als auch um Abläufe im unternehmensweiten Kontext handeln.

- **Internes Kontrollsystem:** Das interne Kontrollsystem (IKS) bildet die Schutzhülle der Prozesse. Es ist im Einsatz, um sicherzustellen, dass die Tätigkeiten des Unternehmens GoBD-konform ablaufen. Als solches umschließt es die Teile »Prozesse« und »DV-Systeme«, da beide durch entsprechende Sicherungsmaßnahmen geschützt sein müssen.

Das hier dargestellte Modell soll zu einem besseren Verständnis des Themas Verfahrensdokumentation beitragen. Es kann zur Erklärung oder auch als Orientierung bei der Erstellung herangezogen werden. Nach wie vor gelten allerdings die Bestandteile nach Rz. 153 des BMF-Schreibens vom 11.03.2024.

4.7 Exkurs: Gegenüberstellung ISO-Normen und Verfahrensdokumentation

Im Kontakt mit Unternehmen ist häufig die Gegenüberstellung der Verfahrensdokumentation und gegebenenfalls intern umgesetzter ISO-Normen ein Thema. Große Unternehmen sind in manchen Fällen sogar entsprechend zertifiziert und müssen daher bereits aufwendige Berichte und Nachweise vorhalten. Es ist verständlich, dass Unternehmen annehmen, dass sie in Betriebsprüfungen diese Beschreibungen vorlegen können, anstatt eine weitere Dokumentation zu erstellen.

Da durch die Finanzverwaltung keine bestimmte Form eines Dokuments vorgeschrieben ist, ist dieser Wunsch der Betriebe grundsätzlich korrekt. Sollte also ein Dokument oder eine entsprechende Sammlung vorgelegt werden können, welche tatsächlich alle geforderten Inhalte einer Verfahrensdokumentation enthält, muss diese als solche in einer Betriebsprüfung akzeptiert werden.

Bei der Klärung der Problemstellung sind also die Anforderungen des BMF-Schreibens vom 11.03.2024 und der gängigen ISO-Normen relevant. In den digitalen Zusatzmaterialien dieses Buchs findet sich ein Arbeitsmittel, um den Unterschied zwischen Soll- und Ist-Stand bei den Dokumentationspflichten herauszuarbeiten: Die Checkliste »Gegenüberstellung Verfahrensdokumentation_ISONorm.docx« ist entlang der Überschriften der GoBD aufgesetzt und ermöglicht so einen direkten Vergleich mit den ISO-Normen.

Folgendes lässt sich aus der Praxiserfahrung in Bezug zur Verfahrensdokumentation und den gängigen ISO-Normen und sonstigen in Unternehmen vorgehaltenen Berichten sagen:

- **ISO 9001:** Diese Norm beschäftigt sich mit Qualitätsmanagement und konzentriert sich hier auf die spezifischen Produkte und Dienstleistungen des Unternehmens. Darüber hinaus existieren branchenspezifische Abwandlungen der Norm, beispielsweise für den medizinischen Sektor oder die Energiewirtschaft.[37] Da innerhalb dieser Norm kein Fokus auf

37 International Organization for Standardization, ISO 9000 family Quality management, https://www.iso.org/standards/popular/iso-9000-family, abgerufen am 26.01.2024.

der Buchhaltung liegt, werden auch keine Inhalte der Verfahrensdokumentation berücksichtigt.

- **ISO 31000:** In dieser Norm werden Strategien für den Aufbau eines unternehmensinternen Risikomanagements vorgestellt. Das grundlegende Framework lässt sich individuell auf sämtliche Risiken anpassen und ist hiermit uneingeschränkt für die Erstellung der Betriebsdokumentation einer Verfahrensdokumentation zu empfehlen.[38] Aus diesem Grund werden Kernkonzepte des Modells im Rahmen von Teil III für den praktischen Aufbau eines internen Kontrollsystems genutzt.
  Ein betriebsinternes nach ISO 31000 beschriebenes Risikomanagement-Dokument kann nur in Ausnahmefällen das interne Kontrollsystem der Verfahrensdokumentation ersetzen. Das wäre gegeben, wenn folgende Punkte erfüllt sind:
  - Die Risiken der Buchhaltung sind expliziter Fokus des Dokuments.
  - Die Inhalte orientieren sich an den Vorgaben der GoBD, also an den Inhalten des BMF-Schreibens vom 11.03.2024.
  - Es werden ausschließlich die in Kapitel 4.5 zugelassenen Strategien »Fehlervermeidung« und »Schadensbegrenzung« genutzt.

  Um dies festzustellen, ist es empfehlenswert, gemeinsam mit den Verantwortlichen die hierzu bereitgestellte Checkliste auszufüllen und hierdurch zu prüfen, ob die Inhalte beschrieben sind.
- **ISO 27001:** Da die Inhalte der Verfahrensdokumentation einen starken Fokus auf den Bereich der IT-Sicherheit haben, wollen Betriebe eventuell stattdessen ihr nach ISO 27001 erstelltes Informationssicherheits-Managementsystem vorlegen. Mit den Beschreibungen aus diesem System wird nachgewiesen, dass die Unternehmensdaten nach den Vorgaben und Konzepten der Norm umgesetzt wurden.[39]
  Das ISO-27001-Framework bietet eine verlässliche Grundlage, um die Bereiche Informationssicherheit, Cybersicherheit und Datenschutz zu beschreiben, wodurch es ein valides internes Kontrollsystem für die DV-Systeme darstellt. Allerdings besteht weder ein Fokus auf die Buchhaltung noch ein GoBD-Bezug, weswegen diese Berichte keine Verfahrensdokumentation ersetzen können.
- **TOMs:** Unternehmen, deren Geschäftsmodell die Verarbeitung personenbezogener Daten betrifft, müssen aufgrund der Datenschutzgrundverordnung (DSGVO) besondere Dokumentationspflichten erfüllen. Dementsprechend verfügen diese über detaillierte Beschreibungen der nach Art. 32 der DSGVO geforderten »technisch organisatorischen Maßnahmen« (TOMs).[40] Hierin werden Maßnahmen zum Schutz dieser Daten gefordert. Da diese wie die Belege der Buchhaltung auf DV-Systemen digital gespeichert und geschützt werden müssen, bestehen hier zahlreiche Überschneidungen mit den Inhalten der Verfah-

38 International Organization for Standardization, BS ISO 31000:2018, Risk management – Guidelines, 2018, v.

39 International Organization for Standardization, ISO/IEC 27001:2022, https://www.iso.org/standard/27001, abgerufen am 26.01.2024.

40 Stiftung Datenschutz, Technische und organisatorische Maßnahmen Praxisratgeber, https://stiftungdatenschutz.org/ehrenamt/praxisratgeber/praxisratgeber-detailseite/technische-und-organisatorische-massnahmen-318, abgerufen am 26.01.2024.

rensdokumentation. Beispiele hierfür sind Maßnahmen bezüglich »*Vertraulichkeit, Integrität, Verfügbarkeit und Belastbarkeit der Systeme (...) Verfügbarkeit der personenbezogenen Daten (...) unbeabsichtigt(e) oder unrechtmäßig(e) – Vernichtung, Verlust, Veränderung oder unbefugte Offenlegung*«.[41]
Tatsächlich decken die TOMs in Teilen die geforderten Angaben zu Zugriff und Datensicherung des internen Kontrollsystems ab und beschreiben gegebenenfalls auch buchhaltungsrelevante DV-Systeme. Neben dem generellen Fehlen des Fokus auf die Buchhaltung existieren allerdings keine Beschreibungen der Buchhaltungsprozesse oder des expliziten Buchführungssystems. Die TOMs können daher als sinnvolle Erweiterung der Betriebsdokumentation einer Verfahrensdokumentation angehängt werden, einen Ersatz stellen sie allerdings nicht dar.

Die hier getroffenen Aussagen sind nicht allgemeingültig und es kann darüber hinaus auch nicht zu allen bestehenden Normen oder Berichten Stellung genommen werden. Die Gegenüberstellungen illustrieren allerdings, dass Teilbereiche des Themenspektrums der Verfahrensdokumentation in Berichten aus ISO-Normen enthalten sind, allerdings in keinem Fall eine konkrete oder vollständige Abdeckung aller relevanten Inhalte stattfindet. Das Kernproblem an dieser Stelle ist, dass die Verfahrensdokumentation ihren Ursprung in der Buchhaltung und den GoBDs hat. Darüber hinaus wird die Dokumentation für sachverständige Dritte der deutschen Finanzbehörde erstellt.

Internationale ISO-Normen oder sonstige standardisierte Berichte berücksichtigen die hieraus entstehenden spezifischen Zielsetzungen nicht. Praktisch bieten die Berichte der ISO-Normen daher sinnvolle Ergänzungen oder übertragbare Inhalte, in der Regel ist es aber unvermeidlich, explizit eine Verfahrensdokumentation zu erstellen. Nur so können die Themenbereiche der BMF-Schreiben sauber abgedeckt und ein rechtssicheres Dokument angefertigt werden. Die Akzeptanz aller abweichenden Ansätze bei einer Betriebsprüfung ist spekulativ.

ISO-Normen oder sonstige interne Berichte sollen mit dieser Aussage keinesfalls herabgesetzt werden. Diese sind bereits jahrelang im Einsatz und durch diverse Anwendungen stetig weiterentwickelt worden. Es bestehen hierdurch also deutlich mehr Erfahrungswerte, als dies aktuell bei Verfahrensdokumentationen der Fall ist. ISO-Normen sollten daher nicht als Kontrast zu einer Verfahrensdokumentation, sondern vielmehr als praktische Werkzeuge für deren Erstellung betrachtet werden. Das Fehlen von Richtlinien für die Umsetzung der Inhalte vonseiten der Finanzverwaltung kann daher durch die Systematiken und Standards von ISO-Normen kompensiert werden.

41 Art. 32 Abs. 1 b) c) und Abs. 2 DSGVO.

5 Erstellung des Dokuments

Nach der Klärung der Vorteile (»Warum«) sowie der Inhalte (»Was«) stellt sich abschließend die Frage nach der praktischen Umsetzung, dem »Wie«. Im folgenden Kapitel werden daher Anregungen zu Aufbau und Gestaltung des Dokuments gegeben.

5.1 Gliederung der Verfahrensdokumentation

Die BMF-Schreiben stellen Vorgaben bezüglich der Inhalte einer Verfahrensdokumentation bereit, geben aber keine Gliederung für ein Inhaltsverzeichnis für das konkrete Dokument vor. Um sich hier zu orientieren, ist es ratsam, auf Musterdokumente zurückzugreifen. Durch verschiedene renommierte Stellen wurden bereits Muster von Verfahrensdokumentationen herausgegeben, auf deren Kapitelstruktur für die eigene Gliederung zurückgegriffen werden kann.

Der im Folgenden vorgeschlagene Aufbau basiert lose auf folgenden Muster-Verfahrensdokumentationen:

- **DFKA-Muster-Verfahrensdokumentation zur ordnungsmäßigen Kassenführung**
  (Stand: V1.0 vom April 2019)
  Herausgeber: Deutscher Fachverband für Kassen- und Abrechnungssystemtechnik
- **Muster-Verfahrensdokumentation zum ersetzenden Scannen**
  (Stand: 2.0; Stand: 29.11.2019)
  Herausgeber: Bundessteuerberaterkammer/Deutscher Steuerberaterverband e. V.
- **Muster-Verfahrensdokumentation zur Belegablage**
  (Stand: V1.0 vom 19.10.2015)
  Herausgeber: Arbeitsgemeinschaft für wirtschaftliche Verwaltung e. V.
- **Muster-Verfahrensdokumentation zur Digitalisierung und elektronischen Aufbewahrung von Belegen inkl. Vernichtung der Papierbelege**
  (Stand: April 2018)
  Herausgeber: Bundessteuerberaterkammer (BStBK)/Deutscher Steuerberaterverband e. V. (DStV)

Auf Basis der Erfahrung mit Hunderten Unternehmen hat sich die auf der folgenden Seite dargestellte Gliederung in der Praxis als übersichtlich und konform herausgestellt.

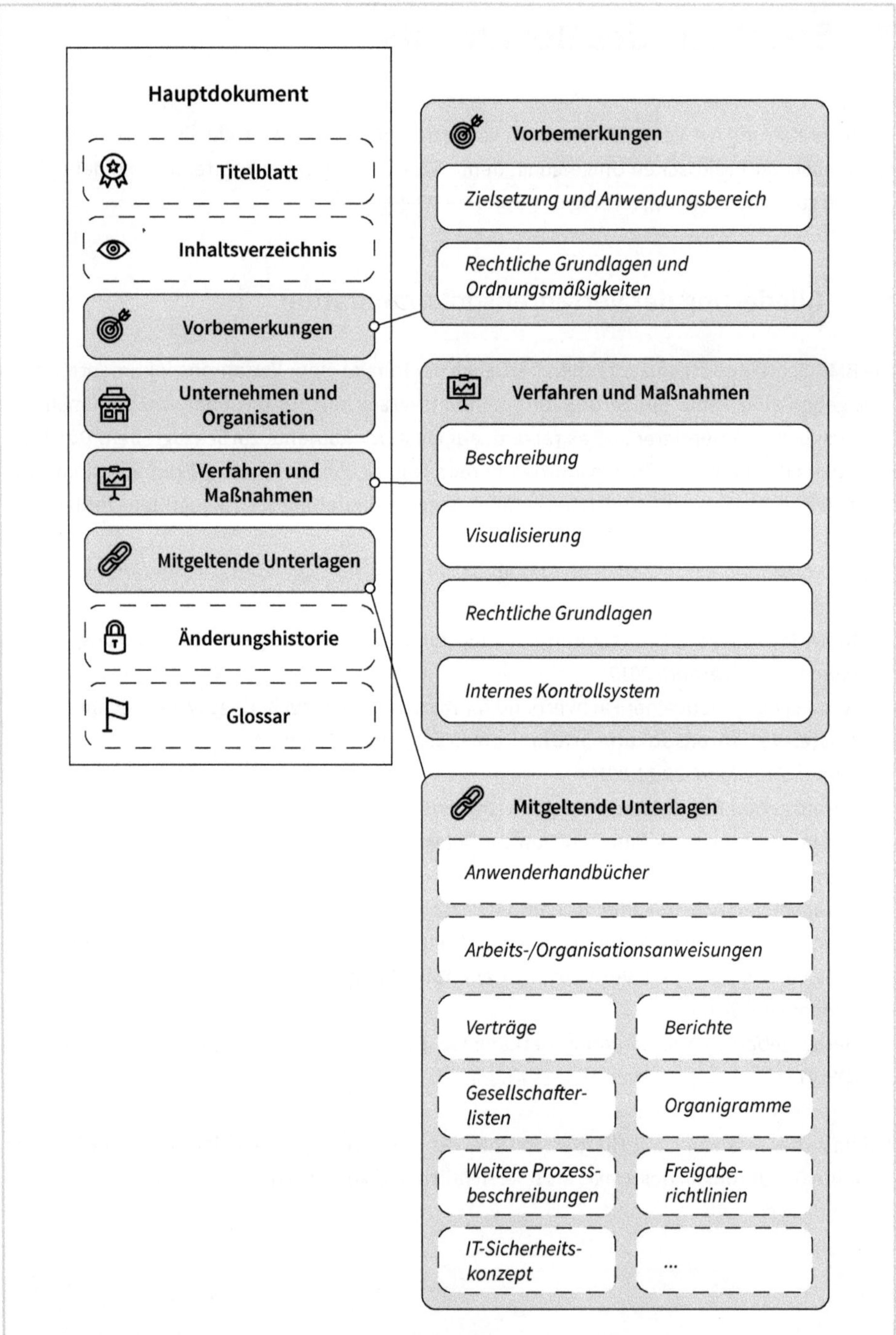

Abb. 11: Gliederung einer Verfahrensdokumentation

Anbei Details zu den dargestellten Bereichen:

- **Titelblatt:** Das Dokument wird möglichst schlicht eingeleitet: Unternehmensname, die wichtigsten Stammdaten und die Versionsnummer der Verfahrensdokumentation.
- **Inhaltsverzeichnis:** Als Nächstes folgt die Auflistung aller Kapitel und Unterkapitel der Verfahrensdokumentation, wodurch direkt ein Überblick geschaffen wird.
- **Vorbemerkungen zur Verfahrensdokumentation:** Hier finden sich generische einleitende Informationen bezüglich des Themas Verfahrensdokumentation und individuelle Beschreibungen der Besonderheiten des spezifischen Unternehmens. Es empfiehlt sich, diesen Bereich in die Unterkapitel »Zielsetzung und Anwendungsbereich« (individuell) und »Rechtliche Grundlagen und Ordnungsmäßigkeiten« (generisch) zu unterteilen.
  - **Zielsetzung und Anwendungsbereich:** Einleitend wird das Unternehmen beschrieben. Hierzu werden individuelle Informationen zur Buchhaltung, der Branche, dem Fokus der Verfahrensdokumentation etc. gegeben. Detailliertere Informationen werden in Kapitel 13.3.2 bereitgestellt.
  - **Rechtliche Grundlagen und Ordnungsmäßigkeiten:** Es ist empfehlenswert, in jeder Verfahrensdokumentation einen generischen Teil zur Verfügung zu stellen, worin auf die zugrunde liegenden BMF-Schreiben Bezug genommen wird und die Prinzipien der GoBD vorgestellt werden.
- **Unternehmen und Organisation:** Es folgen Informationen zu verschiedenen Bereichen des Unternehmens. Primär ist zunächst die vollständige Auflistung der relevanten Personen, DV-Systeme, Partner etc., sekundär sind dann deren Zuständigkeiten, Nutzung, Handbücher etc. zu beschreiben.
- **Verfahren und Maßnahmen:** Nun folgt der Hauptteil der Verfahrensdokumentation. Hier können alle relevanten Prozesse, generischen Vorgehensweisen sowie die Nutzung von DV-Systemen in einem angemessenen Detaillierungsgrad dokumentiert werden. Um die Trennschärfe zwischen den Bereichen zu erhöhen, ist es empfehlenswert, jedem Prozess ein eigenes Unterkapitel zu widmen. Zu jedem Prozess sollte ebenfalls ein internes Kontrollsystem zur Verfügung gestellt werden.

  Die Inhalte können entsprechend komplex ausfallen und die Gestaltung erfordert den Einsatz der unterschiedlichen Werkzeuge dieses Buchs (siehe Teil III). In Teil IV werden darüber hinaus ausführliche Vorschläge für Inhalte typischer Verfahren und Maßnahmen beschrieben. Da diese sehr ausführlich werden können, empfiehlt es sich, die Dokumentation jedes Verfahrens nochmals in die folgenden Unterkapitel aufzuteilen:
  - **Beschreibung:** Zu jedem Verfahren werden elementare Angaben bereitgestellt. Durch die hier beschriebenen Informationen werden das Grundverständnis und die Relevanz der Vorgehensweise erklärt. Typische Themen sind Inhalte aus dem Bereich der allgemeinen Beschreibung (siehe Kapitel 4.2) wie Zuständigkeiten, eingesetzte DV-Systeme, weitere Erläuterungen zur Organisationsstruktur etc.
  - **Visualisierung:** Wenn vorhanden, können Visualisierungen der Vorgehensweisen gegeben werden, mehr hierzu in Kapitel 7.
  - **Rechtliche Grundlagen:** Die Durchführung jedes buchhaltungsrelevanten Verfahrens sollte durch die zugehörigen rechtlichen Gegebenheiten geleitet sein. Daher ist es sinn-

voll, die einzelnen Paragrafen und Regelungen, die einem Prozess zugrunde liegen, transparent zu beschreiben.
  - **Internes Kontrollsystem:** Da die Durchführung jedes Verfahrens mit Risiken zusammenhängt, welche Unternehmen zumeist bereits durch spezielle Regelungen berücksichtigen, sind diese als prozessintegrierte Überwachungsmaßnahmen (siehe Kapitel 6) zu beschreiben.
- **Mitgeltende Unterlagen:** Hier werden alle relevanten Dokumente gesammelt, die für das Verständnis der individuellen Verfahrensdokumentation, oder im Speziellen bezüglich der eingesetzten DV-Systeme, nötig sind. Über die Bereitstellung von Handbüchern wird in der Regel ein Großteil der Anwenderdokumentation (siehe Kapitel 4.3) und der technischen Systemdokumentation (siehe Kapitel 4.4) abgedeckt. Darüber hinaus können auch Verträge, Prozessbeschreibungen, Gesellschafterlisten, Berichte, Organigramme etc. in diesem Kapitel angehängt sein. Manche Verfahrensdokumentationen ergänzen noch standardmäßig den »Leitfaden zum elektronischen Datenzugriff der Finanzverwaltung« der Bitkom.[42]
- **Änderungshistorie:** Die Verfahrensdokumentation entspricht nach § 147 Abs. 1 Nr. 1 AO, beziehungsweise § 257 Abs. 1 Nr. 1 HGB einer Arbeitsanweisung und muss dementsprechend aufbewahrt werden. Das betrifft nicht nur den aktuellen Stand des Dokuments, sondern auch zuvor erstellte Varianten.[43] Um dies zu gewährleisten, wird in den GoBD verlangt, dass eine entsprechende Änderungshistorie vorgehalten wird, in welcher alle zuvor erstellten Verfahrensdokumentationen gelistet sind.[44]
  In Kapitel 5.3 wird detailliert auf die Versionshistorie der Verfahrensdokumentation und auch die damit zusammenhängende Aufbewahrungspflicht des Dokuments eingegangen.
- **Glossar:** Abschließend werden Begriffserklärungen zu typischen Fachwörtern in Verfahrensdokumentationen angefügt. Bezüglich der hier aufgelisteten Bezeichnungen besteht grundsätzlich Konsens zwischen den verschiedenen Verfahrensdokumentationsmustern. Für die praktische Umsetzung kann also das Glossar eines Musters aus dem Internet kopiert werden.
  Je nach individuellem Unternehmen ist das Glossar gegebenenfalls noch um weitere Begriffe zu ergänzen, wenn diese für die Buchhaltung des Unternehmens besonders relevant sind. Beispiele hierfür sind Branchen-Fachwörter oder interne Abkürzungen.

PRAXISTIPP:

Da in den Vorgaben der Finanzverwaltung keine Regeln bezüglich der Gliederung enthalten sind, entspricht eine abweichende Kapitelstruktur auch keinem Mangel. Trotzdem sollte beachtet werden, dass die Orientierung an einer bereits geläufigen Struktur Prüfern die Übersicht erleichtert und somit die Inhalte zugänglicher macht.

---

42 Bitkom, Leitfaden zum elektronischen Datenzugriff der Finanzverwaltung, https://www.bitkom.org/Bitkom/Publikationen/Leitfaden-zum-elektronischen-Datenzugriff-der-Finanzverwaltung.html, abgerufen am 24.02.2024.

43 AWV-Arbeitskreis 3.4 »GoB beim IT-Einsatz«, GoBD, 2023, 159.

44 BMF-Schreiben vom 11.03.2024 – IV D 2-S 0316/21/10001:002, FMNR2024/0184201, Rz. 154.

Es gibt Fälle, in welchen für jeden relevanten Verfahrensdokumentationsbereich ein eigenes Dokument erstellt wird. Dies lässt sich auf die zu Anfang dieses Kapitels genannten Muster-Verfahrensdokumentationen zurückführen, welche lediglich die Vorgehensweisen betreffend »Ersetzende bildhafte Verarbeitung«, »Belegablage und Archivierung« oder »Kassenführung« beschreiben.

Verfahrensdokumentationen werden von unterschiedlichen Parteien als Dienstleistungen erstellt. Da es keine Vorbehaltsaufgabe ist, sind hier auch freie Unternehmensberater aktiv. Bei manchen dieser Dienstleister hat sich die Darstellung einer kompletten Verfahrensdokumentation über mehrere Unterdokumente etabliert. Hierdurch ergeben sich allerdings auf verschiedenen Ebenen Probleme:

- **Inhaltliche Doppelung:** Die Darstellung einer Verfahrensdokumentation über mehrere Hauptdokumente führt zwangsweise dazu, dass sich Informationen an verschiedenen Stellen doppeln. So stellt beispielsweise das digitale Archiv eines Unternehmens außerdem die Endablage für gescannte Belege dar (Ersetzende bildhafte Verarbeitung), allerdings sind auch Kassen- oder E-Commerce-Bestelldaten (Kassenführung) hier gespeichert. Im Rahmen der Belegablage und Archivierung muss ein solches Archiv dann ebenfalls beschrieben werden.
  Das beispielhafte DV-System muss also über mindestens drei verschiedene Dokumente mit seinen Kerndaten und gegebenenfalls detaillierteren Informationen dargestellt werden. Darüber hinaus können zahlreiche Softwares, Hardwares, Personen, Partnerunternehmen etc. im Kontext verschiedener Vorgehensweisen beteiligt sein, deren Informationen sich ebenfalls über mehrere Dokumente doppeln werden.
  Der hiermit in Zusammenhang stehende Aufwand für die Pflege ist verzichtbar und darüber hinaus können potenzielle Fehlerquellen und Mehrdeutigkeiten auftreten.
- **Unübersichtlichkeit:** Gerade große Unternehmen oder solche, die ihr Geschäftsmodell regelmäßig erweitern, müssen ausführliche Verfahrensdokumentationen erstellen. Hierdurch kann schnell die Beschreibung zahlreicher Vorgehensweisen für den Nachweis der GoBD-Konformität notwendig werden. Dem Ansatz, verschiedene Hauptdokumente zu erstellen, konsequent folgend, werden bei einem entsprechend diversifizierten Geschäftsmodell möglicherweise 20 verschiedene Hauptdokumente die Verfahrensdokumentation eines Unternehmens darstellen.
  Wenn Unternehmen selbst die Übersicht bezüglich ihrer Dokumentationen verlieren, kann nicht erwartet werden, dass im Rahmen einer Betriebsprüfung sachverständige Dritte diese in angemessener Zeit nachvollziehen können.[45] Da für Unternehmen absehbar ist, dass sämtliche relevanten buchhalterischen Vorgehensweisen und Thematiken auf Dauer mithilfe der eigenen Verfahrensdokumentation zu beschreiben sind, muss bereits im Vorfeld eine Form gewählt werden, deren Instandhaltung auch über die Jahre möglichst pflegeleicht und übersichtlich bleibt. An nur einem Hauptdokument zu arbeiten, erleichtert diese Anforderung.

45 BMF-Schreiben vom 11.03.2024 – IV D 2-S 0316/21/10001:002, FMNR2024/0184201, Rz. 151.

Die Entscheidung, eine Verfahrensdokumentation als ein einzelnes Dokument zu erstellen, statt in einer Sammlung verschiedener Hauptdokumente zu organisieren, wird im Rahmen dieses Buchs verfolgt. Neue Bereiche können durch weitere Unterkapitel ergänzt werden und selbst große, komplexe Unternehmen lassen sich über ein strukturiertes Inhaltsverzeichnis darstellen. Auch ein solches Dokument kann selbstverständlich unübersichtlich werden. In der stetigen Bearbeitung eines einzelnen Dokuments fällt dies jedoch eher auf als bei der Bearbeitung verschiedener Teildokumente.

PRAXISTIPP:

Schreib- und Layoutprogramme bieten die Möglichkeit, Querverweise zu erstellen. Hierdurch können die Basisdaten von DV-Systemen, Personen, Partnerunternehmen etc. an anderer Stelle innerhalb eines Dokuments beschrieben und schließlich »verlinkt« werden. So kann beliebig im Dokument gesprungen werden und ausführliche Sachverhalte müssen nur an einer Stelle beschrieben und gepflegt werden.

5.2 Aufteilung von Verfahren zu Prozessen

Es wird häufig von einer Verfahrensdokumentation zur »Kassenführung« oder zur »Belegablage und Archivierung« gesprochen. Hier werden verschiedene Vorgehensweisen, Regeln, Zuständigkeiten etc. abgebildet. Statt alle diese Aspekte unter einem einzigen Oberbegriff zusammenzu fassen, zeigt die Erfahrung, dass es vorteilhaft ist, die Inhalte in Unterprozesse aufzuteilen, die den tatsächlichen Arbeitsabläufen entsprechen. Dadurch entstehen Prozesse mit klarem Anfang und Ende, welche nachvollziehbar sind und konkret dokumentiert werden können.

Beispiele für solche Unterteilungen

- **Statt »Lohnbuchhaltung«:**
  - Vorbereitende Lohnbuchhaltung
  - Erstellung der Lohnbuchhaltung
  - Auszahlung des Lohns
  - Zusenden der Lohnunterlagen
- **Statt »Buchhaltung«:**
  - Vorbereitende Buchhaltung
  - Erfassung einer Buchung
  - Abgleich der OPOS-Liste
  - Abstimmung von Konten
- **Statt »Kassenführung«:**
  - Kassensturz
  - Abkassieren
  - Erstellung von Storno
  - Mobiles Abkassieren bei Event

Die Konsequenzen einer Nicht-Trennung der Verfahren sind in den verfügbaren Mustern erkennbar. Hier wird beispielsweise im Rahmen des Scannens auch noch der Posteingang beschrieben, im Rahmen der Belegablage Teilbereiche des Scannens, bei der Kassenführung Teile der Belegablage etc. Wie bereits in Kapitel 5.1 beschrieben, entstehen hierdurch inhaltliche Doppelungen, welche wiederum widersprüchliche Informationen wahrscheinlich werden lassen. Darüber hinaus entsprechen sauber unterteilte Verfahrensdokumentationen der zentralen Anforderung der Nachvollziehbarkeit.[46]

5.3 Aufbewahrung des Dokuments

Nach der Erstellung einer ersten Version ist die Verfahrensdokumentation ein lebendes Dokument, welches Teil des Geschäftsbetriebs ist. Nach § 147 Abs. 1 Nr. 1 AO ist das Dokument eine »zum Verständnis erforderliche Arbeitsanweisungen und sonstige Organisationsunterlage« und fällt demnach auch unter die Aufbewahrungspflicht.[47] Die erwartete Aufbewahrungsfrist für die Verfahrensdokumentation beträgt somit zehn Jahre.[48]

Aus Sicht der Finanzverwaltung ist dieser Fall jedoch anders zu bewerten. Im zugrunde liegenden BMF-Schreiben steht explizit: *»Die Aufbewahrungsfrist für die Verfahrensdokumentation läuft nicht ab, soweit und solange die Aufbewahrungsfrist für die Unterlagen noch nicht abgelaufen ist, zu deren Verständnis sie erforderlich ist.«*[49]

Da die Verfahrensdokumentation die zentrale Anweisung für die buchhalterischen Vorgänge zu einem bestimmten Zeitpunkt darstellt, ist es verständlich, dass für das Dokument eine entsprechende Ausweitung der Aufbewahrung angemessen ist. Diese Regelung bringt allerdings auch Herausforderungen mit sich: Wenn in Betrieben Unterlagen existieren, deren Aufbewahrungsfrist sich regelmäßig erneuert, müssen auch die über den Zeitraum bestehenden Verfahrensdokumentationen, also deren Arbeitsanweisungen, weiter aufbewahrt werden.[50] Manche Fachliteratur empfiehlt sogar, die Verfahrensdokumentation länger als zehn Jahre aufzubewahren, und begründet dies damit, dass diese einen Teil des lebenden Geschäftsbetriebs ausmacht.[51]

Einen Teil des Aufbewahrungskonzepts des Dokuments stellt die in Kapitel 5.1 vorgestellte Änderungshistorie dar.[52] Ziel ist es, in der jeweils aktuellen Version des Dokuments sämtliche alte Versionen zu listen, sodass bei der Prüfung alter Daten gegebenenfalls die zugehörige Verfahrensdokumentation angefordert werden kann.

46 BMF-Schreiben vom 11.03.2024 – IV D 2-S 0316/21/10001:002, FMNR2024/0184201, Rz. 26.
47 § 147 Abs. 1 Nr. 1 AO.
48 § 147 Abs. 3 AO.
49 BMF-Schreiben vom 11.03.2024 – IV D 2-S 0316/21/10001:002, FMNR2024/0184201, Rz. 154.
50 Goldshteyn, Praxishandbuch digitale Betriebsprüfung, 2016, 157–158.
51 Danielmeyer in Hruschka/Peters/von Freeden, Steuerliche Betriebsprüfung, 2022, 2.90.
52 BMF-Schreiben vom 11.03.2024 – IV D 2-S 0316/21/10001:002, FMNR2024/0184201, Rz. 154.

Die Verfahrensdokumentation ist regelmäßig zu aktualisieren, wenn sich beispielsweise relevante DV-Systeme, Zuständigkeiten oder Prozesse ändern.[53] Die wichtigsten Änderungen dieser neu veröffentlichten Version des Dokuments können in einem oder mehreren Sätzen beschrieben werden.

Über die hier dargestellten Angaben innerhalb der Änderungshistorie hinaus können auch noch weitere Angaben gemacht werden, etwa die Person, welche die Verfahrensdokumentation erstellt hat, oder ein Vermerk, ob das Dokument bereits durch die Geschäftsführung freigegeben wurde.

PRAXISTIPP:

Um bei einer Betriebsprüfung für jedes Jahr rückblickend die damals gültige Verfahrensdokumentation vorlegen zu können, ist es empfehlenswert, das Dokument mindestens jährlich zu aktualisieren.

5.4 Exkurs: Das ideale Format

Die GoBD machen keine Vorgaben, in welchem Format eine Verfahrensdokumentation erstellt werden soll. Die verfügbaren Muster von Verfahrensdokumentationen sind PDFs (siehe Kapitel 5.1). Es ist anzunehmen, dass diese zunächst in einem Textverarbeitungsprogramm wie Microsoft Word erstellt und dann für die finale Aufbewahrung zu PDF-Dateien konvertiert wurden. PDF ist ein gängiges Format mit zahlreichen Vorteilen und ist aktuell der Standard für Verfahrensdokumentation.

Verfahrensdokumentationen in PDF-Form bereitzustellen, ist valide und wird sicherlich so auch bei einer Betriebsprüfung akzeptiert werden. Im nun folgenden Exkurs wird der Frage nachgegangen, wie das ideale Dateiformat einer Verfahrensdokumentation aussehen könnte. Folgende Anforderungen müssen erfüllt sein:

- **Plattformneutralität:** Es muss sich auf jedem beliebigen System öffnen, beziehungsweise lesen lassen.
  Beurteilung: PDF ist ein weitverbreitetes Format, das sich auf jedem Betriebssystem öffnen lässt. Auch mobile Geräte wie Smartphones oder Tablets können PDFs problemlos darstellen.
- **Barrierefreiheit:** Als deutschlandweite Verordnung betrifft die Verfahrensdokumentation eine Vielzahl von Personen und muss daher an die Bedürfnisse unterschiedlichster Leser angepasst werden können.
  Beurteilung: PDFs bieten zahlreiche Funktionen, die das Dokument zugänglich machen. Zum Beispiel kann die Schrift vergrößert werden oder das Dokument vorgelesen werden.

53 AWV-Arbeitskreis 3.4 »GoB beim IT-Einsatz«, GoBD, 2023, 159.

Damit eignet sich das PDF-Format für einen möglichst breiten Teil der Bevölkerung. Um PDFs noch zugänglicher zu machen, können die Standards WCAG und EN 301549 umgesetzt werden, welche speziell für die Barrierefreiheit dieses Formats entwickelt wurden.[54]

- **Versionierung:** Bei einer Verfahrensdokumentation müssen *»Änderungen versioniert [sein] und eine nachvollziehbare Änderungshistorie vorgehalten [werden]«*.[55]
  Beurteilung: In PDFs lässt sich eine Änderungshistorie auf einer eigenen Seite darstellen. Allerdings steht die Datei immer für sich, alte Dateien müssen von Betriebsprüfern bei den jeweiligen Unternehmen angefordert werden. Darüber hinaus sind PDFs nicht standardisiert, sowohl Layout als auch Inhalte können völlig frei gestaltet werden. Dies erschwert die Nachvollziehbarkeit der Änderungen zwischen zwei Dateien durch sogenannte Diff-Tools, da die gesuchten Informationen an völlig verschiedenen Stellen zu finden sein könnten.
- **Durchsuchbarkeit:** Es muss möglich sein, über Suchfunktionen spezifische Informationen aus der Verfahrensdokumentation aufzufinden.
  Beurteilung: PDFs ermöglichen eine Volltextsuche. Allerdings können Treffer nur zurückgegeben werden, wenn nach der exakten Textstelle gesucht wird. Tippfehler oder leicht andere Formulierungen geben keine Textstellen zurück.
- **Zugänglichkeit:** Das Medium muss verschiedenen Personen zugänglich gemacht werden, beispielsweise Betriebsprüfern, der Geschäftsführung, gegebenenfalls Mitarbeitern etc. Hierfür muss es idealerweise jederzeit erreichbar sein und auf Anfrage bereitgestellt werden können.
  Beurteilung: PDF-Dateien lassen sich als E-Mail-Anhang versenden und dementsprechend leicht zugänglich machen. Problematisch wird es allerdings, wenn die Dateien zu groß für normale E-Mail-Anhänge werden. Hier muss dann für die Übertragung auf sichere Transfermedien gesetzt werden. Darüber hinaus liegen versendete Dateien nach der Übertragung auf Dauer bei den Empfängern vor und es besteht keine Möglichkeit, deren Umgang mit den Dateien zu kontrollieren.

PDFs sind ein grundsätzlich geeignetes Format mit geringfügigen Schwächen. Viele Nachteile würden sich dadurch beseitigen lassen, Verfahrensdokumentationen in Form eines Wikis aufzubauen. Unternehmens-Wikis sind Plattformen, auf denen Unternehmen internes Wissen sammeln. Ein bekanntes Beispiel für ein öffentliches Wiki ist der Service Wikipedia.

Dieser Ansatz ist experimentell und kommt in der Praxis eigentlich nicht vor. Nachfolgend die oben beschriebenen Punkte aus der Sicht eines Wikis.

- **Plattformneutralität:** Wikis entsprechen Webseiten und können als solche auf allen Betriebssystemen, unterschiedlichen Internetbrowsern und Geräten genutzt werden.
- **Barrierefreiheit:** Internetbrowser verfügen über zahlreiche integrierte Technologien, um Webseiten und somit auch Wikis einem möglichst breiten Publikum zugänglich zu machen.

54 De Oliveira, Checkliste: Was ist ein barrierefreies PDF-Dokument, https://www.netz-barrierefrei.de/wordpress/barrierefreies-publizieren/barrierefreie-pdfs/anforderungen-an-barrierefreie-pdfs/, abgerufen am 18.01.2024.

55 BMF-Schreiben vom 11.03.2024 – IV D 2-S 0316/21/10001:002, FMNR2024/0184201, Rz. 154.

Ebenso arbeiten die Anbieter von Wiki-Systemen kontinuierlich an Updates, um sicherzustellen, dass ihre Systeme mit den aktuellen Webstandards Schritt halten.

- **Versionierung:** Die Aufzeichnung aller Änderungen ist eine Grundfunktion von Wiki-Systemen und unterstützt somit das Prinzip der Nachvollziehbarkeit. Durch die integrierten Funktionen kann jederzeit zu alten Ständen einer Verfahrensdokumentation gesprungen werden, ohne dass hierzu ein eigenes Dokument vorgehalten werden muss.
- **Durchsuchbarkeit:** Suchfunktionen von Wikis haben eine andere Intention als diejenigen bei PDF-Readern. Hier sollen inhaltlich passende Treffer aus einer großen Datenbank verschiedener Artikel angeboten werden. Hierzu sollten Suchen intelligent aufgebaut sein und Inhalte auch bei abweichenden Keywords oder Rechtschreibfehlern anbieten. Natürlich ist nicht jeder Wiki-Anbieter hier auf dem gleichen Stand.
- **Zugänglichkeit:** Statt Dokumente zu verschicken, können User eingerichtet und diese mit bestimmten Zugriffsrechten ausgestattet werden. Diese Berechtigungen können nach der Durchführung von Betriebsprüfungen oder einem Ausscheiden aus dem Unternehmen wieder entzogen werden.

Wikis stellen eine interessante Alternative zu PDFs dar. Die Bezeichnung als Format ist allerdings irreführend. Während es sich bei PDF tatsächlich um ein generisches Dateiformat handelt, ist ein Wiki eher als Plattform definiert, auf welcher die Inhalte einer Verfahrensdokumentation gehostet werden.

Es soll hier keine konkrete Empfehlung für oder gegen Wikis, PDFs oder sonstige Formate ausgesprochen werden. Ziel des Exkurses ist lediglich, die Diskussion über das beste Format einer Verfahrensdokumentation anzustoßen. Aufgrund der Aktualität des Themas sollte Gestaltungsspielraum gegeben sein und nicht aufgrund erster bestehender Lösungen geopfert werden. Die Verfahrensdokumentation ist ein moderner technischer Bericht, welcher dementsprechend unter Zuhilfenahme technologischer Mittel (wie beispielsweise eines Wikis) umgesetzt werden kann.

Die Möglichkeiten zur Ausgestaltung von Verfahrensdokumentationen liegen bei den deutschen Kanzleien, Unternehmen und den Finanzbehörden.

Teil III: Werkzeuge für die Umsetzung

Die zugrunde liegenden BMF-Schreiben machen keine Vorgaben bezüglich der Methoden, Werkzeuge oder Normen für die Erstellung einer Verfahrensdokumentation. Daher werden im folgenden Teil konkrete Instrumente vorgeschlagen, die für die praktische Umsetzung der geforderten Inhalte genutzt werden könnten. Die hier dargestellte Auswahl hat sich in der Praxis bewährt, es ist allerdings auch möglich, die Umsetzung mit anderen Hilfsmitteln zu realisieren.

6 Erstellung eines internen Kontrollsystems

Das interne Kontrollsystem stellt den zentralen Inhalt der Betriebsdokumentation dar. Da dieser Bereich komplex ist und dementsprechend auch erfahrungsgemäß hierzu die meiste Unsicherheit besteht, wird die praktische Erstellung nun detailliert besprochen.

6.1 Komponenten eines internen Kontrollsystems

Zentraler Baustein des internen Kontrollsystems sind Risiken. Diese müssen erkannt, bewertet und schließlich behandelt werden. Die praktischen Schritte hierzu werden ab Kapitel 6.2 erklärt. Für Interessierte folgt nun eine abstraktere Darstellung der Architektur eines internen Kontrollsystems. Darüber hinaus wird beschrieben, wie eine mögliche Integration der geforderten Inhalte der Verfahrensdokumentation in die Bereiche stattfinden kann.

Die Inhalte basieren auf den Verlautbarungen des IDW, in welchen das interne Kontrollsystem auf verschiedene Elemente heruntergebrochen wurde.[56] In Abbildung 12 (nach IDW) werden diese dargestellt.

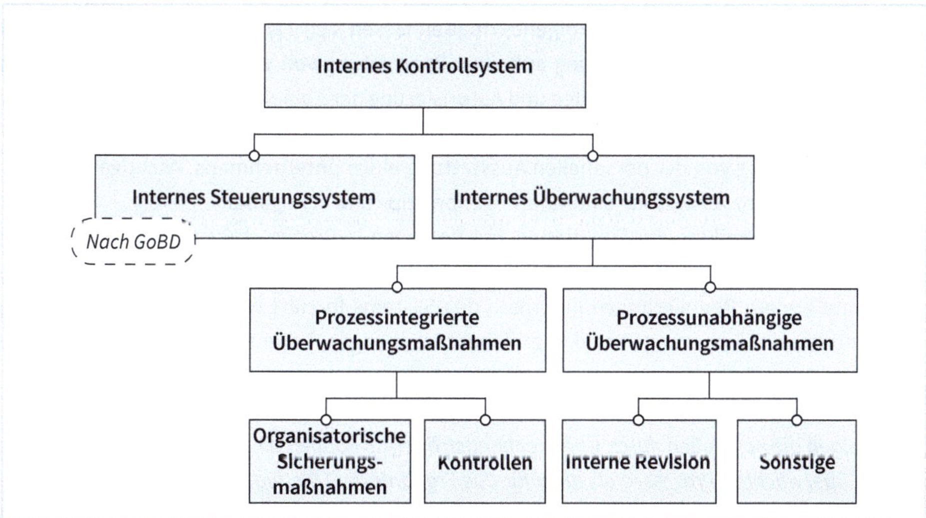

Abb. 12: Bereiche eines internen Kontrollsystems nach IDW

Fundamental ist ein internes Kontrollsystem in zwei Bereiche unterteilt: Über das **interne Steuerungssystem** werden (nach den Vorgaben der GoBD) Regeln für die Verfahren aufgestellt. Das **interne Überwachungssystem** stellt anschließend die Einhaltung dieser Regeln durch ver-

56 Institut der Wirtschaftsprüfer e.V., IDW-Verlautbarungen, 2024, PS 261 n.F., Tz. 20.

schiedene Maßnahmen sicher.[57] Wenn in der Praxis der Begriff »internes Kontrollsystem« verwendet wird, sind zumeist die verschiedenen Kontrollschritte, Sicherungsmaßnahmen etc. gemeint, also das interne Überwachungssystem.

Innerhalb der praktischen Aktivitäten zur Sicherung wird weiter zwischen **prozessintegrierten** und **prozessunabhängigen Überwachungsmaßnahmen** unterschieden. **Prozessintegrierte Überwachungsmaßnahmen** betreffen die konkreten Verfahren, Schritte und Prozesse des Unternehmens, beispielsweise Scannen, Entgegennahme von Post und Verbuchung im System. Hier existieren organisatorische Sicherungsmaßnahmen und Kontrollen. **Prozessunabhängige Überwachungsmaßnahmen** beschreiben die Sicherung durch Personen, welche nicht an den Arbeitsabläufen beteiligt sind und keine Betriebszugehörigkeit haben. Hierunter fällt die externe Revision oder alle sonstigen Überwachungsmaßnahmen.[58] Folgendermaßen sind die konkreten Inhalte definiert:

- **Organisatorische Sicherungsmaßnahmen:** *»Organisatorische Sicherungsmaßnahmen werden durch laufende automatische Einrichtungen wahrgenommen. Sie umfassen fehlerverhindernde Maßnahmen, die sowohl in die Aufbau- als auch die Ablauforganisation eines Unternehmens integriert sind und ein vorgegebenes Sicherheitsniveau gewährleisten sollen.«*[59]
  In der Praxis werden solche Sicherungsmaßnahmen beispielsweise durch Funktionstrennungen, also das Herunterbrechen von Prozessschritten auf verschiedene Verantwortlichkeitsbereiche, umgesetzt. Folgendermaßen lassen sich Tätigkeiten für eine möglichst umfangreiche Funktionstrennung aufteilen: Bearbeitung von Vorgängen, Verwaltung von Beständen, Buchung von Vorfällen und Autorisierung der Abläufe. Je mehr Trennung, desto stringenter wird diesem Prinzip entsprochen. Die Umsetzbarkeit ist hierbei verständlicherweise abhängig von der personellen Ausstattung eines Unternehmens. Wichtige Stichworte für die Finanzverwaltung sind »Vieraugenprinzip« und »Freigaben«.
  Neben der Aufteilung der Funktionen von Personen in Prozessen kann die Trennung von Aufgaben auch durch die internen DV-Systeme realisiert werden, welche durch Nutzerrechte und andere Regulierungen innerhalb des Systems forciert werden. Leitende Themen IT-integrierter Sicherungen sind Zugriffsbeschränkungen, Datensicherungsverfahren, Nutzerrechte etc.[60]
- **Kontrollen:** *»Kontrollen erfolgen durch Maßnahmen, die in den Arbeitsablauf integriert sind. Erfolgen die Kontrollen durch Überwachungsträger, so können diese sowohl für das Ergebnis des überwachten Prozesses als auch für das Ergebnis der Überwachung verantwortlich sein. Kontrollen sollen die Wahrscheinlichkeit für das Auftreten von Fehlern in den Arbeitsabläufen vermindern bzw. aufgetretene Fehler aufdecken.«*[61]
  Bei allen buchhalterisch bestimmenden Abläufen sollten möglichst viele Kontrollen inte-

57 Institut der Wirtschaftsprüfer e. V., IDW-Verlautbarungen, 2024, PS 261 n. F., Tz. 20.
58 Graumann, Wirtschaftliches Prüfungswesen, 2020, 235, 242–245.
59 Institut der Wirtschaftsprüfer e. V., IDW-Verlautbarungen, 2024, PS 261 n. F., Tz. 20.
60 Graumann, Wirtschaftliches Prüfungswesen, 2020, 244–244.
61 Institut der Wirtschaftsprüfer e. V., IDW-Verlautbarungen, 2024, PS 261 n. F., Tz. 20.

griert werden. Kontrollen können in einem Prozess entweder **fehleraufdeckend**, also als aktiv durchgeführte »Sperren« für den weiteren Ablauf, oder **fehlervermeidend**, also reaktiv mithilfe von gesammeltem Wissen zu möglichen Fehlerquellen, umgesetzt werden.[62] Folgende Möglichkeiten bestehen für die Durchführung von Kontrollen:

- **Kontrollhandlungen:** Hierunter werden gängige Abstimmungen im Rahmen eines Prozesses verstanden. Typische Tätigkeiten sind hier Überprüfung auf Richtigkeit, Abstimmung mit Original, Freigabe durch Vorgesetzte etc.
- **Kontrollvorrichtungen:** Hierbei handelt es sich um Hard- oder Software, mit der die Einhaltung bestimmter Regelungen sichergestellt wird. Praktische Beispiele sind Messvorrichtungen in Kassen oder Zeiterfassungssysteme.[63]
- **Maschinenkontrollen:** Die eingesetzten DV-Systeme sind in der Regel so entwickelt, dass eine Vielzahl von Mechanismen zur Sicherstellung korrekter Durchführung von Prozessen und entsprechender Datenqualität implementiert sind. Für die Dokumentation eines internen Kontrollsystems lohnt es sich also, herauszuarbeiten, an welchen Stellen automatisierte Kontrollen stattfinden. Als Anregung für die Recherche in diesem Bereich sind die Stichworte Computerisierte Berechnung, Identitätsprüfung (2FA), Netzwerkprotokolle (UDP, IP) etc. relevant. Ein gutes Beispiel stellen die sich gegenüberstehenden Netzwerkprotokolle UDP und IP dar, welche für verschiedene Ansprüche beim Datentransfer genutzt werden.
- **Physische Sicherung:** Neben den DV-Systemen lassen sich Maßnahmen auch physisch umsetzen. So ist es möglich, Zugriffsbeschränkungen oder Überwachung über Kontrollen sicherzustellen. Typische Begriffe hier sind Abschließen oder Kameraüberwachung.[64]

- **Interne Revision:** *»Die Interne Revision ist eine prozessunabhängige Institution, die innerhalb eines Unternehmens Strukturen und Aktivitäten prüft und beurteilt. Dieser unternehmensinterne Überwachungsträger darf weder in den Arbeitsablauf integriert noch für das Ergebnis des überwachten Prozesses verantwortlich sein.«*[65]

  Zusätzlich zu den Kontrollen und Maßnahmen bei der Durchführung von Prozessen kann es Teil des internen Kontrollsystems sein, die Unternehmensaktivitäten durch externe Personen überwachen zu lassen. Die hierdurch entstehende interne Revision ist ein fortgeschrittenes Konzept und wird vor allem bei größeren Unternehmen Anwendung finden. Um eine Vorstellung der Dimensionen zu verdeutlichen: Hierunter fallen beispielsweise die nach § 91 Abs. 2 AktG geforderten Überwachungsmaßnahmen von Aktiengesellschaften.

  Die Tätigkeiten der internen Revision können entweder **periodisch** oder **gesondert** durchgeführt werden. Sie lassen sich unter dem Begriff »Auditing« zusammenfassen und können sich auf die unterschiedlichsten Bereiche konzentrieren. Beispiele hierfür sind Management, Finanzen oder Arbeitsweisen. Im Kontext der GoBD sind die finanziellen und betrieblichen Bereiche relevant.

62 Institut der Wirtschaftsprüfer e. V., IDW-Verlautbarungen, 2024, PS 261 n. F., Tz. 54.
63 Graumann, Wirtschaftliches Prüfungswesen, 2020, 245.
64 Graumann, Wirtschaftliches Prüfungswesen, 2020, 244–245.
65 Institut der Wirtschaftsprüfer e. V., IDW-Verlautbarungen, 2024, PS 261 n. F., Tz. 20.

- **Finanz-Audit:** Es wird überprüft, ob die finanziellen Aussagen mit den im Vorfeld festgelegten Kriterien übereinstimmen.[66] Hier können die Buchhaltungsdaten beispielsweise auf Ordnungsmäßigkeit geprüft werden, wodurch betrügerische Handlungen vermieden werden. Auch der Grad des Schutzes der Vermögenswerte wird bewertet.
- **Betriebs-Audit:** Hier befinden sich Abläufe und Prozesse auf dem Prüfstand. Es wird beurteilt, wie effektiv und sicher die Durchführung und Konzeption der internen Vorgehensweisen funktioniert.[67]

Trotz des erhöhten Aufwands ist es auch für kleinere und mittelständige Unternehmen empfehlenswert, interne Revision innerhalb ihres internen Kontrollsystems in Anspruch zu nehmen. Je weniger ausführlich die interne Revision, desto detaillierter müssen die Aktivitäten innerhalb der prozessintegrierten Überwachungsmaßnahmen entwickelt sein. Für die Umsetzung eines angemessenen internen Kontrollsystems bietet es sich also an, beide Bereiche in einem durchschnittlichen Maß zu entwickeln.

- **Sonstige Überwachungsmaßnahmen:** *»Daneben können sonstige prozessunabhängige Überwachungsmaßnahmen festgelegt sein, z. B. in Form von High-level controls, die im besonderen Auftrag der gesetzlichen Vertreter oder durch diese selbst vorgenommen werden.«*[68] Zuletzt werden die im Rahmen des IDW nicht weiter spezifizierten sonstigen Überwachungsmaßnahmen thematisiert. Hierunter fallen die Aufgabenbereiche gesetzlicher Institutionen, welche sich durch die Ausübung ihrer Aufgabenbereiche, wie beispielsweise der Durchführung von Betriebsprüfungen, ebenfalls positiv auf die Qualität des internen Kontrollsystems auswirken. Da die Handlungen dieser Parteien nicht im Einflussbereich von Unternehmen liegen, ist es nicht sinnvoll, diesen Teil im Rahmen einer Verfahrensdokumentationen zu beschreiben.

Die hier dargestellten Kontrollen und Maßnahmen sind allesamt so in der Praxis aufzufinden. Je komplexer das interne Überwachungssystem allerdings aufgebaut ist, desto mehr verschwimmen auch die Grenzen zwischen organisatorischen Sicherheitsmaßnahmen und Kontrollen.

In Abbildung 13 werden die Elemente eines internen Kontrollsystems nach dem IDW inklusive der erarbeiteten Praxisbeispiele dargestellt.

66 Arens/Elder/Beasley/Hogan, Auditing and Assurance Services, 2017, 37.
67 Graumann, Wirtschaftliches Prüfungswesen, 2020, 245–247.
68 Institut der Wirtschaftsprüfer e. V., IDW-Verlautbarungen, 2024, PS 261 n. F., Tz. 20.

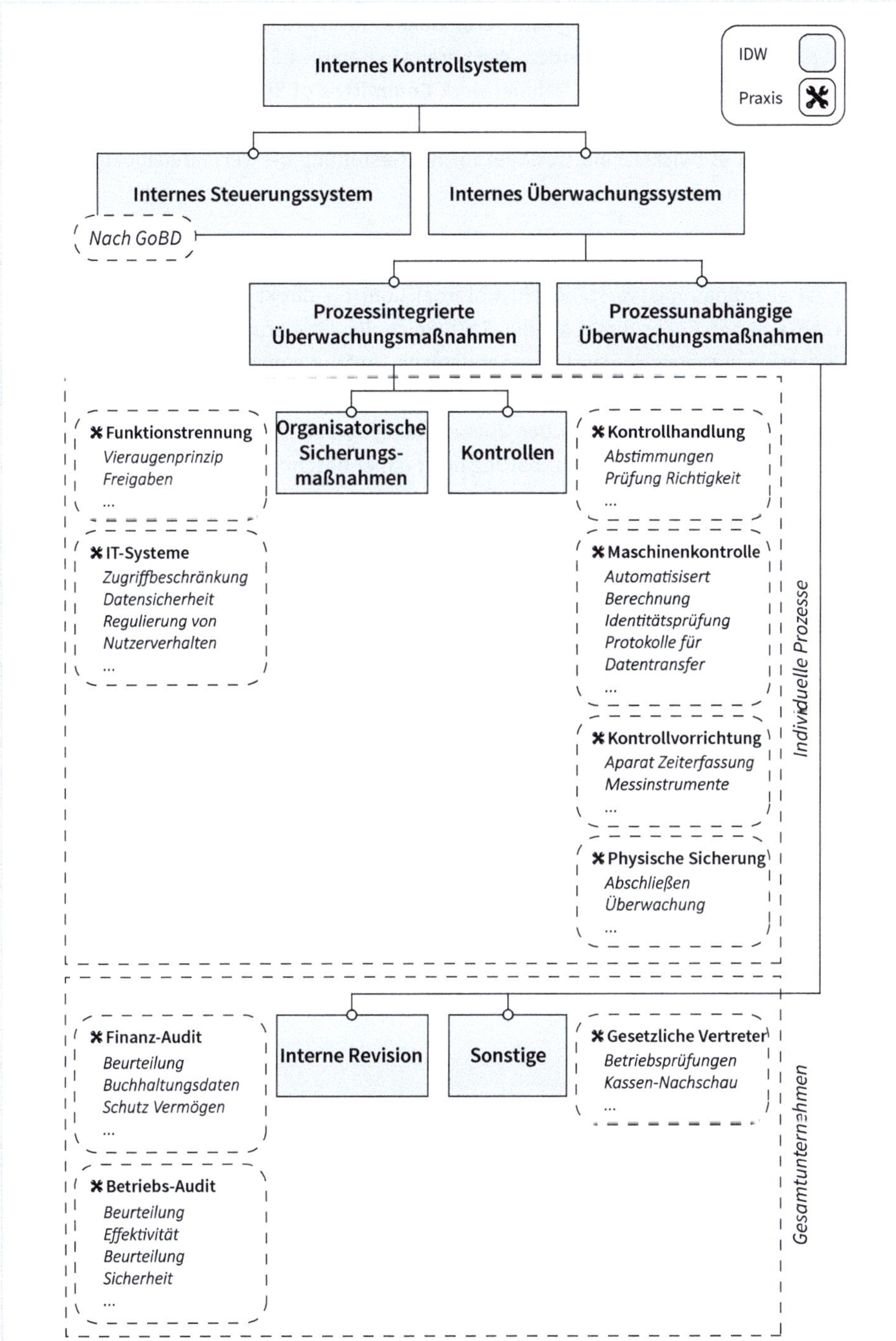

Abb. 13: Bereiche eines internen Kontrollsystems nach IDW inklusive Beispiele

Da vonseiten der Finanzverwaltung kein verbindliches Risikoframework vorgeschrieben wurde, kann die Wahl frei getroffen werden. Wie bereits in Kapitel 4.5 angemerkt, stützen sich die Verlautbarungen des IDW auf das Rahmenwerk **Committee of Sponsoring Organizations of the Treadway Commission (COSO)**.[69] COSO wurde spezifisch für die Gestaltung von »Internal Control Systems« entwickelt und ist daher für die Gestaltung der Verfahrensdokumentation besonders empfehlenswert.[70]

Das Modell steht im Einklang mit den Intentionen der Finanzverwaltung, die deutsche Übersetzung ist allerdings missverständlich. »Internal Control« direkt zu »Interne Kontrolle« zu übersetzen, legt den Fokus direkt auf den Teilbereich der »Steuerung/Kontrolle« (also das interne Überwachungssystem), fasst den notwenigen Umfang eines internen Kontrollsystems allerdings zu kurz. Wie in Abbildung 13 dargestellt, besteht ein internes Kontrollsystem nicht nur aus Kontrollen, sondern neben der Überwachung auch aus der Steuerung.[71] Die interne Steuerung wird durch die IDW-Verlautbarung nicht näher beschrieben, der Fokus liegt hier auf der internen Überwachung.

Während das COSO-Modell in der Diskussion im steuerlichen Bereich stärkere Verwendung findet, ist in der praktischen Arbeit mit Unternehmen die **ISO-Norm 31000:2018** präsenter. Diese wurde bereits im Vergleich zwischen ISO-Normen und Verfahrensdokumentation (siehe Kapitel 4.7) thematisiert und stellt einen industriell verbreiteten Standard für Risikomanagement dar. Daher werden im Rahmen dieses Buchs auch hieraus Konzepte genutzt.

Da die Beschreibungen des Instituts der Wirtschaftsprüfer mit dem COSO-Modell inhaltsgleich sind, wurde das Framework durch die bisherigen Inhalte dieses Kapitels bereits hinreichend besprochen. Als Exkurs wird abschließend der in Abbildung 14 dargestellte COSO-Würfel erklärt.

69 Institut der Wirtschaftsprüfer e.V., IDW-Verlautbarungen, 2024, PS 951 n. F., Rz. 43/PS 981, Rz. 5.

70 Moeller, Executive's Guide to COSO Internal Controls, 2014, 3–4.

71 Horváth in Armeloh, WPg-Gesamtjahresregister 2003, 214.

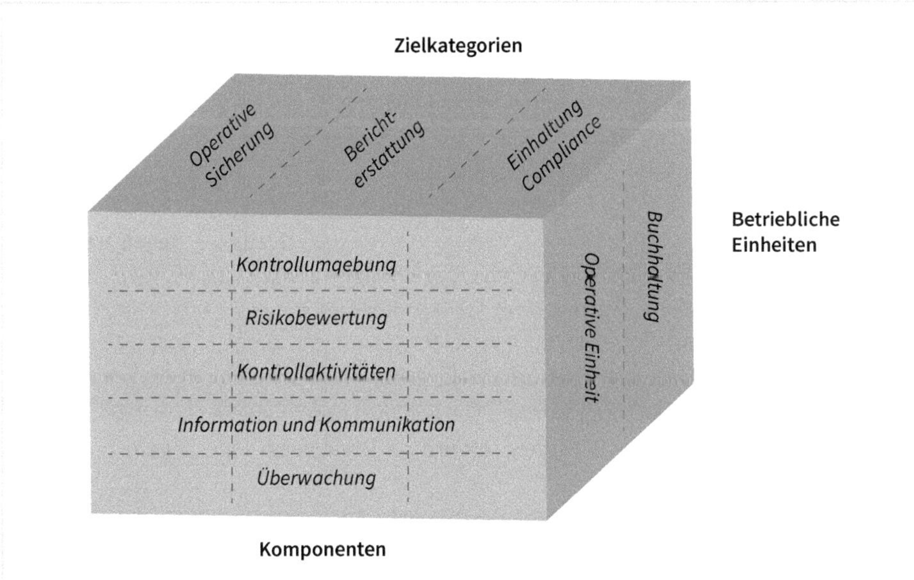

Abb. 14: Visualisierung des COSO-Modells im Kontext der relevanten betrieblichen Einheiten einer Verfahrensdokumentation

COSO fokussiert sich bei der Gestaltung von »Internal Control Systems« auf die drei Dimensionen »Betriebliche Einheiten«, »Zielkategorien« und »Komponenten«.[72]

- **Zielkategorien:** Die Intention des internen Kontrollsystems besteht darin, sicherzustellen, dass die betrieblichen Vorgänge sauber durchgeführt werden, hierüber Meldung gemacht wird und die relevante interne und externe Compliance beachtet ist.
- **Betriebliche Einheiten:** Hier werden die betroffenen Unternehmensbereiche dargestellt. Für die Verfahrensdokumentation ist die Buchhaltung relevant und darüber hinaus alle operativen Bereiche, in welchen Buchhaltungsdaten erzeugt werden. Durch die Würfelform wird ersichtlich, dass hierfür alle drei Zielkategorien beachtet werden müssen.
- **Komponenten:** Es werden alle möglichen Aktivitäten des Kontrollsystems aufgezählt. Hierzu mehr in Kapitel 6.2.

Das COSO Modell findet häufig in der Literatur zur Verfahrensdokumentation Erwähnung,[73,74] es kann allerdings auch auf andere Risikomanagement-Frameworks gesetzt werden.

72 Moeller, Executive's Guide to COSO Internal Controls, 2014, 35–37.
73 Alves, Crashkurs Internes Kontrollsystem für Buchhaltung und Steuern, 2021, 127.
74 Goldshteyn, Praxishandbuch digitale Betriebsprüfung, 2016, 116–117.

6.2 Erarbeitung und Bewertung von Risiken

Die Ermittlung der Risiken, die im Kontext eines individuellen Prozesses oder des gesamten Unternehmens relevant sind, lässt sich im Rahmen der Verfahrensdokumentation in die Schritte Erarbeitung, Bewertung und Behandlung aufteilen.[75]

Der erste Schritt, also das Aufdecken von Risiken, kann auf verschiedenen Wegen erfolgen. Es ist entweder möglich, die Risiken aus Fakten, beziehungsweise Vorerfahrungen, zu schlussfolgern, oder mithilfe einer oder mehrerer fachkundiger Personen zu erarbeiten.[76] Der evidenzbasierte Ansatz muss im Fall der Verfahrensdokumentation auf jeden Fall erfolgen, da so sichergestellt wird, dass das rechtliche Umfeld, beziehungsweise konkret die zugrunde liegenden BMF-Schreiben, berücksichtigt werden. Aus den dort beschriebenen Inhalten können im Rückschluss die Risiken abgeleitet werden, sofern diese Regelungen nicht eingehalten werden. Nachfolgend Beispiele hierfür:

- **Rechtliche Basis #1:** Rz. 58 der GoBD besagt: *»Eine Buchung oder eine Aufzeichnung darf nicht in einer Weise verändert werden, dass der ursprüngliche Inhalt nicht mehr feststellbar ist.«*[77]
  Zugehöriges Verfahren: Belegablage und Archivierung
  Mögliches abgeleitetes Risiko:
  Unbemerkte Manipulation von Belegen: Die Belege können so verändert werden, dass die ursprünglichen Daten nicht mehr wiederherstellbar sind.
- **Rechtliche Basis #2:** Rz. 130 der GoBD besagt: *»Werden Handels- oder Geschäftsbriefe und Buchungsbelege in Papierform empfangen und danach elektronisch bildlich erfasst (z. B. gescannt oder fotografiert), ist das hierdurch entstandene elektronische Dokument so aufzubewahren, dass die Wiedergabe mit dem Original bildlich übereinstimmt.«*[78]
  Zugehöriges Verfahren: Ersetzende bildhafte Verarbeitung
  Mögliches abgeleitetes Risiko:
  Auflösung zu niedrig: Die Daten des Originals können nicht erkannt werden, da die genutzte Auflösung zu gering ist.

Die von der rechtlichen Basis ausgehende Erarbeitung von Risiken ist mühevoll. Daher werden im Rahmen dieses Buchs einige in der Praxis identifizierten Risiken vorgestellt. In Teil IV werden hierzu neben den Beschreibungen der wichtigsten Verfahren einer Verfahrensdokumentation typische Themen eines internen Kontrollsystems des jeweiligen Prozesses dargestellt.

Über die Basis der rechtlichen Grundlagen hinaus ist es, wie bereits eingangs erwähnt, möglich, die Meinung der beteiligten Personen oder sonstiger Experten einzuholen.

75 International Organization for Standardization, Risk management – Risk assessment techniques, 2009, 12.
76 International Organization for Standardization, Risk management – Risk assessment techniques, 2009, 12.
77 BMF-Schreiben vom 11.03.2024 – IV D 2-S 0316/21/10001:002, FMNR2024/0184201, Rz. 58.
78 BMF-Schreiben vom 11.03.2024 – IV D 2-S 0316/21/10001:002, FMNR2024/0184201, Rz. 130.

PRAXISTIPP:

Besonders informativ waren in der Vergangenheit Befragungen der zuständigen Mitarbeiter, welche die Verfahren aktiv bearbeiten. Durch die Frage nach vergangenen Fehlern oder Problemen eines Prozesses können so weitere Risiken identifiziert und dokumentiert werden.

Bei der Erarbeitung von Risiken ist zu beachten, dass im Kontext der Verfahrensdokumentation operative Problemstellungen nicht relevant sind.[79]

Manche Themen stehen stark im Fokus der GoBD, andere sind weniger relevant. Dementsprechend sind auch die identifizierten Risiken von ihrer Wichtigkeit her verschieden einzuschätzen. Um nachvollziehbar differenzieren zu können, ist es sinnvoll, Risiken in zwei Dimensionen zu bewerten:

- **Eintrittswahrscheinlichkeit:** Wie wahrscheinlich ist es, dass das Risiko eintritt? *»Unwahrscheinlich (1)«, »Möglich (2)«, »Wahrscheinlich (3)« und »Sehr wahrscheinlich (4)«*
- **Schadensschwere:** Wie hoch ist der Schaden, wenn das Risiko eintritt? *»Niedrig (1)«, »Mittel (2)«, »Hoch (3)« und »Kritisch (4)«*

Beide Dimensionen können grundsätzlich auf einer beliebig abgestuften Skala bewertet werden, die Unterscheidung in vier Stufen ist jedoch verbreitet und wird daher so übernommen.[80]

Durch die Bewertung lässt sich direkt erkennen, wie relevant einzelne Risiken sind. Darüber hinaus ergibt sich der Vorteil, dass Risiken nach ihrer Relevanz sortiert oder auch in einer Risikomatrix dargestellt werden können.

79 Institut der Wirtschaftsprüfer e.V., IDW-Verlautbarungen, 2024, PS 261 n.F., Rz. 42.
80 Alves, Crashkurs Internes Kontrollsystem für Buchhaltung und Steuern, 2021, 60–62.

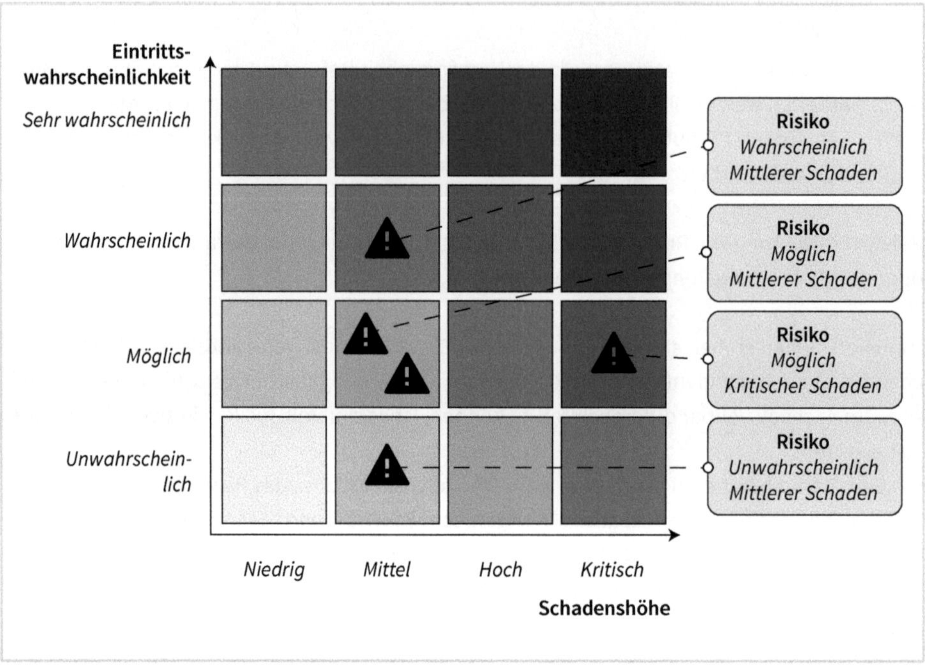

Abb. 15: Visualisierung von Risiken in einer Risikomatrix

In einer Risikomatrix werden die Schadensschwere und die Eintrittswahrscheinlichkeit einander gegenübergestellt. So ist auf einen Blick ersichtlich, welche Risiken am relevantesten sind. Eine solche Grafik kann beispielsweise für jeden einzelnen Prozess oder auch für das gesamte Unternehmen erstellt werden.

Dem COSO-Framework folgend, ist es empfehlenswert, die Bewertung der Risiken und die Planung geeigneter Behandlungsmöglichkeit miteinander zu verbinden.[81] Daher sollte die Bewertung an zwei Stellen durchgeführt werden:

- **Brutto-Bewertung:** Nach der Identifikation der Risiken werden diese direkt bewertet. Die entstandene Beurteilung wird als Brutto bezeichnet.
- **Netto-Bewertung:** Im Anschluss an die Identifikationen wird ein internes Kontrollsystem aufgesetzt, es werden also Aktivitäten dokumentiert, welche zur Minderung der Risiken bestehen. Mit dem Wissen um diese Aktivitäten müssen nun auch die Risiken neu bewertet werden. Die Netto-Einschätzung sollte nun niedriger ausfallen.[82]

Die Auswirkungen dieses Vorgehens werden in Abbildung 16 dargestellt.

81 Moeller, Executive's Guide to COSO Internal Controls, 2014, 73–75.

82 Alves, Crashkurs Internes Kontrollsystem für Buchhaltung und Steuern, 2021, 59.

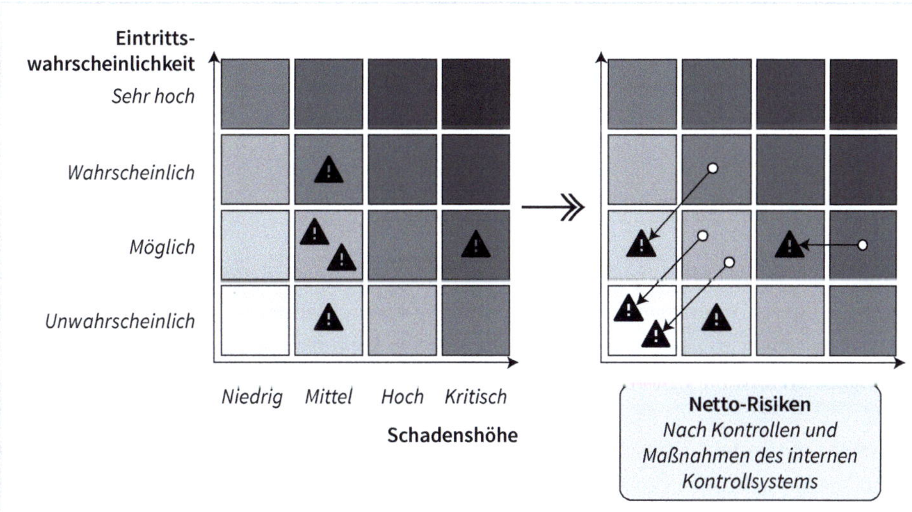

Abb. 16: Brutto-Risikobewertung und Netto-Risikobewertung

PRAXISTIPP:

Da die Risikobewertung und die zugehörige Matrix in den BMF-Schreiben nicht gefordert wird, kann individuell entschieden werden, ob diese Bereiche in einer Verfahrensdokumentation ergänzt werden sollen.

In Abbildung 17 wird die besprochene Vorgehensweise dargestellt.

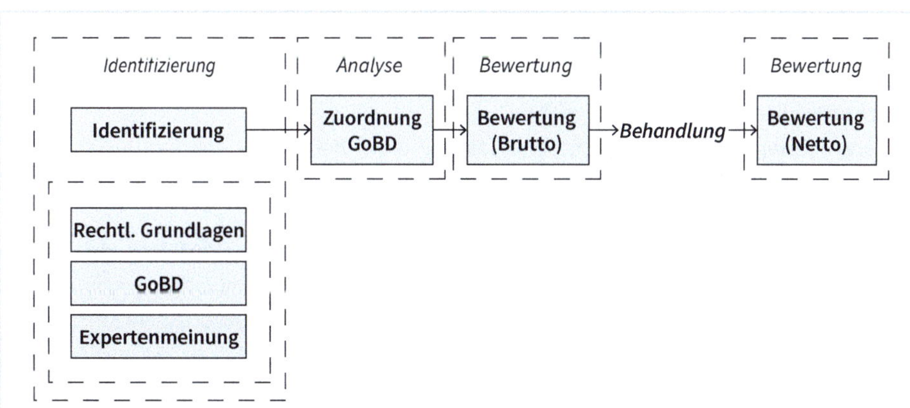

Abb. 17: Umgang mit Risiken

Zur Unterstützung bei der Erstellung eines internen Kontrollsystems wird in den digitalen Zusatzmaterialien dieses Buchs das Dokument »Internes Kontrollsystem Arbeitshilfe.docx« bereitgestellt. Dieses ist vor allem auf die einzelnen Prozesse beziehungsweise Verfahren ausgerichtet. Um die durch die IDW geforderten prozessunabhängigen Überwachungsmaßnahmen[83] zu beschreiben, kann das Formular allerdings auch mit Blick auf das Gesamtunternehmen genutzt werden.

6.3 Behandlung von Risiken

Nachdem die Risiken identifiziert, analysiert und gegebenenfalls bewertet wurden, folgt entsprechend der Anweisung der GoBD die Behandlung der Probleme: *»Für die Einhaltung der Ordnungsvorschriften des § 146 AO hat der Steuerpflichtige Kontrollen einzurichten, auszuüben und zu protokollieren.«*[84]

Wie bereits in Kapitel 4.5 beschrieben, werden vonseiten der Finanzverwaltung verschiedene Vorschläge für Kontrollen gemacht.[85] Anbei die genannten Möglichkeiten inklusive Erklärungen aus den alten GoBs:

- **Zugangs- und Zugriffsberechtigungskontrollen auf Basis entsprechender Zugangs- und Zugriffsberechtigungskonzepte (z.B. spezifische Zugangs- und Zugriffsberechtigungen):** Hierunter fallen jegliche Maßnahmen, die sicherstellen, dass nur bestimmte Personen in einem bestimmten Maß auf Daten und die zugehörigen DV-Systeme zugreifen können. Das betrifft sowohl digitale als auch physische Maßnahmen.[86]
- **Funktionstrennungen:** Wo möglich sollten Prozesse und Aufgaben über mehrere Personen verteilt werden.[87] So können Fehler an verschiedenen Stellen aufgedeckt werden.
- **Erfassungskontrollen (Fehlerhinweise, Plausibilitätsprüfungen)**: Buchungen müssen über bestimmte Merkmale verfügen. Es soll überprüft werden, dass diese vorhanden und korrekt sind.[88]
- **Abstimmungskontrollen bei der Dateneingabe:** Wenn buchhaltungsrelevante Daten verbucht werden, ist es sinnvoll, diese weiter abzugleichen. Alle hier getätigten Abstimmungsschritte fallen unter diese Kategorie.
- **Verarbeitungskontrollen:** Nach der Erfassung und Übertragung werden Buchhaltungsdaten gegebenenfalls weiterverarbeitet. Alle hierbei unterstützenden Maßnahmen, sowohl durch DV-Systeme als auch Personen, sind hierbei relevant.[89]
- **Schutzmaßnahmen gegen die beabsichtigte und unbeabsichtigte Verfälschung von Programmen, Daten und Dokumenten:** Die Daten müssen vor Manipulation geschützt sein. Hierzu sind verschiedene Maßnahmen, beispielsweise aus der IT-Security, einzurichten.

---

83 Institut der Wirtschaftsprüfer e.V., IDW-Verlautbarungen, 2024, PS 261 n.F., Tz. 20.
84 BMF-Schreiben vom 11.03.2024 – IV D 2-S 0316/21/10001:002, FMNR2024/0184201, Rz. 100.
85 BMF-Schreiben vom 11.03.2024 – IV D 2-S 0316/21/10001:002, FMNR2024/0184201, Rz. 100.
86 BMF-Schreiben vom 07.11.1995 – IV A 8-S 0316/52/95, BStBl 1995 I S. 738, 5.5.1.
87 BMF-Schreiben vom 07.11.1995 – IV A 8-S 0316/52/95, BStBl 1995 I S. 738, 4.4.
88 BMF-Schreiben vom 07.11.1995 – IV A 8-S 0316/52/95, BStBl 1995 I S. 738, 3.1.
89 BMF-Schreiben vom 11.03.2024 – IV D 2-S 0316/21/10001:002, FMNR2024/0184201, Rz. 88.

Die im BMF-Schreiben genannten Beispiele sind keine neuartigen Regelungen der Finanzbehörde. Betriebe setzen in ihren buchhaltungsrelevanten Verfahren bereits an den verschiedensten Stellen Kontrollschritte oder sonstige Maßnahmen um, ohne welche die Prozesse fehlerhaft ablaufen würden.

Daher liegt die Aufgabe bei der Erstellung einer Verfahrensdokumentation darin, die bereits vorhandenen Kontrollschritte zu beschreiben und den erarbeiteten Risiken zuzuordnen. Sollten schließlich noch offene Risiken bestehen, kann hierzu bei den Verantwortlichen innerhalb eines Betriebs nachgefragt werden. Unabhängig davon, ob in den Unternehmen bereits Strategien bestehen: In jedem Fall ist es notwendig, zu den relevanten Risiken auch entsprechende Maßnahmen zur Risikobehandlung zu dokumentieren.

Nach dem COSO-Framework bestehen folgende Kontrollmechanismen:[90]

- **Verifikation:** Hierbei werden verschiedene Objekte miteinander verglichen. Wenn das Ergebnis nicht wie gewünscht oder erwartet ausfällt, folgt eine entsprechende Reaktion.[91]

  Beispiele:
  - Nach der Buchung von Belegen in einem digitalen Buchungsstapel wird die Gesamtsumme der zugrunde liegenden Dokumente manuell addiert und mit der automatisiert berechneten Gesamtsumme innerhalb des Buchhaltungssystems verglichen. Wenn beide Summen korrekt sind, kann mit dem nächsten Buchungsstapel begonnen werden. Ansonsten müssen die Belege neu gebucht werden.
  - Wenn bei der Erstellung einer Rechnung die Stammdaten nicht vollständig in das PDF eingetragen wurden, gibt es manche Rechnungsprogramme, welche die fehlenden Informationen bemerken und als Folge dessen die Rechnungserstellung rückabwickeln.

- **Harmonisierung:** Hier werden zwei Datensätze einander gegenübergestellt und es wird nach bestimmten Kriterien geprüft, ob diese miteinander in Einklang gebracht werden können.[92]

  Beispiele:
  - Wenn monatliche Zahlungen für Abonnements eingebucht werden, könne die zugrunde liegenden Belege und Buchungen bei Unstimmigkeiten miteinander verglichen werden. Da diese grundsätzlich nach den gleichen Kriterien aufgebaut und eingebucht werden müssen, können somit Fehler erkannt werden.
  - E-Commerce-Plattformen geben ihre Buchungsdaten häufig als CSV oder Excel-Tabellen aus. Wenn diese Daten abschließend in ein Buchhaltungsprogramm eingespielt werden und dort plötzlich Fehlermeldungen entstehen, kann der aktuelle Bericht mit alten Berichten verglichen werden, um die Unterschiede herauszuarbeiten.

90 Moeller, Executive's Guide to COSO Internal Controls, 2014, 77–78.
91 Moeller, Executive's Guide to COSO Internal Controls, 2014, 77.
92 Moeller, Executive's Guide to COSO Internal Controls, 2014, 77–78

- **Genehmigung:** Nach einer bestimmten Tätigkeit muss auf eine Freigabe durch eine andere Stelle gewartet werden. Diese kommt typischerweise von einer höhergestellten Person oder Abteilung innerhalb des Unternehmens.[93]

> **Beispiele:**
> - Die Lohnabrechnung eines Unternehmens wird durch eine Steuerkanzlei erstellt. Vor der Überweisung der Löhne und Gehälter muss allerdings zunächst ein Freigabeverfahren durchlaufen werden, in welchem die Geschäftsführung und die zuständige Person in der Personalabteilung den Bericht überprüfen und freigeben.
> - Vor dem Versenden einer Rechnung muss diese vom Sachbearbeiter an die Leitung des Vertriebs übergeben werden. Hier erfolgt dann die Freigabe, beziehungsweise Sperre mit Änderungsvorgaben.

- **Physische Absicherung:** Bestimmte Bereiche in Unternehmen sind durch das Wegschließen oder sonstige räumliche Maßnahmen geschützt.[94]

> **Beispiele:**
> - Die physischen Belege werden in Ordnern gesammelt und in einem abgeschlossenen Schrank verwahrt. Zu diesem Schrank haben nur autorisierte Personen im Unternehmen einen Schlüssel.
> - Nach dem Kassensturz werden die Einnahmen des Tages inklusive der Aufzeichnungen in einem Tresor verwahrt. Der Tresor ist mit einer Kombination geschützt.

- **Sicherung aufgrund von Standards:** Handlungsgrundsätze, welche außerhalb einer Organisation verfasst wurden, werden genutzt, um die interne Sicherheit zu unterstützen.[95]

> **Beispiele:**
> - Die internen Server sind nach einer bestimmten ISO-Norm zertifiziert, die eine standardisierte Vorgehensweise vorschreibt. Die dort beschriebenen Maßnahmen zu Wartung, Betrieb, Installation etc. werden entsprechend eingehalten.
> - Die Buchhaltung des Unternehmens wird nach bestimmten Grundsätzen durchgeführt. Hier bieten sich offensichtlich die GoBD an, anhand welcher die Ausgestaltung sämtlicher Verfahren argumentiert werden sollte.

93 Moeller, Executive's Guide to COSO Internal Controls, 2014, 78.
94 Moeller, Executive's Guide to COSO Internal Controls, 2014, 78.
95 Moeller, Executive's Guide to COSO Internal Controls, 2014, 78.

- **Supervision:** Durch den Einsatz einer übergeordneten Instanz wird die korrekte Einhaltung aller eingesetzten Kontrollen und Maßnahmen geprüft und sichergestellt.[96]

  Beispiele:
  - Der Aufsichtsrat sendet in regelmäßigen Abständen Verantwortliche in die Buchhaltungsabteilung, welche die Einhaltung der Kontrollen in den Vorgehensweisen beurteilen und Verbesserungsvorschläge machen.
  - Der Hersteller des Buchhaltungssystems sammelt Daten aus der Nutzung. Hierdurch wird sichtbar, ob die Anwendung die programmierten Kontrollmechanismen und Tests verlässlich durchführt.

Im Vergleich mit den soeben dargestellten Möglichkeiten entsprechen die Beispiele des BMF-Schreibens vor allem physischen Absicherungen, Genehmigungen und Verifikationen.[97] Die obige Auflistung soll vor allem verdeutlichen, dass in der Praxis Kontrollmechanismen aller Art zur Anwendung kommen können.

PRAXISTIPP:

In den Beispielen zu den einzelnen Techniken wurden neben den manuellen Möglichkeiten auch Kontrollen aus eingesetzten Softwares oder Hardwares beschrieben. Da die Verfahrensdokumentation ihren Fokus auf die DV-Systeme legt, sind auch diese relevant. Allerdings wird es kaum möglich sein, alle innerhalb der Software integrierten Maßnahmen zu beschreiben. Um diese trotzdem zu berücksichtigen, ist es hilfreich, die zuständigen Mitarbeiter immer wieder zu fragen, wie sie im jeweiligen Schritt durch das genutzte DV-System unterstützt werden. Auch über die Analyse der Anwenderdokumentation lassen sich möglicherweise solche Unterstützungsmaßnahmen herausarbeiten.

6.4 Umfang des internen Kontrollsystems

Bei der Erstellung eines internen Kontrollsystems kann beliebig ins Detail gegangen werden. Daher ist abschließend zu klären, wie ausführlich dieser Bereich in einer Verfahrensdokumentation umgesetzt sein sollte.

Da die Perspektive der Wirtschaftsprüfer maßgeblich ist, bietet sich als Orientierung auch hier das Institut der Wirtschaftsprüfer an. In der Verlautbarung IDW PS 261 n. F., Tz. 40–63 werden verschiedene Handlungsempfehlungen für die Beurteilung der Angemessenheit eines internen

96 Moeller, Executive's Guide to COSO Internal Controls, 2014, 78.
97 BMF-Schreiben vom 11.03.2024 – IV D 2-S 0316/21/10001:002, FMNR2024/0184201, Rz. 100.

Kontrollsystems besprochen, denen das COSO-Framework zugrunde gelegt wurde.[98] Folgende Fragen können demzufolge in einer Betriebsprüfung relevant sein:

- **Kontrollumfeld:** Wie ist das Umfeld des Betriebs aufgebaut? Wird die Umsetzung der erlassenen Kontrollen und Maßnahmen durch die Unternehmenskultur unterstützt?[99]
- **Risikobeurteilungen:** Ist die Identifizierung der Risiken sowie deren Bewertung nachvollziehbar?[100]
- **Kontrollaktivitäten:** Sind die beschriebenen Kontrollaktivitäten sinnvoll, um Fehler zu verhindern? Beziehen sich die Kontrollaktivitäten auf bedeutsame Risiken für die Buchhaltung? Fehlen wichtige Risiken? Bestehen sowohl fehlervermeidende als auch fehleraufdeckende Kontrollaktivitäten?[101]
- **Information und Kommunikation:** Ist sichergestellt, dass alle rechnungsrelevanten Daten und Informationen erfasst werden? Sind die Zuständigkeiten verteilt und kommuniziert?[102]
- **Überwachung des internen Kontrollsystems:** Findet gegebenenfalls eine interne Revision bezüglich des internen Kontrollsystems oder Teilen davon statt? Findet eine Prüfung durch einen externen Prüfer oder einen gesetzlichen Vertreter statt?[103]

Die hier dargestellten Anforderungen beziehen sich auf beliebig ausführliche interne Kontrollsysteme, womit ein erheblicher Aufwand in Betrieben zusammenhängt. Demgegenüber trifft das IDW aber auch die Annahme, dass ein internes Kontrollsystem grundsätzlich valide ist, wenn *»die Ordnungsmäßigkeit und Verlässlichkeit der Rechnungslegung, [der] Fortbestand des Unternehmens sowie [der] Schutz des vorhandenen Vermögens einschließlich der Verhinderung oder Aufdeckung von Vermögensschädigungen [sichergestellt ist]«.*[104]

Nach den GoBD gilt ein simplerer Ansatz: *»Die konkrete Ausgestaltung des Kontrollsystems ist abhängig von der Komplexität und Diversifikation der Geschäftstätigkeit und der Organisationsstruktur sowie des eingesetzten DV-Systems.«*[105]

Folgendes lässt sich hieraus ableiten: Mit zunehmenden Vorfällen und Geschäftstätigkeiten, einer vielseitigeren Organisation und komplexeren DV-Systemen nimmt auch die Anzahl der zu beachtenden Risiken zu. Hierdurch steigt verständlicherweise der Umfang des internen Kontrollsystems.

---

98 Moeller, Executive's Guide to COSO Internal Controls, 2014, 14.
99 Institut der Wirtschaftsprüfer e.V., IDW-Verlautbarungen, 2024, PS 261 n.F., Rz. 43–44.
100 Institut der Wirtschaftsprüfer e.V., IDW-Verlautbarungen, 2024, PS 261 n.F., Rz. 45–48.
101 Institut der Wirtschaftsprüfer e.V., IDW-Verlautbarungen, 2024, PS 261 n.F., Rz. 49–55.
102 Institut der Wirtschaftsprüfer e.V., IDW-Verlautbarungen, 2024, PS 261 n.F., Rz. 56–58.
103 Institut der Wirtschaftsprüfer e.V., IDW-Verlautbarungen, 2024, PS 261 n.F., Rz. 59–60.
104 Institut der Wirtschaftsprüfer e.V., IDW-Verlautbarungen, 2024, PS 261 n.F., Rz. 43–44.
105 BMF-Schreiben vom 11.03.2024 – IV D 2-S 0316/21/10001:002, FMNR2024/0184201, Rz. 100.

Wie streng und nach welchen Maßstäben das interne Kontrollsystem letztlich in der Praxis überprüft wird, ist abhängig von den individuellen Kriterien der Person, welche die Betriebsprüfung durchführt. Ob in einem individuellen Fall Betriebsprüfer tatsächlich stringent nach den Kriterien des IDW begutachten, die GoBD heranziehen oder ganz eigene Kriterien anlegen, kann nicht vorhergesagt werden.

Wichtig ist daher, dass ein internes Kontrollsystem so aufgebaut ist, dass die Nachvollziehbarkeit und Nachprüfbarkeit nicht beeinträchtigt wird. Sofern dies eingehalten ist, liegt kein Umstand vor, nach welchem die Buchführung angegriffen werden kann.[106]

106 Teutemacher, Praxis-GoBD, 2020, 65.

7 Dokumentation von Prozessen

Die Darstellung von Verfahren ist zentraler Bestandteil der Verfahrensdokumentation. Daher wird im Folgenden gezeigt, wie die konkrete Umsetzung hierzu erfolgen kann.

7.1 Komponenten eines Prozesses

Um Prozesse in einer Verfahrensdokumentation detailliert beschreiben zu können, können diese in ihre einzelnen Bausteine aufgegliedert werden:

- **Beschreibung:** Die einzelnen Arbeitsschritte, Besonderheiten, Zuständigkeiten etc. eines Prozesses müssen dokumentiert werden. Hierzu kann zwischen einer textlichen Beschreibung oder visuellen Darstellung gewählt werden. In der Praxis bietet es sich an, die Verfahren sowohl grafisch als auch in Textform zu dokumentieren.
  In den GoBD wird eine grafische Ansicht nicht zwingend verlangt. Allerdings werden die Abläufe durch die visuelle Darstellung greifbar, verständlich und transparent. Auch die verlangte Dokumentation von Verantwortlichkeiten und Arbeitsbereichen kann hier übersichtlich dargestellt werden.
- **Rechtliche Grundlagen:** Die Verfahrensdokumentation ist in den steuerrechtlichen Verordnungen der Finanzverwaltung und den hierzu dedizierten BMF-Schreiben verankert. Dementsprechend werden ausschließlich rechtlich relevante Prozesse beschrieben, was wiederum dazu führt, dass bestimmte juristische Sachverhalte bei der Durchführung der Abläufe zu beachten sind.
  Es ist daher empfehlenswert, die zugrunde liegenden Gesetze, Verordnungen, Urteile etc. des Verfahrens aufzuführen. So wird für die sachverständigen Dritten der rechtliche Kontext des beschriebenen Verfahrens direkt klar, wodurch die geforderte Nachvollziehbarkeit des Berichts unterstützt wird. Hierdurch wird auch der in Kapitel 4.7 grundsätzlich unterschiedliche Ansatz von ISO-Normen deutlich.
- **Internes Kontrollsystem:** Ein Großteil der Fehler in der Buchhaltung tritt bei der Durchführung alltäglicher Arbeitsschritte auf. Daher ist die in Kapitel 6.1 beschriebene Vorgabe relevant, dass für das interne Kontrollsystem neben prozessunabhängigen Maßnahmen auch prozessintegrierte Maßnahmen zu beschreiben sind.[107] Um diese Anforderung konkret umzusetzen, sind für jeden Prozess zunächst die entsprechenden relevanten Risiken zu dokumentieren und anschließend zu beschreiben, welche Kontrollen, beziehungsweise Maßnahmen, hierzu erarbeitet wurden.

107 Institut der Wirtschaftsprüfer e. V., IDW-Verlautbarungen, 2024, PS 261 n. F., Tz. 20.

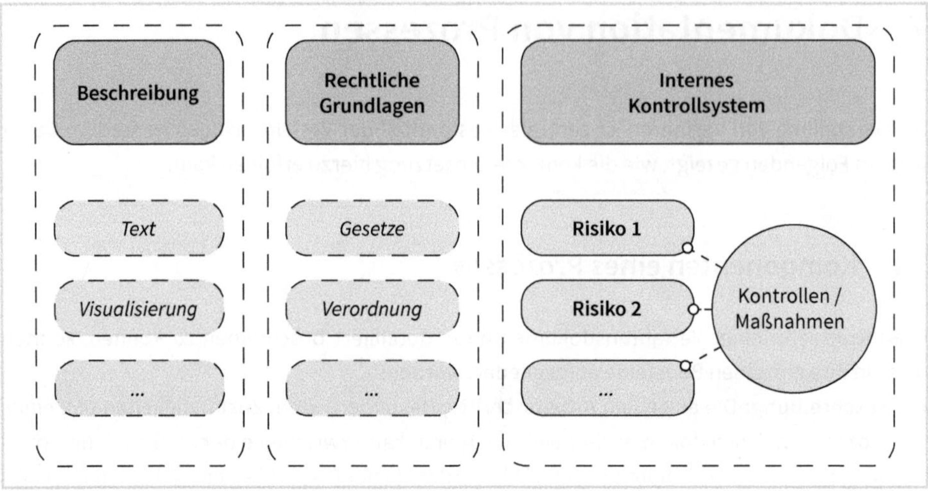

Abb. 18: Mögliche Komponenten eines Prozesses in einer Verfahrensdokumentation

7.2 BPMN für Verfahrensdokumentation

Es gibt zahlreiche Wege und Modelle, um Prozesse darzustellen: Neben der rein textlichen Beschreibung existieren Flussdiagramme (DIN-Norm 66001), Wertstromübersicht, Swimlane-Map, Unified Modelling Language (UML), Ablaufpläne nach ibo, Ereignisgesteuerte Prozessketten (EPK) etc. In der Industrie hat sich der Standard **Business Process Model and Notation** (im folgenden BPMN) durchgesetzt. Da dieses Modell international gültig und industrieweiter Standard ist, wird es für die Visualisierung von Prozessen in diesem Buch genutzt.

BPMN ist ein flexibler und mächtiger Prozessmodellierungs-Standard, der unter Zuhilfenahme aller möglichen Funktionalitäten und Konzepte potenziell jeden Unternehmensprozess darstellen kann. Ein grundlegendes Verständnis, wozu BPMN explizit konzipiert wurde, ist allerdings hilfreich: Zentral sollen hiermit Abläufe beschrieben werden, welche einen klaren Anfang und ein eindeutiges Ende haben. Nicht geeignet ist das Modell für die Darstellung von »Prozesslandschaften, Aufbauorganisationen, Daten, Strategie, Geschäftsregeln und die IT-Landschaft«.[108]

Auch wenn es bestimmte Best Practices gibt, wie die Modellierung mit BPMN sinnvoll umgesetzt werden kann, entwickeln sich in der Praxis bei den Anwendern eigene Vorlieben, wie die internen Prozesse visualisiert werden.[109] Wichtig ist, dass aus der Darstellung *»Inhalt, Aufbau, Ablauf und Ergebnisse des DV-Verfahrens vollständig und schlüssig ersichtlich [… und dieser …]*

108 Freund, Praxishandbuch BPMN, 2019, 27–28.
109 Freund, Praxishandbuch BPMN, 2019, 225.

für einen sachverständigen Dritten in angemessener Zeit nachprüfbar«[110] sind, sowie *»das in der Dokumentation beschriebene Verfahren dem in der Praxis eingesetzten Verfahren voll entspricht«.*[111] Abgesehen davon kann hier nach dem eigenen Stil gearbeitet werden.

Der BPMN-Standard ist sehr ausführlich und über den Einsatz der verschiedenen Funktionalitäten und Beschreibungsmöglichkeiten lässt sich jeder beliebige Prozess darstellen. Anwendern mit technischem Interesse sind keine Grenzen gesetzt, für durchschnittliche Nutzer ist es allerdings empfehlenswert, sich auf bestimmte Teilbereiche von BPMN zu beschränken. In Abbildung 19 findet sich eine Übersicht der für die Verfahrensdokumentation empfehlenswerten Elemente.

110 BMF-Schreiben vom 11.03.2024 – IV D 2-S 0316/21/10001:002, FMNR2024/0184201, Rz. 151

111 BMF-Schreiben vom 11.03.2024 – IV D 2-S 0316/21/10001:002, FMNR2024/0184201, Rz. 154.

Bezeichnung	Erklärung	Symbol
Task	*Das mit Abstand meistgenutzte Element. Hiermit wird ein Prozessschritt dargestellt, also jegliche Handlung in einem BPMN wie beispielsweise „Papier in Drucken einlegen“, „Beleg einbuchen“, „Beim Finanzamt anrufen“...*	
Start-Event	*Entsprechend dem Namen wird hiermit der Beginn des Prozesses dargestellt. Das Start-Event ist dem Prozess voranzustellen.*	
End-Event	*Dieses Ereignis steht am Ende des Prozesses und schließt diesen ab.*	
Gateway	*Hiermit wird der Ablauf im Prozess aufgeteilt. Je nach Bedingung wird ein geeigneter Weg im Prozess eingeschlagen.*	
Swimlane	*Die Darstellung von Zuständigkeiten ist für die Verfahrensdokumentation ebenfalls relevant. Hierzu eignen sich Swimlanes. Es können beispielsweise verschiedenen Personen, Abteilungen oder auch DV-Systemen eigene Swimlanes zugewiesen werden und so deren Kollaboration untereinander visualisiert werden.*	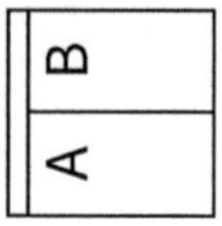

Exkurs

DataObject Reference	*Hiermit wird angezeigt, wenn Daten entstehen. Im Kontext der Verfahrensdokumentation ist es empfehlenswert, wenn dieses Symbol an Stellen im Prozess genutzt wird, an denen Belege erstellt werden.*	
DataStore Reference	*Dieses Symbol ist ähnlich zu „DataObjectRefernence“ und wird dann eingesetzt, wenn Belege oder sonstige buchhaltungsrelevante Daten in einem digitalen oder physischen Archiv abgelegt werden.*	

Beispiel:

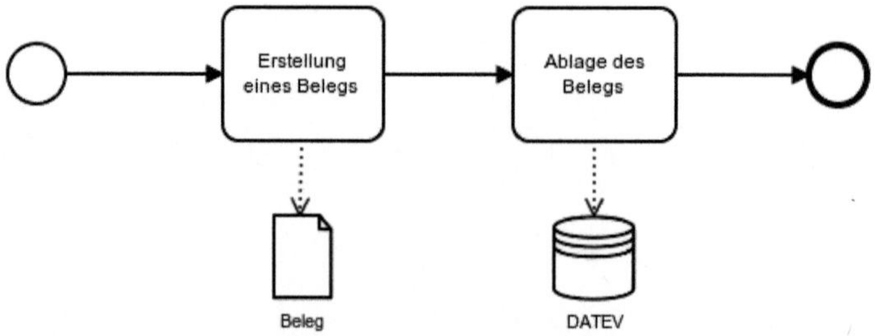

Abb. 19: BPMN und Verfahrensdokumentation

Der BPMN-Standard ist überaus vielseitig, daher wurden aus der Fülle der Konzepte nur ausgewählte Elemente in Abbildung 19 dargestellt, die die grundlegende Funktionsweise von BPMN verdeutlichen.

7.3 Umsetzung von BPMN-Diagrammen

Nach der Erklärung der einzelnen Elemente folgt nun der Übertrag in die Praxis. Dazu werden Beispiele aus alltäglichen Situationen mithilfe von BPMN-Diagrammen beschrieben und die Vorgehensweise erläutert.

Beispiel 1: Pizza backen

Zunächst ein Prozess aus dem Alltag, um den Einstieg zu erleichtern.

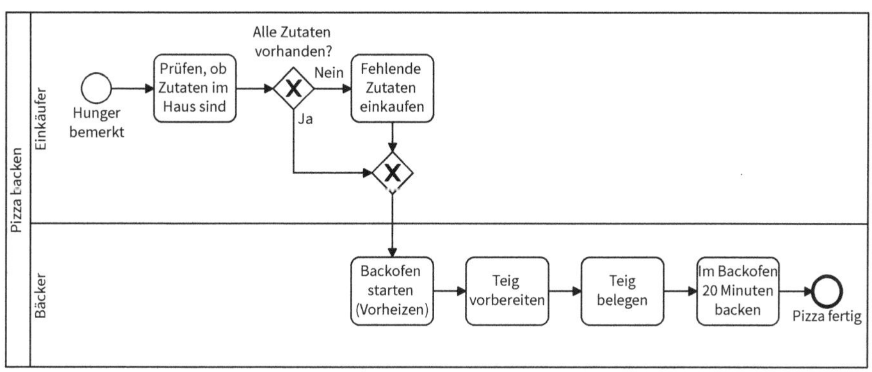

Abb. 20: BPMN-Beispiel 1: Pizza backen

Erklärung zu Beispiel 1:
Das BPMN ist über eine Swimlane in zwei verschiedene Rollen aufgeteilt: »Einkäufer« und »Bäcker«. Der Prozess beginnt mit dem Start-Event »Hunger bemerkt«, der Trigger des Prozesses besteht also darin, dass der Einkäufer hungrig ist. Daraufhin wird durch diesen der Task »Prüfen, ob Zutaten im Haus sind«, also die erste Tätigkeit, durchgeführt. Nun folgt ein Gateway, welches zwei verschiedene Wege vorgibt. Wenn noch Zutaten fehlen, führt der Einkäufer den Task »Fehlende Zutaten einkaufen« durch. Wenn keine Zutaten mehr fehlen, entfällt diese Aufgabe und der Prozess kann direkt weiter durchgeführt werden. Damit in beiden Fällen der Prozess weiterlaufen kann, ist es wichtig, dass die beiden Wege im Anschluss wieder zusammengeführt werden.

Nachdem nun alle Zutaten vorhanden sind, übernimmt die Rolle »Bäcker« den Prozess. Dieser führt sequenziell die Tasks »Backofen starten (Vorheizen)«, »Teig vorbereiten«, »Teig belegen« und »Im Backofen 20 Minuten backen« durch. Nach Abschluss dieser Aktivitäten folgt das End-Event »Pizza fertig«, wodurch der Prozess beendet ist.

Beispiel 2: Posteingang

Nun folgt ein Prozess aus dem Buchhaltungsbereich, der auch tatsächlich in einer Verfahrensdokumentation stehen könnte. Der Fokus dieser Beschreibung liegt darauf, die korrekte Nutzung der Elemente »DataObjectReference« und »DataStoreReference« zu demonstrieren.

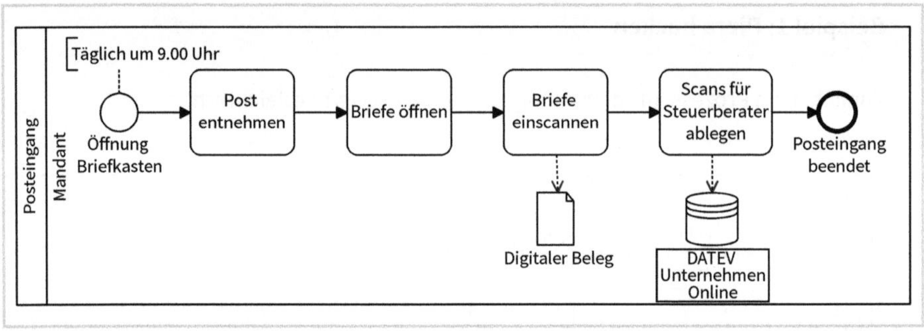

Abb. 21: BPMN-Beispiel 2: Posteingang

Erklärung zu Beispiel 2:
In diesem Fall gibt es in der Swimlane nur den Beteiligten »Mandant«. Man könnte die Swimlane also streng genommen auch weglassen. Es ist allerdings empfehlenswert, um jedes BPMN eine Swimlane zu erstellen, da die Visualisierung hierdurch übersichtlicher ist.

Der Prozess beginnt mit dem Start-Event »Öffnung Briefkasten«, zusätzlich wurde der Kommentar »Täglich um 9.00 Uhr« ergänzt. Hier wird der Prozess also durch einen zeitlichen Trigger gestartet. Diese Darstellungsweise ist hilfreich, um den Turnus von Verfahren darzustellen. Nach Beginn des Prozesses folgen die Tasks »Post entnehmen« und »Briefe öffnen«, anschließend werden diese in »Briefe einscannen« digitalisiert.

Beim Scannen entsteht eine neue Datei, der digitale Beleg. Dieser wird hier über das Element »DataObjectReference« dargestellt. Nachfolgend wird der Beleg im Mandantenportal [DATEV Unternehmen Online] abgelegt, was nun mit »DataStoreReference« illustriert wird. Die Nutzung erscheint gegebenenfalls auf den ersten Blick komplex, allerdings ist sie in einer Betriebsprüfung hilfreich. Hierdurch ist sofort ersichtlich, wo neue Belege entstehen und wo sie abgelegt werden.

PRAXISTIPP:

Streng genommen könnte auch argumentiert werden, dass dem Task »Post entnehmen« ebenfalls eine »DataObjectReference« zugewiesen werden müsste, da hier ein physischer Beleg anfällt. Wie die beiden Elemente konkret eingesetzt werden sollen, kann individuell entschieden werden.

Die beiden Beispiele zeigen, dass die Modellierung mit BPMN gegebenenfalls ein genaues Durchdenken der zu beschreibenden Prozesse erfordert. Trotz Aufwand und der anfänglichen Einarbeitungszeit: Nach der Erstellung des Diagramms können die einzelnen Schritte, die beteiligten Personen und gegebenenfalls auch DV-Systeme auf einen Blick nachvollzogen werden. Hierdurch werden die Vorgehensweisen für unbeteiligte Dritte zugänglich und die Verfahrensdokumentation somit nachvollziehbar.

PRAXISTIPP:

Um den Umgang mit BPMN zu üben, ist die Webseite http://www.bpmn.io/ empfehlenswert. Dort lassen sich BPMN-Diagramme mit allen hier beschriebenen Elementen (und vielen mehr) erstellen. Die angefertigten Prozesse können als Grafik oder zur technischen Weiterverarbeitung auch als XML-Dateien, heruntergeladen werden. Die Nutzung des Services ist kostenlos und wird als Open Source durch BPMN-Marktführer Camunda bereitgestellt und weiterentwickelt. Auch die in diesem Buch gezeigten BPMNs sind mit diesem Editor erstellt.

Teil IV: Umsetzung von Verfahren und Maßnahmen

Nun folgt die praktische Umsetzung der wichtigsten Inhalte einer Verfahrensdokumentationen. Neben konkreten Beschreibungen zu den drei Kernthemen »Ersetzende bildhafte Verarbeitung«, »Belegablage und Archivierung« sowie »Kassenführung« werden auch noch weitere mögliche Inhalte einer Verfahrensdokumentation vorgestellt.

8 Inhaltlicher Umfang der Verfahren

Um den nötigen Umfang einer Verfahrensdokumentation annähernd zu ermitteln, können folgende Aussagen der GoBD herangezogen werden:

- *»Die Verfahrensdokumentation muss verständlich und damit für einen sachverständigen Dritten in angemessener Zeit nachprüfbar sein.«*[112]
- *»Die Nachprüfbarkeit der Bücher und sonst erforderlichen Aufzeichnungen erfordert eine aussagekräftige und vollständige Verfahrensdokumentation.«*[113]
- *»Aus der Verfahrensdokumentation muss ersichtlich sein, wie die elektronischen Belege erfasst, empfangen, verarbeitet, ausgegeben und aufbewahrt werden.«*[114]

Eine Verfahrensdokumentation erklärt die buchhalterischen Vorgehensweisen. Das bedeutet, dass die beschriebenen Verfahren die Entstehung von Belegen, deren Verarbeitung und deren Verbuchung in einem Buchhaltungssystem nachvollziehbar erklären müssen. Dies muss sowohl progressiv (von der Entstehung bis zur Verbuchung) als auch retrograd (von der Verbuchung zur Entstehung) möglich sein.

Die progressive Prüfung wird nach den GoBD durchgeführt, indem vom zugrunde liegenden Beleg über die weiteren Verarbeitungsschritte wie den Buchungssatz, die GuV, Bilanz bis hin zur Steuererklärung die zugehörigen Daten verarbeitet werden. Die retrograde Prüfung verfolgt diese Entwicklung rückwärts nach.[115] Dieser Sachverhalt wird in den GoBD nochmals an anderer Stelle erwähnt: *»Aus der Verfahrensdokumentation muss ersichtlich sein, wie die elektronischen Belege erfasst, empfangen, verarbeitet, ausgegeben und aufbewahrt werden.«*[116]

WICHTIG

Im Rahmen einer Betriebsprüfung können Prüfer folgendermaßen vorgehen:
Beleg → Grundbuch → Hauptbuch → GuV → **Steuererklärung**[117]

112 BMF-Schreiben vom 11.03.2024 – IV D 2-S 0316/21/10001:002, FMNR2024/0184201, Rz. 151.
113 BMF-Schreiben vom 11.03.2024 – IV D 2-S 0316/21/10001:002, FMNR2024/0184201, Rz. 34.
114 BMF-Schreiben vom 11.03.2024 – IV D 2-S 0316/21/10001:002, FMNR2024/0184201, Rz. 151.
115 BMF-Schreiben vom 11.03.2024 – IV D 2-S 0316/21/10001:002, FMNR2024/0184201, Rz. 33.
116 BMF-Schreiben vom 11.03.2024 – IV D 2-S 0316/21/10001:002, FMNR2024/0184201, Rz. 151.
117 Teutemacher, Praxis-GoBD, 2020, 28.

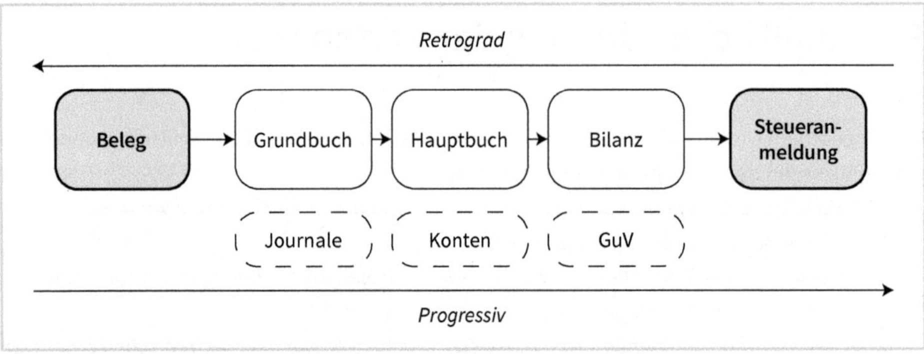

Abb. 22: Retrograde und progressive Prüfbarkeit

Da der Aufwand für Prüfer innerhalb einer Betriebsprüfung zu hoch ist, um die Verarbeitung der einzelnen Schritte eines Datensatzes sehr ausführlich nachzuprüfen, ist es nötig, dies in einer Verfahrensdokumentation nachvollziehbar darzustellen. Mit dem Hintergrundwissen über den Ansatz der progressiven und retrograden Prüfbarkeit lässt sich auch erklären, weshalb die in den folgenden Kapiteln beschriebenen Bestandteile einer Verfahrensdokumentation relevant sind:

- **Ersetzende bildhafte Verarbeitung:** Während des Scan-Prozesses wird aus einem papierhaften Beleg ein digitalisiertes Abbild erstellt, welches in vielen Fällen das vorhergehende Papierdokument ersetzen wird. Einem Papierdokument geht gegebenenfalls der Posteingangsprozess voraus.
  (Detaillierte Informationen in Kapitel 9).
- **Belegablage und Archivierung:** Die genutzten digitalen oder auch physischen Archive sowie die Regelungen zur Ablage von Belegen dienen der Belegsicherung. Als Verbindungsglied zwischen dem Zyklus der Entstehung und Verbuchung muss dieser Bereich entsprechend ausführlich beschrieben werden.
  (Detaillierte Informationen in Kapitel 10).
- **Posteingang:** Der physische Posteingang stellt die erste Anlaufstelle eines Belegs dar. Die Post kommt an, wird bearbeitet und schließlich gegebenenfalls weiterverarbeitet.
  (Detaillierte Informationen in Kapitel 11).

Zu den hier dargestellten Inhalten finden sich verschiedene Muster. Es kann also davon ausgegangen werden, dass in der Betriebsprüfung eine Beschreibung dieser Verfahren erwartet wird.

Neben den hier beschriebenen Kernthemen können je nach Branche, Unternehmensgröße und den individuellen Vorgehensweisen noch beliebig viele weitere Prozesse beschrieben werden. Anbei mögliche Kriterien für die Ausgestaltung des Umfangs einer Verfahrensdokumentation:

- **Unternehmensgröße:** Die Faustregel »Je größer das Unternehmen, desto ausführlicher die Verfahrensdokumentation« stellt eine gute Richtlinie für den nötigen Umfang dar.

- **Individuelle Vorgehensweisen:** Jedes Unternehmen entwickelt eigene Verfahren in der Buchhaltung. Je individueller das Unternehmen hier vorgeht, desto ausführlicher muss dokumentiert werden.
- **Branche:** Auch die Branche muss berücksichtigt werden. Je digitaler die Geschäftsmodelle, desto speziellere Verfahren finden sich auch in der Buchhaltung. Beispiele hierfür:
  - **E-Commerce:** Unternehmen verkaufen über eigene Online-Shops oder auch Drittanbieter Waren in die ganze Welt.
  - **Blockchain:** Start-ups speichern jede Minute Tausende Mikro-Transaktionen auf dezentralen Plattformen, welche allesamt buchhaltungsrelevante Daten darstellen.
  - **Logistik:** In Lagerhäusern werden durch Roboter in ständiger Integration mit dem ERP-System Bestellungen bearbeitet.
  - **Videospiele:** Spielehersteller wickeln In-App-Käufe innerhalb der digitalen Spielewelt ab.
  - **Glücksspiel:** Bei Online-Casinos entstehen Ein- und Auszahlungen, deren Verarbeitung an bestimmte Regeln der Spiele geknüpft sind.

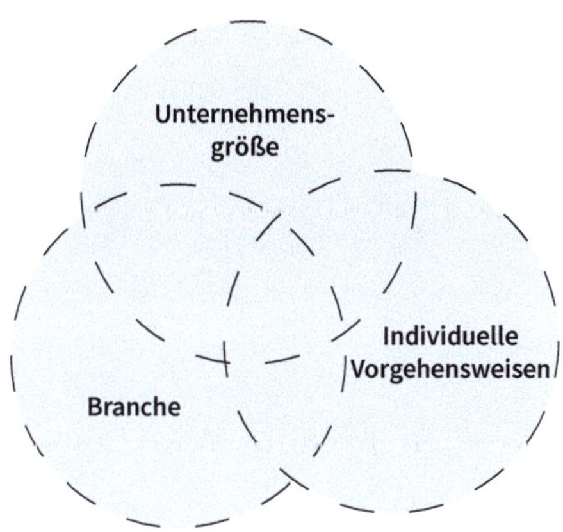

Abb. 23: Mögliche Faktoren für den Umfang einer Verfahrensdokumentation

9 Musterfall: Ersetzende bildhafte Verarbeitung

Ein besonderer Fokus der GoBD liegt auf dem Nachweis des konformen Übergangs von physischen zu digitalen Belegen. Im Folgenden wird eine Anleitung zur Beschreibung der mit dem Scannen in Zusammenhang stehenden Verfahren und DV-Systemen gegeben.

Hinweis:

Die im Folgenden dargestellten Konzepte sind Anregungen zur Umsetzung. Es handelt sich nicht um rechtlich verbindliche Aussagen.

9.1 Unterteilung des Scan-Vorgangs

»Werden Handels- oder Geschäftsbriefe und Buchungsbelege in Papierform empfangen und danach elektronisch bildlich erfasst (z. B. gescannt oder fotografiert), ist das hierdurch entstandene elektronische Dokument so aufzubewahren, dass die Wiedergabe mit dem Original bildlich übereinstimmt, wenn es lesbar gemacht wird (§ 147 Absatz 2 AO).«[118]

Durch die fortschreitende Digitalisierung geht auch die Anzahl physischer Belege zurück. Manche Unternehmen verarbeiten aktuell noch regelmäßig Papierbelege, andere erhalten nur noch digitale Unterlagen. Es ist absehbar, dass in Zukunft in allen Unternehmen, Behörden, Ämtern etc. der Übergang vollzogen sein wird und mit wenigen Ausnahmen nur noch digitale Belege im Umlauf sein werden. Solange papierhafte Unterlagen allerdings im Umlauf sind, ist es nötig, diese in die digitale Form zu überführen. Hierdurch werden Medienbrüche verhindert und die Weiterverarbeitung in den gleichen DV-Systemen wird ermöglicht.

Der hierzu relevante Scan-Prozess verlangt, dass gescannte Dateien und die papierhaften Originale miteinander übereinstimmen. Diese Anforderung lässt sich primär den Vorgaben aus § 147 AO zuordnen, welche besagt, dass die gescannten Dateien *»mit den empfangenen Handels- oder Geschäftsbriefen und den Buchungsbelegen bildlich und mit den anderen Unterlagen inhaltlich übereinstimmen (müssen), wenn sie lesbar gemacht werden«.*[119]

Für das Scannen von Dokumenten existieren verschiedene Richtlinien und Normen. Da auch in diesem Fall durch die zugrunde liegenden BMF-Schreiben nicht das Einhalten einer bestimmten Leitlinie gefordert wird, ist eine Orientierung entlang solcher Vorgaben empfehlenswert. Die folgenden Abschnitte, in welchen die ersetzende bildhafte Verarbeitung besprochen wird, orientieren sich maßgeblich am Aufbau der technischen Richtlinie RESISCAN (steht für

118 BMF-Schreiben vom 11.03.2024 – IV D 2-S 0316/21/10001:002, FMNR2024/0184201, Rz. 130.
119 § 147 Abs. 2 Nr. 1 AO.

»Rechtssicheres Scannen«), welche durch das Bundesamt für Sicherheit in der Informationstechnik entwickelt wurde. Heruntergebrochen auf seine Grundbestandteile sieht der Scan-Prozess nach TR-RESISCAN folgendermaßen aus:[120]

- **Eingang eines Dokuments:** Papierbelege können auf verschiedenen Wegen bei Unternehmen eingehen. Daher wird an anderer Stelle exemplarisch der physische Posteingang beschrieben.
  (Detaillierte Informationen in Kapitel 11).
- **Dokumentenvorbereitung:** Das vorliegende Dokument muss vor dem Scannen gegebenenfalls noch überprüft und technisch vorbereitet werden. So wird sichergestellt, dass es sich für die Weiterverarbeitung eignet.
  (Detaillierte Informationen in Kapitel 9.2).
- **Scannen:** Die elektronische Erfassung des Papierdokuments wird durchgeführt. Dieser Schritt stellt die Kernaktivität des Verfahrens dar.
  (Detaillierte Informationen in Kapitel 9.3).
- **Nachverarbeitung:** Um das entstandene Dokument weiterzuverarbeiten, müssen eventuell noch bestimmte nachgelagerte Tätigkeiten durchgeführt werden.
  (Detaillierte Informationen in Kapitel 9.4).
- **Integritätssicherung:** Die Datei wird entsprechend der Vorgaben der GoBD revisionssicher abgelegt.
  (Detaillierte Informationen in Kapitel 9.5).
- **Beweiswerterhaltende Aufbewahrung:** Die Beschreibung der Belegablage und Archivierung nimmt in der Verfahrensdokumentation viel Platz ein und wird ausführlich in einem eigenen Kapitel erläutert.
  (Detaillierte Informationen in Kapitel 10).
- **Vernichtung:** Der abschließende Schritt der Zerstörung der Originale findet nicht zwingend statt. Geschieht dies nicht, wird nur von Scannen und nicht der ersetzenden bildhaften Verarbeitung gesprochen.
  (Detaillierte Informationen in Kapitel 9.6).

In Abbildung 24 wird der Prozess auf seine Grundbestandteile heruntergebrochen dargestellt. Jedem dieser Schritte wird im Folgenden ein eigenes Kapitel gewidmet.

120 Bundesamt für Sicherheit in der Informationstechnik, BSI Technische Richtlinie 03138 Ersetzendes Scannen, 2021, 9.

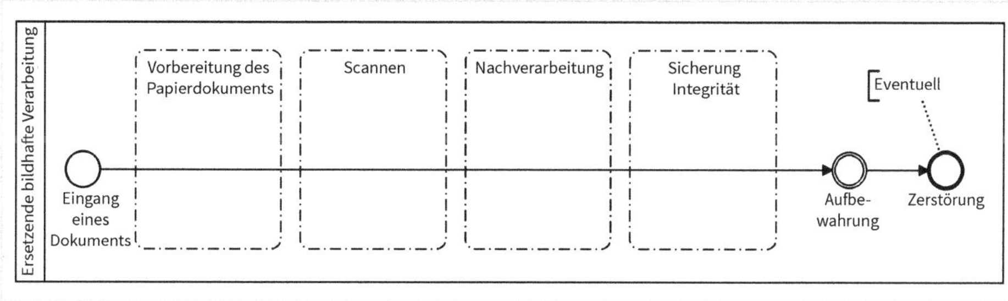

Abb. 24: BPMN: Unterteilung des Scan-Vorgangs

Die TR-RESISCAN unterscheidet zwischen drei verschiedenen Arten von Maßnahmen beim Scannen:[121]

- **Personelle Maßnahmen:** Hierunter fallen die Prozessschritte der verantwortlichen Personen.
- **Technische Maßnahmen:** Auch die vonseiten der eingesetzten IT-Systeme bereitgestellten Kontrollvorrichtungen, welche häufig automatisiert ablaufen, sind zu dokumentieren.
- **Organisatorische Maßnahmen:** Gegebenenfalls bestehen auch noch betriebsweite Prinzipien oder Handlungen, welche den Scan-Vorgang zusätzlich absichern. Auch diese sind zu beschreiben.

Darüber hinaus existieren ein Basismodul an Anforderungen für den Scan-Prozess und ein Aufbaumodul bei besonders hohen Sicherheitsbestimmungen. Da über das Basismodul für die meisten Unternehmen ein ausreichender Schutz gegeben ist, soll dieses den folgenden Ausführungen zugrunde gelegt werden. Über RESISCAN hinaus bestehen weitere Verordnungen von Behörden oder sonstigen Stellen, aus welchen gelegentlich Inhalte ergänzt werden.

Neben der ausführlichen Dokumentation der Inhalte aus den folgenden Kapiteln ist ebenfalls sicherzustellen, dass die verantwortlichen Personen diese auch beachten. Daher sollte in einer Verfahrensdokumentation auch beschrieben werden, welche Schritte zur Einhaltung der Anweisungen getätigt werden.[122]

Konkrete Fragestellungen:

a) Wurden Mitarbeiter zum Scan-Verfahren geschult?
b) Wurden Mitarbeiter für die Sicherheitsmaßnahmen im Scan-Prozess sensibilisiert?
c) Erhalten neue Mitarbeiter gegebenenfalls eine Einweisung?
d) Wenn (c) zutrifft: Durch wen findet die Einweisung statt? Wie sieht diese aus?
e) …

121 Bundesamt für Sicherheit in der Informationstechnik, BSI Technische Richtlinie 03138 Ersetzendes Scannen, 2021, 12.

122 Bundesamt für Sicherheit in der Informationstechnik, BSI Technische Richtlinie 03138 Ersetzendes Scannen, 2021, 17.

9.2 Schritt: Dokumentenvorbereitung

Damit der Scan-Vorgang sauber durchgeführt werden kann, müssen physische Dokumente zunächst vorbereitet werden. Die Anforderungen hierbei können je nach Komplexität des Falls, Umfeld des Unternehmens oder sonstigen speziellen Anforderungen an das Dokument sehr unterschiedlich ausfallen. Die im Folgenden vorgestellten Tätigkeiten stellen daher nur Vorschläge dar. Eine allgemeingültige Anweisung ist nicht möglich.

Voraussetzung für diese Phase ist die Echtheit des Dokuments.[123] Die erste Herausforderung liegt also darin, diese sicherzustellen.

> **Konkrete Fragestellungen:**
> a) Werden Schritte unternommen, um die Echtheit von Dokumenten vor dem Scan sicherzustellen?
> b) Wird gegebenenfalls eine Anweisung vorgehalten, wie die Echtheit eines Dokuments festzustellen ist?
> c) Wenn (b) zutrifft: Welche Merkmale sprechen für die Echtheit, welche dagegen?
> d) Wird vor dem Scannen gegebenenfalls im Vieraugenprinzip nachgeprüft, ob es sich bei dem Dokument um ein Original, eine Kopie oder eine Fälschung handelt?
> e) Sind spezielle Dokumententypen definiert, die im Besonderen auf Echtheit zu prüfen sind?
> f) Wird vor dem Scannen gegebenenfalls mit Absendern Rücksprache gehalten?
> g) …

Anbei ein exemplarisches internes Kontrollsystem des besprochenen Bereichs:

Risiko »Weiterverarbeitung eines manipulierten Dokuments«

- **Beschreibung:** Ein manipuliertes oder unechtes Dokument wird fälschlicherweise weiterverarbeitet.
- **Relevanz bezüglich GoBD:** Authentizität, Integrität
- **Bewertung (Netto):**
  Eintrittswahrscheinlichkeit: Niedrig
  Schadensschwere: Hoch
- **Kontrollen:**
  - **Kontrolle #1:** Jedes eingehende Papierdokument wird vor dem Scannen durch [Elias Petridis] auf Plausibilität überprüft.
  - **Kontrolle #2:** Wenn Unsicherheit bezüglich der Echtheit besteht, wird das entsprechende Dokument der Geschäftsführung [Daniela Meister] vorgelegt. Hierzu wird über ein Vieraugenprinzip die in Rz. 100 der GoBD geforderte Funktionstrennung umgesetzt.

123 Roßnagel, Handlungsleitfaden zum Scannen von Papierdokumenten, 2008, 11.

- **Maßnahmen:**
  - **Maßnahme #1:** Durch den IT-Dienstleister [IT-Haus Kraft GmbH] wurde dem Sekretariat eine Liste mit typischen Merkmalen eines gefälschten Dokuments bereitgestellt. Diese wird jedes Mal zurate gezogen, wenn Dokumente zu prüfen sind, wodurch die Echtheit besser beurteilt werden kann.
  - **Maßnahme #2:** Sollte sich die Unsicherheit bezüglich der Echtheit nicht klären lassen, wird der Absender durch [Elias Petridis] kontaktiert.

Anschließend ist zu prüfen, ob das Dokument grundsätzlich für den Scan-Vorgang geeignet ist.[124,125]

> **Konkrete Fragestellungen:**
> a) Wird geprüft, ob die Papierstärke für den Scan-Vorgang ausreichend ist?
> b) Wird geprüft, ob der Kontrast ausreichend hoch ist, um die relevanten Informationen aufzunehmen?
> c) Wird geprüft, ob die Bildqualität ausreichend ist?
> d) Wenn (c) zutrifft: Nach welchen Merkmalen wird dies entschieden?
> e) Wird geprüft, ob eine nachträgliche Indexierung vorgenommen werden muss, um die Reihenfolge der Seiten sicherzustellen?
> f) Werden Büroklammern, Tackernadeln, Zettel oder sonstige störende Gegenstände gegebenenfalls entfernt?
> g) Wird sichergestellt, dass unabhängige Dokumente auch später als getrennte Dateien gescannt werden?
> h) Wird sichergestellt, dass die Ausrichtung aller Blätter korrekt ist?
> i) …

Gerne kann die folgende Grafik genutzt werden, um die vorgeschlagenen Prüfungsschritte zu verdeutlichen.

124 Bundesamt für Sicherheit in der Informationstechnik, BSI Technische Richtlinie 03138 Ersetzendes Scannen, 2021, 19.

125 Roßnagel, Handlungsleitfaden zum Scannen von Papierdokumenten, 2008, 11.

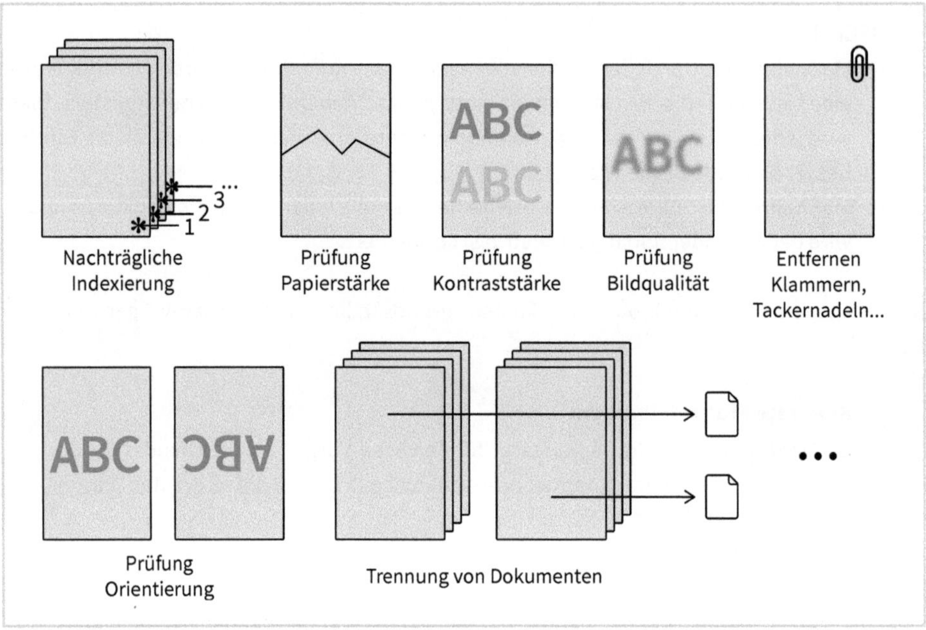

Abb. 25: Vorbereitung eines Dokuments für den Scan-Vorgang

Anbei ein exemplarisches internes Kontrollsystem des besprochenen Bereichs:

Risiko »Beschädigung des Dokuments bei Scan«

- **Beschreibung:** Ein Dokument wird während des Scans beschädigt, da es nicht für die Digitalisierung geeignet ist.
- **Relevanz bezüglich GoBD:** Vollständigkeit, Integrität, Verfügbarkeit, Nachvollziehbarkeit
- **Bewertung (Netto):**
  Eintrittswahrscheinlichkeit: Niedrig
  Schadensschwere: Hoch
- **Kontrollen:**
  - **Kontrolle #1:** Die Papierstärke jedes Papierdokuments wird vor dem Scan durch [Elias Petridis] geprüft.
- **Maßnahmen:**
  - **Maßnahme #1:** Wenn die Stärke eines zu scannenden Papierbelegs unter 40 g/m² (ADF-Papierstärkenbereich des Scanners [Fujitsu ScanSnap iX1300], siehe angehängtes Datenblatt) liegt, dann wird das Dokument nicht über den Einzug des Scanners, sondern stattdessen mobil mithilfe des [SAMSUNG Galaxy S24 Ultra] und der App [DATEV UploadMobil] gescannt.

Risiko »Verlust von Informationen durch Scan«

- **Beschreibung:** Durch das Scannen des Dokuments werden relevante Informationen nicht übernommen.

- **Relevanz bezüglich GoBD:** Vollständigkeit, Nachvollziehbarkeit
- **Bewertung (Netto):**
  Eintrittswahrscheinlichkeit: Mittel
  Schadensschwere: Mittel
- **Kontrollen:**
  - **Kontrolle #1:** [Elias Petridis] überprüft, ob die Kontraststärke des Papierbelegs für einen Scan ausreicht. Wenn dieser beispielsweise ausgeblichen ist, wird gegebenenfalls ein neuer Beleg angefordert oder aber ein Vermerk hinterlegt, dass die Kontraststärke in der Nachverarbeitung zu erhöhen ist.
  - **Kontrolle #2:** Bei der Vorsortierung der Dokumente wird jedes Blatt durch [Elias Petridis] nochmals auf die korrekte Ausrichtung überprüft und gegebenenfalls gedreht.
  - **Kontrolle #3:** Wenn die Kontraststärke zu niedrig für eine korrekte Wiedergabe aller relevanten Inhalte ist, warnt der Scanner [Fujitsu ScanSnap iX1300] und empfiehlt, den Kontrast zu erhöhen.
- **Maßnahmen:**
  - **Maßnahme #1:** Wenn es sich um ein mehrseitiges Dokument handelt und die einzelnen Seiten nicht mit einer Seitenzahl markiert sind, werden die Dokumente durch [Elias Petridis] von Hand paginiert. Hierdurch kann die Reihenfolge nach dem Scan überprüft werden, sodass alle Seiten korrekt angeordnet sind.
  - **Maßnahme #2:** Damit nicht versehentlich mehrere Dokumente in einer Datei gespeichert sind, werden die zu scannenden Dokumente von [Elias Petridis] mithilfe von Trennblättern vorsortiert. Hierdurch wird die nach Rz. 36 der GoBD geforderte Einzelaufzeichnungspflicht sichergestellt.

9.3 Schritt: Scannen

Nachdem die physischen Dokumente vorbereitet wurden, kann der Scan durchgeführt werden. Die TR-RESISCAN schreibt vor, dass in einer Verfahrensdokumentation zu beschreiben ist, welche Anwendungen für das Scannen genutzt werden.[126] Bei den eingesetzten Geräten für den Scan machen die GoBD keine Einschränkungen. Die *»bildliche Erfassung [von Dokumentation] kann hierbei mit den verschiedensten Arten von Geräten (z.B. Smartphones, Multifunktionsgeräten oder Scan-Straßen) erfolgen, wenn die Anforderungen [des BMF-Schreibens] erfüllt sind.«*[127] Bei der Wahl der Geräte muss also sichergestellt sein, dass die GoBD-Prinzipien Nachvollziehbarkeit, Vollständigkeit, Richtigkeit etc. eingehalten werden.

126 Bundesamt für Sicherheit in der Informationstechnik, BSI Technische Richtlinie 03138 Ersetzendes Scannen, 2021, 13.

127 BMF-Schreiben vom 11.03.2024 – IV D 2-S 0316/21/10001:002, FMNR2024/0184201, Rz. 130.

PRAXISTIPP:

Auch wenn die GoBD mobile Geräte explizit zulassen, muss beim Einsatz von Smartphones oder Tablets trotzdem besonders vorsichtig vorgegangen werden. Gerade moderne Geräte nutzen im Hintergrund Funktionen zur Verbesserung von Fotografien. Diese sind vor der Darstellung der Realität hauptsächlich auf Ästhetik ausgerichtet.[128] Solche Funktionen sind für die Anforderungen von sozialen Netzwerken und nicht das Erfassen von Belegen entwickelt worden. Es ist daher empfehlenswert, anstatt der generischen Kamera-Funktion spezialisierte Scan-Apps einzusetzen. Anbei verschiedene Beispiele:

- DATEV UploadMobil
- Adobe Scan
- Lexoffice Scan
- SwiftScan

Um nachzuweisen, dass die Belege möglichst realistisch digitalisiert werden, ist die Nutzung solcher Scan-Apps unbedingt in der Verfahrensdokumentation zu erwähnen. Wenn ein speziell für das Scannen entwickeltes Gerät genutzt wird, kann davon ausgegangen werden, dass dieses für eine möglichst exakte Wiedergabe der Realität optimiert wurde. Der AWV-Arbeitskreis empfiehlt, besonders vorsichtig bei der Nutzung mobiler Geräte vorzugehen und diesen »*ein besonderes Augenmerk bei der Umsetzung im Regelbetrieb zu widmen*«.[129]

Die TR-RESISCAN spezifiziert nicht, ab wann ein beteiligtes Gerät, DV-System oder Sonstiges mit aufgenommen werden soll. Daher ist offen, wie ausführlich die Beschreibungen zu tätigen sind. Aus der praktischen Erfahrung können neben Apps und Scannern auch noch weitere Systeme beteiligt sein.

Konkrete Fragestellungen:

a) Welche konkreten Geräte werden zum Scannen eingesetzt?
b) Werden auch mobile Geräte eingesetzt? Wenn ja, welche?
c) Falls (b) zutrifft (Mobile Geräte werden eingesetzt): Wird eine spezialisierte Scan-App genutzt, um den Scan-Vorgang durchzuführen?
d) Kommen sonstige IT-Systeme zum Einsatz?
e) Wird der Scanner über ein Gerät angesteuert? Wenn ja, über welches? *(Zumeist Laptop, PC)*
f) In welchen Räumlichkeiten findet der Scan-Prozess statt?
g) …

128 Hurtz, Wie Samsung beim Mond nachbessert, https://www.sueddeutsche.de/wirtschaft/samsung-smartphone-mond-fotografie-kuenstliche-intelligenz-1.5767932, abgerufen am 01.02.2024.

129 AWV-Arbeitskreis 3.4 »GoB beim IT-Einsatz«, GoBD, 2023, 209.

Bevor der Scan gestartet werden kann, ist auch darauf zu achten, dass die korrekten Scan-Einstellungen gewählt werden. Nicht bei allen Scannern, beziehungsweise Softwares und Apps, lassen sich die Einstellungen beliebig tief bearbeiten. Wenn möglich, sollte Folgendes in Erfahrung gebracht und dokumentiert werden:

- **Auflösung:** Die Auflösung muss so gewählt werden, dass der Scan gut erkennbar ist. Empfehlenswert ist hier 300 dpi und eine Farbtiefe von 24 Bit.[130]
- **Dateiformat:** Die Wahl des Dateiformats ist entscheidend für die späteren Möglichkeiten bei der Weiterverarbeitung. Beispiele für ideale Formate sind PDF oder TIFF.
- **Kontrast:** Bereits in der Dokumentenvorbereitung sollte ein ausreichender Kontrast auf den physischen Originalen sichergestellt werden. Sollte der Kontrast hier nicht ausreichen, kann gegebenenfalls bei den Scan-Einstellungen nachgearbeitet werden.
- **Helligkeit:** Wie auch der Kontrast sollte diese so gewählt werden, dass das Dokument gut erkennbar ist.

Die hier dargestellten Angaben erscheinen möglicherweise übermäßig detailliert. Sie sind allerdings relevant, da die bildliche Übereinstimmung zwischen der gescannten Datei und dem physischen Beleg nur dann vorliegt, wenn *»das Scanprodukt ein im Rahmen der gewählten Auflösung identisches Abbild des Originals ist.«*[131] Die Wahl der korrekten Einstellungen ist grundlegend für die Umsetzung dieses Prinzips.[132] Der Nachweis über die Umsetzung dieses Prinzips kann in der Verfahrensdokumentation geführt werden, indem die Antworten auf die nun folgenden Fragen beschrieben werden.

Konkrete Fragestellungen:

a) Mit welcher Auflösung wird gescannt?
b) In welchem Dateiformat werden die gescannten Dokumente gespeichert?
c) Werden manche Dokumente bewusst in einem anderen Format gescannt? Wenn ja, welche Regelungen gelten hier?
d) Wird der Kontrast individuell angepasst?
e) Wird die Helligkeit individuell angepasst?
f) …

Wenn auf einem Beleg Farben genutzt werden, um buchhalterische Sachverhalte darzustellen, muss außerdem darauf geachtet werden, dass dieser farblich digitalisiert wird. Die GoBD nennen hier als Beispiele *»Minusbeträge in roter Schrift, Sicht-, Bearbeitungs- und Zeichnungsvermerke in unterschiedlichen Farben«*.[133] Wenn also steuerliche Informationen farblich dargestellt

130 Kahle, Ersetzendes Scannen Verfahrensanweisung, 2017, 21.
131 Derst/Cejvanovic, Ersetzendes Scannen leichtgemacht – eine Handlungshilfe für Institutionen und Unternehmen, 2020, 30.
132 AWV-Arbeitskreis 3.4 »GoB beim IT-Einsatz«, GoBD, 2023, 211.
133 BMF-Schreiben vom 11.03.2024 – IV D 2-S 0316/21/10001:002, FMNR2024/0184201, Rz. 137

werden, muss sichergestellt werden, dass diese nicht bei einem Scan in Schwarz-Weiß verloren gehen.[134]

> **Konkrete Fragestellungen:**
> a) Können die zum Scannen eingesetzten Geräte Farbe wiedergeben?
> b) Gab es bisher Fälle, in welchen auf Belegen farblich buchhaltungsrelevante Zusammenhänge dargestellt wurden (beispielsweise Minusbeträge in roter Schrift)?
> c) Werden solche Belege immer farblich digitalisiert? Wie wird dies sichergestellt?
> d) …

Um sicherzustellen, dass der Scan-Vorgang problemlos abläuft, sind auch Sicherungsmaßnahmen für die eingesetzten Geräte bereitzustellen.[135]

> **Konkrete Fragestellungen:**
> a) Werden die zum Scannen eingesetzten Geräte regelmäßig gewartet? Wenn ja, vom wem?
> b) Wurden die zum Scannen genutzten Geräte durch eine spezialisierte Person eingerichtet?
> c) Fordert das eingesetzte Scan-Gerät nach einer bestimmten Anzahl Scans Wartung ein?
> d) Wird auf eine sonstige Art sichergestellt, dass das Gerät voll funktionsfähig ist?
> e) …

Anbei ein exemplarisches internes Kontrollsystem des besprochenen Bereichs:

Risiko »Nutzung unbrauchbarer Hardware«

- **Beschreibung:** Die für das Scannen eingesetzte Hardware funktioniert nicht ordnungsgemäß.
- **Relevanz bezüglich GoBD:** Authentizität, Richtigkeit, Unveränderbarkeit, Integrität
- **Bewertung (Netto):**
  Eintrittswahrscheinlichkeit: Mittel
  Schadensschwere: Mittel
- **Kontrollen:**
  - **Kontrolle #1:** Automatisierte Wartungskontrolle durch Gerät
    Der Scanner [Fujitsu ScanSnap iX1300] gibt nach [1000] Scan-Vorgängen regelmäßig eine Warnung aus, welche so lange besteht, bis eine Wartung durchgeführt wurde.
  - **Kontrolle #2:** Regelmäßige Wartung

---

134 AWV-Arbeitskreis 3.4 »GoB beim IT-Einsatz«, GoBD, 2023, 211.

135 Bundesamt für Sicherheit in der Informationstechnik, BSI Technische Richtlinie 03138 Ersetzendes Scannen, 2021, 15.

Der eingesetzte Scanner [Fujitsu ScanSnap iX1300] wird in einem Turnus von [sechs Monaten] durch den spezialisierten Anbieter [IT-Haus Kraft GmbH] gewartet.

- **Maßnahmen:**
  - **Maßnahme #1:** Installation durch Spezialisten
    Der eingesetzte Scanner [Fujitsu ScanSnap iX1300] wurde durch den spezialisierten Anbieter [IT-Haus Kraft GmbH] eingerichtet.

9.4 Schritt: Nachverarbeitung

Nachdem der Scan abgeschlossen ist, führen verantwortliche Personen häufig verschiedene Prüfungsschritte an den entstandenen Dateien durch, ohne dass ihnen dies bewusst ist. Die Verfahrensdokumentation bietet die Chance, diese Kontrollschritte ins Bewusstsein der Personen zu holen und nachvollziehbar zu beschrieben. Hierdurch können sie unternehmensweit vereinheitlicht werden und die Qualität der Scans sichern. Die Praxis hat gezeigt, dass zumeist die Prüfung auf Vollständigkeit oder Lesbarkeit durchgeführt wird, wobei allerdings auch weitere Kontrollen möglich sind.

Konkrete Fragestellungen:

a) Wird direkt nach dem Scannen überprüft, ob die gescannten Dateien vollständig sind? *(Alle Seiten vorhanden, alle Anhänge mitgescannt, etc.)*
b) Wird die Anzahl der Seiten der entstandenen Datei und der physischen Dokumente miteinander abgeglichen?
c) Wird direkt nach dem Scannen überprüft, ob die gescannten Dateien lesbar sind?
d) Finden sonstige Kontrollschritte nach dem Scannen statt?
e) …

Anbei ein Beispiel, wie sich diese Kontrollen mithilfe von BPMN darstellen lassen.

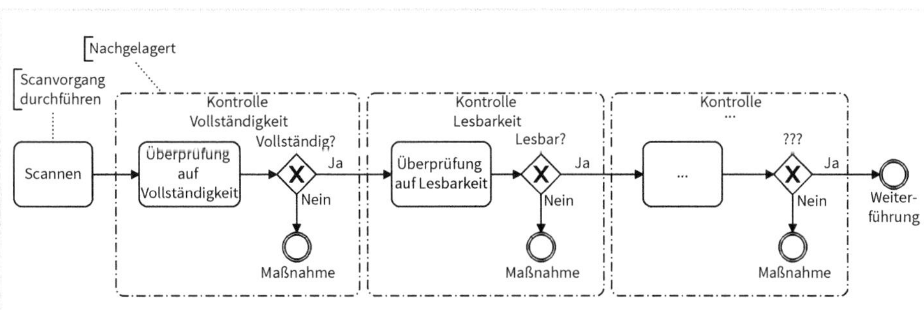

Abb. 26: BPMN: Mögliche Kontrollen nach Scan von physischem Dokument

Wie im BPMN illustriert, finden verschieden Maßnahmen statt, wenn eine nachgelagerte Kontrolle ein negatives Ergebnis ausgibt. An diesen Stellen könnte der Scan-Vorgang grundsätzlich wiederholt werden oder auch nachverarbeitende Tätigkeiten der TR-RESISCAN folgen.[136]

Konkrete Fragestellungen:

a) Werden nach Scans gegebenenfalls Änderungen an den Dateien durchgeführt? *(Eventuell Kontrast, Farbe, Ersetzen von Seiten, etc.)*
b) Wenn (a) zutrifft: In welchen Fällen wird dies gemacht? Welche Änderungsschritte sind zugelassen?
c) Wenn (b) zutrifft: Besteht eine Anweisung, welche Änderungsschritte zugelassen sind?
d) Wenn (a) zutrifft: Wird eine bestimmte Software für die Nachbearbeitung eingesetzt? Wenn ja, welche?
e) Wird nach einer Nachbearbeitung der Datei eine Qualitätskontrolle durchgeführt?
f) …

Weiter empfiehlt die TR-RESISCAN, dass ein Protokoll zum Scan-Prozess angelegt werden kann. Folgendes könnte hier stehen: Informationen zum Ersteller des Scan-Produkts, Auffälligkeiten, Zeitpunkt der Erfassung, welche Änderungen gegebenenfalls stattgefunden haben etc.[137] Die Führung eines solchen Protokolls ist nur eine Empfehlung und aus der praktischen Erfahrung hat sich ergeben, dass viele Betriebe dies als einen unangemessen hohen Aufwand ansehen. Allerdings werden viele dieser Angaben bereits automatisiert in den Metadaten der erstellten Dateien bereitgestellt. Daher kann in der Verfahrensdokumentation die Erstellung eines solchen Protokolls dokumentiert werden, ohne dass hierdurch während des Verfahrens Mehraufwand entsteht.

Konkrete Fragestellungen:

a) Wird der Ersteller der Datei über das eingesetzte Gerät dokumentiert? *(Beispielsweise so, dass der Nutzer des Scanners in die Metadaten der Datei geschrieben wird)*
b) Wird durch das Scan-Gerät ein Problembericht ausgegeben?
c) Wenn (b) zutrifft: Wird dieser Bericht gegebenenfalls automatisiert abgespeichert?
d) Wird der Zeitpunkt der Erfassung des Scans abgespeichert? *(Sehr wahrscheinlich »Ja«, da dieser dem Erstellungsdatum des digitalen Dokuments entspricht)*
e) …

136 Bundesamt für Sicherheit in der Informationstechnik, BSI Technische Richtlinie 03138 Ersetzendes Scannen, 2021, 24.

137 Bundesamt für Sicherheit in der Informationstechnik, BSI Technische Richtlinie 03138 Ersetzendes Scannen, 2021, 25.

9.5 Schritt: Integritätssicherung

Nachdem der Scan nun abgeschlossen ist, muss sichergestellt werden, dass die entstandene Datei und gegebenenfalls auch die zugehörigen Protokolle nach den Grundsätzen der GoBD digital abgelegt werden. Das bedeutet, dass diese gemäß der gesetzlichen Aufbewahrungspflicht vor Manipulation oder Verlust geschützt zu speichern sind.[138] Darüber hinaus muss sichergestellt werden, dass das Dokument jederzeit auffindbar ist und auch noch nach einer Umstellung der IT-Struktur gelesen werden kann.[139]

Gescannte Unterlagen müssen hierzu in einem geeigneten DV-System abgelegt werden. Wenn Scans beispielsweise abschließend ausgedruckt werden und dann physisch aufbewahrt werden, ist dies nicht ausreichend.[140]

> **Konkrete Fragestellungen:**
> a) Wo werden die digitalisierten Belege anschließend abgelegt?
> b) Findet diese Abgabe automatisiert statt oder muss hier händisch abgelegt werden? Wenn Zweiteres zutrifft: Wer ist zuständig?
> c) Wird mit sonstigen Maßnahmen sichergestellt, dass die Scans im vorgesehenen DV-System abgelegt werden?
> d) ...

In Kapitel 5.2 wurde die Trennung der Verfahren in verschiedene Prozesse beziehungsweise Abschnitte begründet. Um eine schärfere Trennung zwischen den Bereichen zu gewährleisten, werden diesem Prinzip folgend weitere Angaben zur konformen Aufbewahrung von Scans, oder auch sonstigen buchhaltungsrelevanten Dateien, in den Beschreibungen zur Belegablage und Archivierung (siehe Kapitel 10) besprochen.

9.6 Schritt: Vernichtung nach dem Scannen

Die Bezeichnung »Ersetzende bildhafte Verarbeitung« legt bereits nahe, dass papierhafte Belege nach ihrer Digitalisierung auch vernichtet werden können. Dieser Schritt muss nicht zwingend stattfinden, da nicht alle Betriebe ihre Originale vernichten wollen und darüber hinaus manche Belege aus rechtlichen Gründen weiterhin physisch aufbewahrt werden müssen.

Unternehmen haben durch die abschließende Vernichtung gescannter Unterlagen einige Vorteile, benötigen hierzu aber zwingend eine »Scan-Anweisung«, welche über die Verfahrensdo-

138 Bundesamt für Sicherheit in der Informationstechnik, BSI Technische Richtlinie 03138 Ersetzendes Scannen, 2021, 25–26.
139 Roßnagel, Handlungsleitfaden zum Scannen von Papierdokumenten, 2008, 11.
140 AWV-Arbeitskreis 3.4 »GoB beim IT-Einsatz«, GoBD, 2023, 209.

kumentation gegeben ist.[141] Die Vorschläge der letzten Seiten für die detaillierte Beschreibung des Scan-Prozesses machen deutlich, dass der Scan-Vorgang gegebenenfalls vielschichtiger ist, als zunächst angenommen wird. Hieraus folgt, dass eine rechtliche Anerkennung der digitalisierten Belege nur über eine angemessen detaillierte Beschreibung stattfinden kann. Die GoBD äußern sich hierzu folgendermaßen: *»Der Verzicht auf einen Papierbeleg darf die Möglichkeit der Nachvollziehbarkeit und Nachprüfbarkeit nicht beeinträchtigen.«*[142]

Selbst bei Vorhandensein einer sehr detaillierten allumfassenden Verfahrensdokumentation ist zu beachten, dass manche Dokumente zwingend in einer physischen Form aufzubewahren sind. Um im Kontext der Verfahrensdokumentation eine grobe Orientierung zu haben, anbei eine Liste von Papierbelegen, welche nach dem Scannen definitiv **nicht vernichtet** werden dürfen:

- **Unterschriebene Dokumente:** Vor Gericht haben Dokumente, welche auf Papier signiert wurden, in ihrer physischen Form eine höhere Beweiskraft als deren digitalisierte Version.[143] Daher sollten diese Belege nach dem Scannen weiterhin papierhaft aufbewahrt werden.
- **Beurkundete und beglaubigte Dokumente:** Das Gleiche gilt für notarielle oder von Ämtern beglaubigte Unterlagen. Die Beweiskraft der enthaltenen Siegel und Unterschriften werden auf Papier höher eingestuft.[144]
- **Schuldscheine:** Bei der Behandlung von Schuldscheinen muss bedacht werden, dass Schuldner die Rückgabe des Schuldscheins fordern können. Wenn Gläubiger allerdings nur eine digitalisierte Version vorlegen können, ist es möglich, die Schuld als erloschen anerkennen zu lassen.[145]

Es kann grundsätzlich davon ausgegangen werden, dass Dokumente, welche explizit dafür erstellt wurden, gesetzliche Aufbewahrungspflichten zu erfüllen, nach dem Scan nicht vernichtet werden dürfen, sondern für die Dauer der Aufbewahrungsfrist aufbewahrt werden müssen.[146] Eine digitalisierte Version dieser Unterlagen ist nicht ausreichend, das Original muss weiter vorgehalten werden. Wird ein besonders geschütztes Dokument trotzdem im Rahmen der ersetzenden bildhaften Verarbeitung vernichtet, kann dies strafrechtliche Konsequenzen nach sich ziehen.

PRAXISTIPP:

Um die internen Regelungen zur Vernichtung spezifisch zu dokumentieren, empfiehlt die TR-RESISCAN, zu beschreiben, welche Dokumente gescannt und vernichtet werden dürfen und welche nicht.[147]

---

141 Roßnagel, Handlungsleitfaden zum Scannen von Papierdokumenten, 2008, 15.
142 BMF-Schreiben vom 11.03.2024 – IV D 2-S 0316/21/10001:002, FMNR2024/0184201, Rz. 141
143 § 415/§ 416 ZPO.
144 § 415/§ 416 ZPO.
145 § 371 BGB.
146 Roßnagel, Handlungsleitfaden zum Scannen von Papierdokumenten, 2008, 13.
147 Bundesamt für Sicherheit in der Informationstechnik, BSI Technische Richtlinie 03138 Ersetzendes Scannen, 2021, 13.

Konkrete Fragestellungen:

a) Werden die physischen Belege nach der Ablage vernichtet?
b) Wer ist für die Zerstörung der Papierbelege zuständig?
c) Gibt es Anweisungen, welche physischen Belege vernichtet werden und welche nicht?
d) Gibt es ein Freigabeverfahren, bevor die Vernichtung umgesetzt wird?
e) Wird die Vernichtung gegebenenfalls in einem Vieraugenprinzip überwacht? Wenn ja, wer ist beteiligt?
f) Finden eventuell weitere Kontrollschritte vor der Vernichtung statt?
g) Wurde gegebenenfalls durch eine juristische Beratung überprüft, ob Spezialfälle bestehen, in welchen die Dokumente unbedingt in Papierform aufzubewahren sind?

Anbei ein Beispiel, wie sich die Vorgehensweise bei der Vernichtung mithilfe von BPMN darstellen lässt.

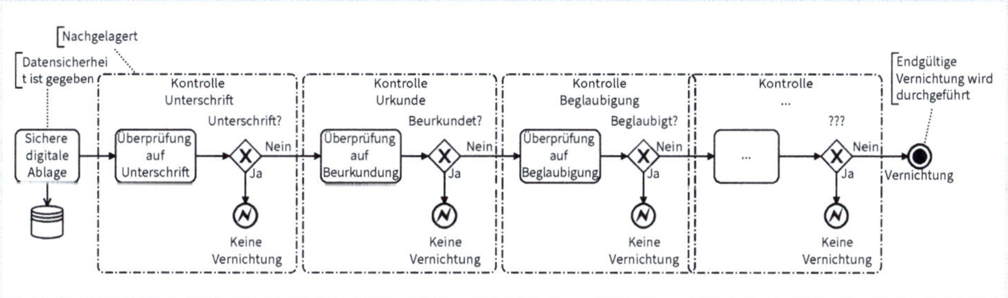

Abb. 27: BPMN: Mögliche Kontrollen vor Vernichtung eines physischen Dokuments

PRAXISTIPP:

Für eine rechtlich verbindliche Aussage, ob ein individuelles Papierdokument vernichtet werden darf, ist es gegebenenfalls nötig, in verschiedenen rechtlichen Anwendungsgebieten kundig zu sein. Über die Abgabenordnung und das Handelsgesetzbuch hinaus ist beispielsweise das Sozialversicherungsgesetz, Verwaltungsverfahrensgesetz oder Schriftgutaufbewahrungsgesetz relevant.[148] Wenn in einem Betrieb also komplexe rechtliche Fälle beim Scannen von Belegen vorliegen, muss demzufolge für die Erstellung einer korrekten Verfahrensdokumentation juristische Beratung hinzugezogen werden.

Die Möglichkeit, gescannte Dokumente zu vernichten, soll Unternehmen entlasten. Wenn Zweifel bestehen, ob einzelne Papierbelege vernichtet werden können, sollten diese weiter-

148 Roßnagel, Handlungsleitfaden zum Scannen von Papierdokumenten, 2008, 14.

hin papierhaft archiviert werden. Ziel der Finanzverwaltung ist hierbei eine Erleichterung für Unternehmen, nicht die Einführung weiterer Komplexität.

Anbei ein exemplarisches internes Kontrollsystem des besprochenen Bereichs:

Risiko »Versehentliche Vernichtung von aufbewahrungspflichtigem Papierbeleg«

- **Beschreibung:** Eine papierhafte Unterlage, die rechtlich nicht hätte vernichtet werden dürfen, wurde zerstört.
- **Bewertung (Netto):**
  Eintrittswahrscheinlichkeit: Mittel
  Schadensschwere: Hoch
- **Kontrolle:**
  - **Kontrolle #1:** Gescannte Papierbelege, die vernichtet werden sollen, müssen immer der Geschäftsführerin [Daniela Meister] vorgelegt werden.
- **Maßnahmen:**
  - **Maßnahme #1:** Durch die Steuerberaterin [Elif Yildiz] bei [Kanzlei Steuerfit GmbH] wurde überprüft, welche Belege vernichtet werden dürfen und welche nicht. Im Kontext des Unternehmens [Muster-Gastro GmbH] wurden über notarielle oder unterschriebene Unterlagen hinaus keine relevanten Fälle entdeckt.
  - **Maßnahme #2:** Der zur Vernichtung eingesetzte Aktenvernichter [Dahle PaperSAFE 420] steht im Büro von [Daniela Meister], welches in deren Abwesenheit immer abgeschlossen ist. Durch die stetige Beaufsichtigung der Vernichtung ist ein Vieraugenprinzip aktiv.

10 Musterfall: Belegablage und Archivierung

Die GoBD verlangen, dass alle aufzeichnungspflichtigen Unterlagen und Daten, welche bei Unternehmen eingegangen sind, dort gemäß bestimmter Kriterien und der gesetzlichen Aufzeichnungspflicht aufbewahrt werden. Um den Nachweis zu erbringen, dass dies in der Praxis sichergestellt ist, muss eine Verfahrensdokumentation erklären, wie dies umgesetzt wurde.

Hinweis:

Die im Folgenden dargestellten Konzepte sind Anregungen zur Umsetzung. Es handelt sich nicht um rechtlich verbindliche Aussagen.

10.1 Betroffene Unterlagen

Bevor thematisiert wird, wie die Einhaltung der Aufbewahrungsfrist in der Verfahrensdokumentation beschrieben wird, muss zunächst erläutert werden, welche Unterlagen als aufbewahrungspflichtig betrachtet werden. Dies ist in den Regelungen aus § 257 HGB und § 147 AO festgelegt.

- **§ 257 HGB Abs. 1:** Laut diesem Paragrafen wird vorgeschrieben, dass »*jeder Kaufmann verpflichtet [ist], die folgenden Unterlagen geordnet aufzubewahren:*
  - *Handelsbücher, Inventare, Eröffnungsbilanzen, Jahresabschlüsse, Einzelabschlüsse nach § 325 Abs. 2a, Lageberichte, Konzernabschlüsse, Konzernlageberichte sowie die zu ihrem Verständnis erforderlichen Arbeitsanweisungen und sonstigen Organisationsunterlagen,*
  - *die empfangenen Handelsbriefe*
  - *Wiedergaben der abgesandten Handelsbriefe*
- *Belege für Buchungen in den von ihm nach § 238 Abs. 1 zu führenden Büchern (Buchungsbelege).*«[149]
- **§ 147 AO Abs. 1:** Die Abgabenordnung verlangt die geordnete Aufbewahrung der folgenden Unterlagen:
  - »*Bücher und Aufzeichnungen, Inventare, Jahresabschlüsse, Lageberichte, die Eröffnungsbilanz sowie die zu ihrem Verständnis erforderlichen Arbeitsanweisungen und sonstigen Organisationsunterlagen*
  - *die empfangenen Handels- oder Geschäftsbriefe*
  - *Wiedergaben der abgesandten Handels- oder Geschäftsbriefe*
  - *Buchungsbelege*
  - *Unterlagen nach Artikel 15 Absatz 1 und Artikel 163 des Zollkodex der Union*
  - *sonstige Unterlagen, soweit sie für die Besteuerung von Bedeutung sind.*«[150]

149 § 257 HGB Abs. 1.
150 § 147 AO Abs. 1.

Neben der Information, welche Unterlagen und Daten aufbewahrungspflichtig sind, sind auch die Dateiformate zu beachten: Hierbei unterscheiden die GoBD zwischen gängigen und Inhouse-Formaten.

Im Rahmen des elektronischen Datenaustauschs ist es gegebenenfalls nötig, Daten aus dem Format eines bestimmten Systems (wie beispielsweise SAPs IDoc) zu einem gängigen Format wie PDF, TIFF, XML oder Sonstigem zu konvertieren, um es dann sicher abzulegen. Während die den GoBD vorangehende Verwaltungsvorschrift GDPdU aus dem Jahr 2001 noch die Aufbewahrung der zugrunde liegenden Inhouse-Formate von Dateien vorschrieb, muss seit den an ihre Stelle getretenen GoBD nur noch das Endformat aufbewahrt werden.[151] Wird also aus einem Inhouse-Format eines Fremdsystems ein PDF erstellt, ist die Aufbewahrung des PDFs ausreichend.

Liegt der Fall jedoch so, dass aufbewahrungspflichtige Dateien nochmals in ein Inhouse-Format konvertiert werden müssen, greift Rz. 135 der GoBD. Nun muss sowohl das gängige als auch das hieraus konvertierte Inhouse-Format aufbewahrt werden.[152] Sollten solche Fälle auftreten, ist das Dokument unter demselben Index aufzubewahren und der Umstand ist in der Verfahrensdokumentation zu beschreiben.[153]

In zweiten Fall kann nur von einer Aufbewahrung beider Versionen abgesehen werden, wenn laut GoBD Folgendes zutrifft:

- *»Es wird keine bildliche oder inhaltliche Veränderung vorgenommen.*
- *Bei der Konvertierung gehen keine sonstigen aufbewahrungspflichtigen Informationen verloren.*
- *Die ordnungsgemäße und verlustfreie Konvertierung wird dokumentiert (Verfahrensdokumentation).*
- *Die maschinelle Auswertbarkeit und der Datenzugriff durch die Finanzbehörde werden nicht eingeschränkt; dabei ist es zulässig, wenn bei der Konvertierung Zwischenaggregationsstufen nicht gespeichert, aber in der Verfahrensdokumentation so dargestellt werden, dass die retrograde und progressive Prüfbarkeit sichergestellt ist.«*[154]

Zum besseren Verständnis werden die beschriebenen Regelungen in der folgenden Abbildung visualisiert.

151 BMF-Schreiben vom 11.03.2024 – IV D 2-S 0316/21/10001:002, FMNR2024/0184201, Rz. 129.
152 BMF-Schreiben vom 11.03.2024 – IV D 2-S 0316/21/10001:002, FMNR2024/0184201, Rz. 135.
153 BMF-Schreiben vom 11.03.2024 – IV D 2-S 0316/21/10001:002, FMNR2024/0184201, Rz. 77.
154 BMF-Schreiben vom 11.03.2024 – IV D 2-S 0316/21/10001:002, FMNR2024/0184201, Rz. 135.

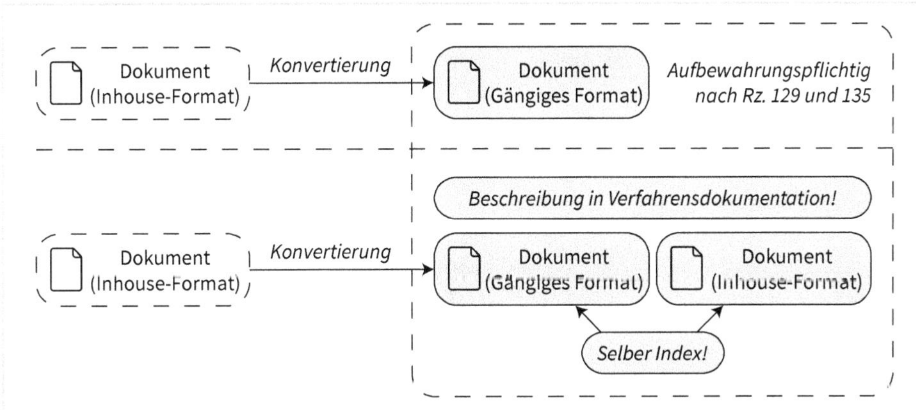

Abb. 28: Regelungen zu Inhouse-Formaten bei der Archivierung

10.2 Erarbeitung bestehender digitaler Systeme

Im vorherigen Kapitel wurde erklärt, welche Unterlagen, Daten und Formate die Belegablage und Archivierung betreffen. Der erste Schritt bei der Beschreibung der Belegablage und Archivierung ist, herauszufinden, in welchen Systemen das jeweilige Unternehmen Informationen dieser Art besitzt und diese zusammenzutragen.

Es ist offensichtlich, dass sich buchführungsrelevante Daten in der eingesetzten Buchführungssoftware befinden. Allerdings sind neben diesem System wahrscheinlich auch noch in den Vor- und Nebensystemen Daten dieser Art gespeichert. Auch auf diese wird in verschiedenen Bereichen des BMF-Schreibens vom 11.03.2024 verwiesen.

In Abbildung 29 befindet sich eine Auflistung möglicher relevanter Systeme.[155] Darüber hinaus wurden Vorschläge des AWV-Arbeitskreises[156] und aus persönlicher Erfahrung ergänzt. Da es nach den GoBD erlaubt ist, buchhaltungsrelevante Unterlagen auch auf anderen Datenträgern zu speichern, müssen diese Fälle ebenfalls bei Unternehmen erfragt werden.[157] Dementsprechend sind Abbildung 29 ebenfalls Beispiele für diese Option berücksichtigt.

155 BMF-Schreiben vom 11.03.2024 – IV D 2-S 0316/21/10001:002, FMNR2024/0184201, Rz. 20.
156 AWV-Arbeitskreis 3.4 »GoB beim IT-Einsatz«, GoBD, 2023, 90.
157 BMF-Schreiben vom 11.03.2024 – IV D 2-S 0316/21/10001:002, FMNR2024/0184201, Rz. 118.

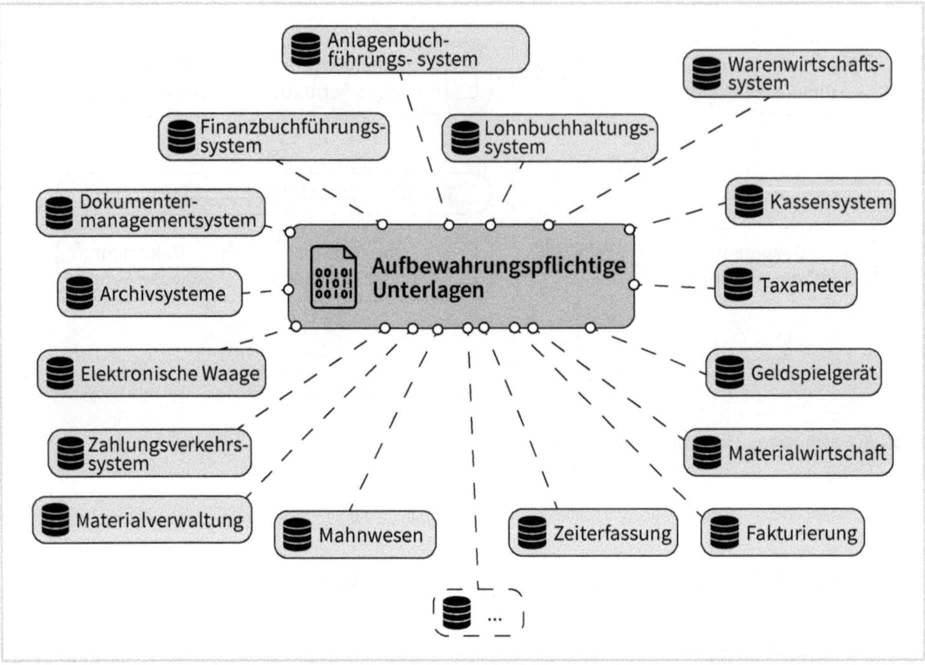

Abb. 29: Mögliche digitale Systeme mit aufbewahrungspflichtigen Unterlagen

Die dargestellten Systeme sind nicht abschließend und sollen lediglich eine Orientierung für die Erarbeitung relevanter digitaler Aufbewahrungsorte von Buchhaltungsdaten bieten. Neben den digitalen Systemen bestehen weiterhin gegebenenfalls physische Ablagesysteme. Trotz des digitalen Fokus der Verfahrensdokumentation werden in den GoBD auch explizit die physischen Unterlagen eingeschlossen.[158]

PRAXISTIPP:

Zentral geht es darum, herauszufinden, welche relevanten Systeme und Archive vorhanden sind. Die offene Frage »Welche Systeme und Archive gibt es?« ist allerdings für die Verantwortlichen innerhalb eines Unternehmens häufig zu wenig spezifisch, wodurch wichtige Systeme nicht genannt werden. Es bietet sich daher an, zuerst alle anderen für die Verfahrensdokumentation des Unternehmens relevanten Bereiche zu besprechen und erst im Anschluss die Belegablage und Archivierung zu dokumentieren. Hierdurch kommen die genutzten DV-Systeme automatisch zur Sprache und abschließend muss im Rahmen der Belegablage und Archivierung nur noch ergänzt werden.

158 BMF-Schreiben vom 11.03.2024 – IV D 2-S 0316/21/10001:002, FMNR2024/0184201, Rz. 5.

Mit folgender Checkliste können erfahrungsgemäß die wichtigsten Systeme identifiziert werden:

> **Konkrete Fragestellungen:**
> a) Wird eine Software für die Finanzbuchführung genutzt?
> b) Wo wird die Lohnbuchhaltung durchgeführt? Gibt es hierfür ein separates DV-System?
> c) Sind auf physischen Kassengeräten Buchungsinformationen gespeichert?
> d) Ist ein Warenwirtschaftssystem im Einsatz?
> e) Wird ein bestimmtes DV-System für die Materialwirtschaft oder Materialverwaltung genutzt?
> f) Wird zur Zeiterfassung eine bestimmte Software genutzt?
> g) In welchen DV-Systemen sind Daten des Zahlungsverkehrs gespeichert?
> h) Sind Dokumentenmanagement-Systeme im Einsatz?
> i) Werden Back-ups auf externen Festplatten vorgehalten? (Kategorie »Andere Datenträger«)
> j) Werden Buchhaltungsdaten auf Servern gespeichert? (Kategorien »Andere Datenträger«)
> k) Bestehen temporäre Archive auf Endgeräten? (Laptops, PCs, Smartphones, Tablets etc.)
> l) ...

10.3 Schutz der Archive

Viele der in den GoBD geforderten Kontrollen[159] richten sich explizit an die digitalen Archive und werden häufig bereits durch integrierte Funktionen der DV-Systeme umgesetzt oder durch diese unterstützt. Um eine hohe Sicherheit der Daten in den Archiven zu gewährleisten, werden im Folgenden die Vorschläge der Finanzverwaltung Schritt für Schritt durchlaufen.

Zunächst wird gefordert, dass ein **Zugangs- und Zugriffsberechtigungskonzept** vorliegt. Hierunter fallen zum einen die Nutzer des Systems und ihre Berechtigungen.

> **Konkrete Fragestellungen:**
> a) Welche Zugriffsrechte bestehen bei den einzelnen DV-Systemen?
> b) Gibt es bestimmte Nutzer, die über bestimmte Sonderberechtigungen in einem der DV-Systeme verfügen?
> c) Sind die Accounts der User durch Passwörter geschützt?
> d) Sind bestimmte Bereiche oder Funktionen des DV-Systems nur bestimmten Nutzern vorbehalten? Wenn ja, welchen Usern?

159 BMF-Schreiben vom 11.03.2024 – IV D 2-S 0316/21/10001:002, FMNR2024/0184201, Rz. 100.

e) Bestehen sonstige Sicherheitsmaßnahmen, mit welchen garantiert wird, dass keine fremden Nutzer auf das System zugreifen können?
f) Wird das Zugangs- und Berechtigungskonzept regelmäßig überprüft? Wenn ja, durch wen?
g) Mit welchen Geräten wird auf die DV-Systeme zugegriffen? (Laptops, PCs, Smartphones …)
h) Wie sind diese Geräte gesichert?
i) …

Neben dem digitalen Zugang sollten auch die physischen Maßnahmen zur Sicherung der DV-Systeme beschrieben werden.

Konkrete Fragestellungen:

a) Werden die DV-Systeme auf eigener Hardware gehostet?
b) Wenn (a) zutrifft: Ist der Speicherort gegen Feuer- und Wasserschäden gesichert? (Hiermit ist keine Versicherung gemeint, sondern Sprinkleranlage, Feuerlöscher etc.)
c) Wenn (a) zutrifft: Ist der Speicherort verschlossen?
d) Wenn (a) zutrifft: Wie ist der physische Zugriff möglich?
e) Wenn (a) zutrifft: Ist der Speicherort mit sonstigen Maßnahmen gegen das Eindringen Unbefugter gesichert?

PRAXISTIPP:

Wenn die GoBD sehr streng ausgelegt werden, folgt hieraus, dass auch DV-Systeme, die von externen Anbietern bereitgestellt werden, entsprechend beschrieben werden müssen. Da hier zentrale Buchhaltungsdaten gespeichert sind, müssten die Sicherungsmaßnahmen dieser Anbieter also auch beschrieben werden. Hierdurch würde ein immenser Aufwand entstehen, weswegen anzunehmen ist, dass eine Beschreibung der eigenen Maßnahmen genügt. Die Sicherungsvorrichtungen eines Rechenzentrums, wie beispielsweise der DATEV, noch mit aufzunehmen, würde zu einer unübersichtlichen Verfahrensdokumentation führen.

Das vorgeschlagene Konzept der **Funktionstrennung** bezieht sich eher auf die innerbetrieblichen Prozesse. Im Kontext der Archive lässt sich dieser Bereich allerdings ebenfalls nutzen, da verschiedene Systeme oder Nutzer innerhalb eines DV-Systems miteinander kooperieren.

Konkrete Fragestellungen:

a) Wird für die Löschung einer Datei in den einzelnen DV-Systemen gegebenenfalls die Freigabe eines Administrators benötigt?
b) Werden Back-ups der jeweiligen DV-Systeme vorgehalten?
c) Wenn (b) zutrifft: Werden diese Back-ups an verschiedenen Orten aufbewahrt?
d) …

Moderne DV-Systeme bieten häufig zahlreiche Funktionen an, über welche **Erfassungskontrollen** sichergestellt werden. Die Finanzverwaltung interessiert sich hier speziell für Hinweise auf Fehler und Plausibilitätsprüfungen.[160]

Konkrete Fragestellungen:

a) Werden durch die einzelnen DV-Systeme Fehlermeldungen bei der Verarbeitung buchhaltungsrelevanter Daten ausgegeben? Wenn ja, wovor schützen diese Warnungen?
b) Erkennen die Archive gegebenenfalls fehlende, falsche Buchhaltungsdaten? (Plausibilitätsprüfungen)
c) Wenn (b) zutrifft: Wie sehen die Fehlermeldungen hier aus? Was wird angezeigt?
d) Bestehen DV-Systeme, welche die korrekte Vergabe von Belegnummern sicherstellen?
e) Wird durch eines der DV-Systeme der Steuersatz überprüft?
f) ...

PRAXISTIPP:

Zahlreiche der hier geforderten Informationen ergeben sich auch aus der Anwenderdokumentation der eingesetzten DV-Systeme. Diese ist nicht durch das Unternehmen, sondern den Systemanbieter bereitzustellen.[161] Da allerdings in der Praxis nicht vorhergesehen werden kann, wie ausführlich der Systemanbieter die Funktionen beschreibt, bietet es sich an, bei den wichtigsten DV-Systemen verschiedene Erfassungskontrollen im internen Kontrollsystem zu ergänzen.

Neben den Erfassungskontrollen werden gegebenenfalls noch **Abstimmungskontrollen bei der Dateneingabe** durchgeführt. Diese können sowohl maschinell als auch durch Menschen stattfinden.

Konkrete Fragestellungen:

a) Verfügt eines der DV-Systeme über eine Schnittstelle, mit der Daten aus anderen DV-Systemen synchronisiert werden?
b) Werden in DV-Systemen gespeicherte Belege und sonstige Buchhaltungsdaten miteinander in einem automatisierten Verfahren abgeglichen, um die Dateneingabe zu unterstützen?
c) Bestehen Kontrollmechanismen, welche die Dateneingabe in einem DV-System unterstützen?
d) Wenn (c) zutrifft: Sind hierbei weitere Personen involviert? (Vieraugenprinzip)

160 BMF-Schreiben vom 11.03.2024 – IV D 2-S 0316/21/10001:002, FMNR2024/0184201, Rz. 100.
161 Teutemacher, Praxis-GoBD, 2020,109.

e) Sind gegebenenfalls künstliche Intelligenzen im Einsatz, welche die Abstimmung bei der Dateneingabe unterstützen?
f) …

PRAXISTIPP:

Viele Abstimmungsarbeiten, die momentan noch durch Personen durchgeführt werden, können in der Zukunft durch künstliche Intelligenz durchgeführt werden. Über den stetigen technologischen Wandel werden sich auch die hier beschriebenen Inhalte entwickeln. Dies verdeutlicht die Sinnhaftigkeit und Bedeutung der Verfahrensdokumentation.

Um nachzuweisen, dass Buchhaltungsdaten durch DV-Systeme korrekt aufgenommen werden können, sind auch **Verarbeitungskontrollen** zu dokumentieren.

Konkrete Fragestellungen:

a) Können aus den genutzten DV-Systemen Protokolle zur Verarbeitung der Buchhaltungsdaten ausgegeben werden?
b) Werden in eines der DV-Systeme gegebenenfalls Geschäftsvorfälle oder Buchungen eingespielt?
c) Wenn (b) zutrifft: Gibt es eine Meldung darüber, ob die Verarbeitung erfolgreich war?
d) Wenn (c) zutrifft: Wird zu jedem einzelnen Buchungssatz angezeigt, ob die Verarbeitung erfolgreich war?
e) …

PRAXISTIPP:

Die hier dargestellten Kontrollen laufen im Hintergrund ab und können daher nicht unbedingt von Anwendern nachvollzogen oder erklärt werden. Hier wird also der Bereich der technischen Systemdokumentation relevant. Wenn Systemanbieter spezifische Verarbeitungskontrollen und deren Funktionsweise beschreiben, ist es sinnvoll, diese über das Anhängen des entsprechenden Dokuments hinaus in einem internen Kontrollsystem zu erklären.

Die in den DV-Systemen gespeicherten Daten stellen die Grundlage für die Buchhaltung, Steuern und sonstige finanzielle Anwendungsbereiche dar. Dementsprechend müssen noch **Schutzmaßnahmen gegen die beabsichtigte und unbeabsichtigte Verfälschung von Programmen, Daten und Dokumenten** beschrieben werden.

Konkrete Fragestellungen:

a) Werden bei verschiedenen DV-Systemen regelmäßig Back-ups beziehungsweise Datensicherungen durchgeführt?

b) Wenn (a) zutrifft: In welchem Turnus, durch wen, auf welcher Hardware?
c) Werden Daten in Clouds gespeichert?
d) Wenn (c) zutrifft: Ist bekannt, wie diese Clouds geschützt sind?
e) Werden in den DV-Systemen die alten Stände aller Daten aufbewahrt, sodass sämtliche Änderungen nachvollziehbar sind?
f) Wenn (e) zutrifft: Ist erkennbar, welcher User zu welchem Zeitpunkt welche Änderungen durchgeführt hat?
g) Sind bei einigen DV-Systemen bestimmte Daten nicht änderbar? Wenn ja, welche Daten und DV-Systeme betrifft das?
h) Werden Mitarbeiter im Hinblick auf Datensicherheit geschult?
i) Müssen Änderungen oder Löschen von Dateien noch durch einen Administrator freigegeben werden? (Vieraugenprinzip)
j) …

PRAXISTIPP:

Weitere Anregungen für Möglichkeiten, Archive zu schützen, finden sich beispielsweise in den Empfehlungen des Konzepts **Dokumentenmanagement und elektronische Archivierung im IT-gestützten Geschäftsgang** (kurz: DOMEA).

10.4 Zugriffsrechte

Teil eines Sicherheitskonzepts eines digitalen Systems besteht darin, die Zugriffsrechte zu dokumentieren. Die Ausgestaltung von Zugriffsrechten kann im Fließtext beschrieben werden. Alternativ können allerdings auch Konzepte aus der Informatik genutzt werden: Datenbanksprachen wie die Structured Query Language (SQL) unterscheiden beim Zugriff auf Daten zwischen vier grundlegenden Operationen. Diese sind nach dem **CRUD**-Konzept aufgeteilt:[162]

- **Create:** User mit diesem Recht können neue Daten anlegen.
- **Read:** Wer über dieses Recht verfügt, kann Daten einsehen.
- **Update:** Daten lassen sich gegebenenfalls verändern.
- **Delete:** Hiermit können Daten gelöscht werden.

Konkrete Fragestellungen:

a) Wer verfügt über welche Zugriffsrechte auf das Hauptsystem?
b) Gibt es bestimmte Gründe, warum die Zugriffsrechte entsprechend vergeben wurden?
c) Besteht gegebenenfalls auch ein Kassensystem? Wenn ja, wie ist der Zugriff hierauf geregelt?

162 Biermann, CRUD, https://mindsquare.de/knowhow/crud/, Zugriff am 25.02.2024.

d) Bestehen weitere relevante DV-Systeme, deren Zugriffsrechte gesondert zu beschreiben sind?

e) …

Das CRUD-Konzept wirkt auf technisch weniger versierte Personen möglicherweise zunächst weit entfernt von der alltäglichen Nutzung eines DV-Systems. Anbei eine mögliche Umsetzung entlang des Beispielunternehmens [Muster-Gastro GmbH] für die Nutzung des CRUD-Modells bei der Darstellung des Hauptarchivs DATEV.

- **Daniela Meister**
  Create: [Ja] Read: [Ja] Update: [Nein] Delete: [Nein]
  Beschreibung: Als Geschäftsführerin hat Frau Meister Zugriff auf DATEV, um gegebenenfalls die Buchhaltung einzusehen. Auf bestehende Daten kann sie allerdings keinen Einfluss nehmen.
- **Elias Petridis**
  Create: [Ja] Read: [Ja] Update: [Ja] Delete: [Nein]
  Beschreibung: Herr Petridis hat als Hauptverantwortlicher die gleichen Rechte wie Frau Meister. Darüber hinaus hat er allerdings auch das Recht, Dateien mit neuen Versionen auszutauschen, wobei vorhergehende Versionen im System gespeichert bleiben.
- **Susann Fischer**
  Create: [Nein] Read: [Nein] Update: [Nein] Delete: [Nein]
  Beschreibung: Frau Fischer ist aufgrund ihrer Funktion als Betriebsleitung in das operative Geschäft eingebunden und hat dementsprechend keinen Zugriff auf DATEV. Sie wendet sich gegebenenfalls an Herrn Petridis oder Frau Meister.
- **Elif Yildiz**
  Create: [Ja] Read: [Ja] Update: [Ja] Delete: [Ja]
  Beschreibung: Als Steuerberaterin verfügt Frau Yildiz über einen vollständigen DATEV-Zugriff.
- **Beate Müller**
  Create: [Ja] Read: [Ja] Update: [Ja] Delete: [Ja]
  Beschreibung: Frau Müller verfügt wie Frau Yildiz über vollumfängliche Zugriffsrechte auf DATEV, um die Buchhaltung für [Muster-Gastro GmbH] nacharbeiten zu können.

In der folgenden Abbildung werden die Zugriffsmöglichkeiten noch visualisiert. Dies kann auch so in einer Verfahrensdokumentation erfolgen.

	CREATE	READ	UPDATE	DELETE
Daniela Meister	✓	✓	✕	✕
Elias Petridis	✓	✓	✓	✕
Susanne Fischer	✕	✕	✕	✕
Elif Yildiz	✓	✓	✓	✓
Beate Müller	✓	✓	✓	✓

Abb. 30: Darstellung der Zugriffsrechte mit CRUD

PRAXISTIPP:

Das CRUD-Konzept reicht in der Regel nicht aus, um ein komplexeres Zugriffskonzept zu beschreiben. Hier haben Nutzer gegebenenfalls auf bestimmte Bereiche Leserechte (READ), auf andere wiederum nicht. Es können auch sehr eingeschränkte Schreibrechte (UPDATE) bei bestimmten Dateien vergeben oder an anderen Stellen Ausnahmen erlaubt werden, sodass durch die Person auch bestimmte Dateien hochgeladen werden können (CREATE). Je detaillierter beschrieben wird, desto früher ist es empfehlenswert, auf einen textlichen Ansatz zu wechseln.

10.5 Datenzugriff der Finanzverwaltung

Die Finanzverwaltung hat das Recht, auf die Buchhaltungsdaten zuzugreifen. Laut den GoBD betrifft dies *»insbesondere die Daten der Finanzbuchhaltung, der Anlagenbuchhaltung, der Lohnbuchhaltung und aller Vor- und Nebensysteme, die aufzeichnungs- und aufbewahrungspflichtige Unterlagen enthalten«*.[163]

Für den Datenzugriff bestehen drei verschiedene Möglichkeiten:

- **Unmittelbarer Datenzugriff (Z1):** Hier greift die Finanzverwaltung direkt auf das DV-System zu und kann sich die Buchhaltungsdaten mit einem ausschließlichen Lese-Zugriff in der Software ansehen. Bei dieser Art des Zugriffs besteht der Vorteil, dass die innerhalb des Systems verfügbaren Funktionen zur Analyse der Buchhaltung genutzt werden können.[164]

163 BMF-Schreiben vom 11.03.2024 – IV D 2-S 0316/21/10001:002, FMNR2024/0184201, Rz. 159.
164 BMF-Schreiben vom 11.03.2024 – IV D 2-S 0316/21/10001:002, FMNR2024/0184201, Rz. 165.

- **Mittelbarer Datenzugriff (Z2):** Hier muss das Unternehmen selbst oder eine vom Betriebsprüfer festgelegte Person die Daten maschinell auswerten.[165]
- **Datenüberlassung (Z3):** Hier wird ein Export der Buchhaltungsdaten aus dem System erstellt. Dieser wird dem Finanzamt anschließend auf einem Datenträger bereitgestellt.[166]

Nicht bei jedem DV-System sind alle Zugriffsarten möglich oder praktikabel. Es ist daher hilfreich, in einer Verfahrensdokumentation anzugeben, welche Optionen für ein jeweiliges System bestehen. Folgendermaßen kann dieser Teil in einer Verfahrensdokumentation beschrieben werden:

- **DATEV (Z1, Z2, Z3):** *Im Hauptarchiv bestehen alle Zugriffsmöglichkeiten.*
- **easybill (Z3):** *Aus dem Rechnungsprogramm werden sämtliche Rechnungen als PDFs heruntergeladen und auf einem USB-Stick bereitgestellt.*
- **Orderbird Gastro-Kasse (Z1, Z2, Z3):** *Bei der Kasse bestehen alle Zugriffsmöglichkeiten.*

PRAXISTIPP:

Es ist nicht notwendig, dass die Finanzbehörde auf alle Bereiche der eingesetzten DV-Systeme Zugriff hat. Betroffen sind ausschließlich »originär digitale« und »steuerrelevante« Dateien.[167]

10.6 Aufbewahrung im Ausland

Die GoBD thematisieren auch am Rande die Verlagerung der Buchführung ins Ausland. Diese Möglichkeit beruht auf der Regelung aus § 146 Absatz 2a AO, welche besagt, dass *»Steuerpflichtige elektronische Bücher und sonstige erforderliche elektronische Aufzeichnungen oder Teile davon in einem anderen Mitgliedstaat oder in mehreren Mitgliedstaaten der Europäischen Union führen und aufbewahren [können].«*[168]

Sollte dieser Fall in einem Unternehmen relevant sein, ist es empfehlenswert, den Sachverhalt auch in der Verfahrensdokumentation anzugeben.

---

165 BMF-Schreiben vom 11.03.2024 – IV D 2-S 0316/21/10001:002, FMNR2024/0184201, Rz. 166.

166 BMF-Schreiben vom 11.03.2024 – IV D 2-S 0316/21/10001:002, FMNR2024/0184201, Rz. 167.

167 Bitkom, Leitfaden zum elektronischen Datenzugriff der Finanzverwaltung, https://www.bitkom.org/Bitkom/Publikationen/Leitfaden-zum-elektronischen-Datenzugriff-der-Finanzverwaltung.html, abgerufen am 24.02.2024.

168 § 146 Absatz 2a AO.

PRAXISTIPP:

Vielen Unternehmern ist nicht klar, dass sie die Verlagerung der Buchführung ins Ausland bei der Finanzbehörde beantragen müssen.[169] Der hierzu nötige Antrag[170] sowie die Genehmigung des Finanzamts können den mitgeltenden Unterlagen der Verfahrensdokumentation angehängt werden.

169 Mandant im Blickpunkt, Verlagerung der Buchführung ins Ausland: An die Zustimmung des Finanzamts denken!, https://www.iww.de/mbp/experten-berichten-aus-der-praxis/der-praktische-fall-verlagerung-der-buchfuehrung-ins-ausland-an-die-zustimmung-des-finanzamts-denken-f114017, Zugriff am 24.02.2024.

170 Bitkom, Musterantrag gem. § 146 Abs. 2a AO, https://www.bitkom.org/sites/default/files/2019-06/2016-03-22_antrag_speicherung_daten_im_ausland.pdf, Zugriff am 24.02.2024.

11 Musterfall: Posteingang

Hinweis:

Die im Folgenden dargestellten Konzepte sind Anregungen zur Umsetzung. Es handelt sich nicht um rechtlich verbindliche Aussagen.

Der Posteingang ist ein Prozess, der in den in Kapitel 5.1 besprochenen Muster-Verfahrensdokumentationen immer wieder als Teilaspekt der ersetzenden bildhaften Verarbeitung oder auch der Belegablage und Archivierung beschrieben wird. Es ist nachvollziehbar, dass der Prozess bei diesen Verfahren integriert werden kann, da der Posteingang ihnen vorausgeht. Dem Prinzip der Trennung einzelner Prozesse folgend (siehe Kapitel 5.2) wird der Prozess hier allerdings gesondert behandelt.

Da sich die GoBD zum Posteingang nicht äußern, sondern diesen nur kurz im Kontext der bildhaften Verarbeitung erwähnen,[171] wird dieser Bereich entsprechend wenig ausführlich sein. Es ist anzumerken, dass hier der Eingang von papierhaften Briefen und nicht der digitale Empfang von E-Mails besprochen wird.

Um vorweg gleich darzustellen, dass der Posteingang nach bestimmten Regeln abläuft, ist es notwendig, die Zuständigkeit und Häufigkeit zu erläutern.

Konkrete Fragestellungen:

a) Wer ist verantwortlich für den Posteingang?
b) Gibt es gegebenenfalls eine separate Abteilung, die sich um den Posteingang kümmert?
c) In welchem Turnus wird der Posteingang durchgeführt? *(Täglich, wöchentlich. individuell?)*
d) …

Auch außerhalb des Prozesses müssen die Belege vor dem Zugriff Unbefugter geschützt werden.

Konkrete Fragestellungen:

a) Wird der Briefkasten abgeschlossen?
b) Wenn (a) zutrifft: Wer hat Zugriff auf den Briefkasten?
c) Wenn (a) nicht zutrifft (kein Abschließen): Wird anderweitig dafür gesorgt, dass unbefugte Personen nicht an die eingegangene Post gelangen können?
d) Ist der Briefkasten nur innerhalb des Gebäudes zugänglich? *(Wenn ja, ist das eine weitere Sicherungsmaßnahme)*
e) …

171 BMF-Schreiben vom 11.03.2024 – IV D 2-S 0316/21/10001:002, FMNR2024/0184201, Rz. 136.

Anbei ein exemplarisches internes Kontrollsystem des besprochenen Bereichs:

Risiko »Zugriff Unbefugter«

- **Beschreibung:** Nicht-autorisierte Personen erlangen Zugriff zu eingegangener Post.
- **Relevanz bezüglich GoBD:** Vollständigkeit, Vertraulichkeit, Richtigkeit, Integrität
- **Bewertung (Netto):**
  Eintrittswahrscheinlichkeit: Niedrig
  Schadensschwere: Hoch
- **Maßnahmen:**
  - **Maßnahme #1:** Der Briefkasten ist mit einem Schloss gesichert, wodurch unbefugte Personen keinen Zugriff auf die enthaltene Post haben.
  - **Maßnahme #2:** Der Briefkasten ist mit einem Schlitz für die Post ausgestattet, der direkt in das Gebäude führt. So können Unbefugte von außen nicht an die Post gelangen.
  - **Maßnahme #3:** Lediglich [Elias Petridis] und [Daniela Meister] haben Zugriff auf den Briefkasten.

Gerade wenn Unternehmen komplexere Strukturen haben, ist die eingegangene Post gegebenenfalls vorzusortieren.

> **Konkrete Fragestellungen:**
> a) Wird die Post vorsortiert?
> b) Wenn (a) zutrifft: Nach welchen Kriterien wird die Post vorsortiert?
> c) Erfolgt darüber hinaus eine Überprüfung, ob die Post geöffnet werden darf?
> d) Wenn (c) zutrifft: Welche Arten von Briefen beziehungsweise Paketen dürfen nicht geöffnet werden?
> e) …

Anbei ein exemplarisches internes Kontrollsystem des besprochenen Bereichs:

Risiko »Fehlerhafte Weiterleitung«

- **Beschreibung:** Die Post wird an die falsche Stelle, Abteilung, Person, Abteilung etc. weitergeleitet.
- **Relevanz bezüglich GoBD:** Vertraulichkeit, Ordnung, Zeitgerechte Belegsicherung, Zeitgerechte Buchung und Aufzeichnung
- **Bewertung (Netto):**
  Eintrittswahrscheinlichkeit: Niedrig
  Schadensschwere: Niedrig
- **Kontrollen:**
  - **Kontrolle #1:** Es wird durch [Elias Petridis] überprüft, ob auf der Oberfläche der betroffenen Briefe die Worte »Vertraulich« oder »nur direkt an« stehen. In diesen Fällen werden die Briefe nicht geöffnet, sondern direkt weitergeleitet.

- **Maßnahmen:**
  - **Maßnahme #1:** [Elias Petridis] sortiert die erhaltene Post in die Kategorien Restaurant und Buchführung ein. Die Buchführungsbriefe gehen direkt an ihn, die Restaurantbriefe werden an [Daniela Meister] weitergegeben. Sollten bei einem Brief Unklarheiten bestehen, geht dieser ebenfalls an [Daniela Meister].

Üblicherweise finden in Betrieben auch nach dem Öffnen der Post verschiedene Kontrollschritte statt.

> **Konkrete Fragestellungen:**
> a) Wird geprüft, ob die Anlagen vollständig vorhanden sind?
> b) Wird sichergestellt, dass die Frist noch gültig ist?
> c) Wird die Post mit einem Eingangsstempel versehen?
> d) …

Anbei ein exemplarisches internes Kontrollsystem des besprochenen Bereichs:

Risiko »Unvollständige Post«

- **Beschreibung:** Verschiedene Teile der Post fehlen, beispielsweise Anlagen, Seiten ...
- **Relevanz bezüglich GoBD:** Vollständigkeit, Richtigkeit, Integrität, Ordnung, Nachvollziehbarkeit
- **Bewertung (Netto):**
  Eintrittswahrscheinlichkeit: Mittel
  Schadensschwere: Hoch
- **Kontrollen:**
  - **Kontrolle #1:** [Elias Petridis] überprüft nach dem Öffnen eines Briefs explizit auf Vollständigkeit der genannten Anlagen. Wenn dies nicht gegeben ist, wird hierzu mit dem Absender Rücksprache gehalten.
  - **Kontrolle #2:** Jeder Brief wird durch [Elias Petridis] nach dem Öffnen umgedreht und geschüttelt. Hierdurch wird sichergestellt, dass tatsächlich alle Inhalte identifiziert wurden.

Risiko »Versäumnis von Frist«

- **Beschreibung:** Fristen, welche innerhalb der Post spezifiziert sind, werden versäumt.
- **Relevanz bezüglich GoBD:** Zeitgerechte Buchung und Aufzeichnung
- **Bewertung (Netto):**
  Eintrittswahrscheinlichkeit: Mittel
  Schadensschwere: Niedrig
- **Kontrollen:**
  - **Kontrolle #1:** Nach Öffnen der Post wird sofort durch [Elias Petridis] und [Daniela Meister] geprüft, ob bezüglich des Schreibens bestimmte Fristen bestehen.

- **Maßnahmen:**
  - **Maßnahme #1:** Die Fristen sämtlicher Schreiben werden durch [Elias Petridis] und [Daniela Meister] in Excel dokumentiert. Einmal pro Woche wird durch [Daniela Meister] überprüft, ob die hier gesammelten Fristen noch gültig sind.

Anbei ein Beispiel, wie sich diese Kontrollen mit BPMN darstellen lassen.

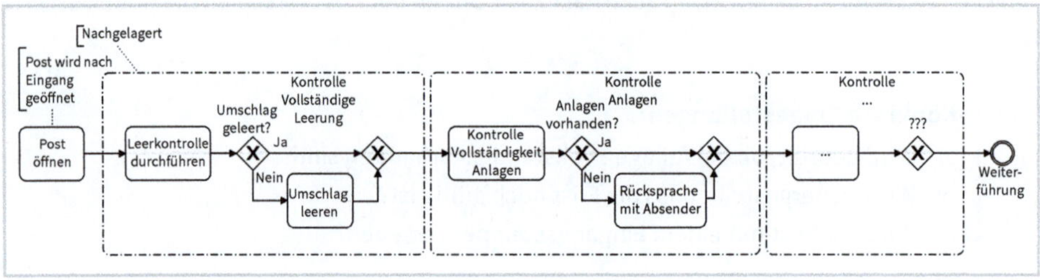

Abb. 31: BPMN: Mögliche Kontrollen nach dem Öffnen der Post

Die dem Scannen zugrunde gelegte TR-RESISCAN schlägt noch weitere Kontrollschritte für den Posteingang vor.[172]

> **Konkrete Fragestellungen:**
> a) Wird überprüft, ob es sich um ein manipuliertes Dokument handelt?
> b) Wird überprüft, ob es sich um eine Kopie oder ein Original handelt?
> c) Wird das Papierdokument einer bestimmten Dokumentenklasse zugeordnet? *(Vorsortierung)*
> d) …

Nachdem die Post geöffnet und kontrolliert wurde, sollte diese idealerweise direkt weiterverarbeitet werden.

> **Konkrete Fragestellungen:**
> a) Wird die Post anschließend direkt gescannt?
> b) Wird die Post anschließend verteilt? Wie findet die Verteilung statt?
> c) …

172 Bundesamt für Sicherheit in der Informationstechnik, BSI Technische Richtlinie 03138 Ersetzendes Scannen, 2021, 19.

Anbei ein exemplarisches internes Kontrollsystem des besprochenen Bereichs:

Risiko »Untergang des physischen Dokuments«

- **Beschreibung:** Fristen, welche innerhalb der Post spezifiziert sind, werden versäumt.
- **Relevanz bezüglich GoBD:** Authentizität, Verfügbarkeit, Vollständigkeit, Richtigkeit, Unveränderbarkeit, Einzelaufzeichnungspflicht, Integrität, Zeitgerechte Belegsicherung, Nachvollziehbarkeit
- **Bewertung (Netto):**
  Eintrittswahrscheinlichkeit: Niedrig
  Schadensschwere: Hoch
- **Maßnahmen:**
  - **Maßnahme #1:** Die Post wird direkt nach dem Öffnen durch [Elias Petridis] gescannt. Durch die möglichst zeitnahe Digitalisierung wird einem möglichen Verlust der Unterlagen entgegengewirkt.

Die hier dargestellten Beschreibungen des Posteingangs sind Ergebnisse aus der Befragung zahlreicher Unternehmen. Sie sollen als Anregungen für die Beschreibung individueller Posteingangsprozesse genutzt werden und Möglichkeiten aufzeigen, wie diese gesichert werden können.

12 Exkurs: Identifikation relevanter Verfahren

Hinweis:

Die im Folgenden dargestellten Konzepte stellen Anregungen zur Umsetzung dar. Es handelt sich nicht um rechtlich verbindliche Aussagen.

Die hier dargestellten Prozesse stellen eine gute Richtlinie für die Inhalte einer gängigen Verfahrensdokumentation dar. »Ersetzende bildhafte Verarbeitung« (siehe Kapitel 9) sowie »Belegablage und Archivierung« (siehe Kapitel 10) sind, sofern sie das jeweilige Unternehmen betreffen, verpflichtend. Für die Identifikation weiterer relevanter Inhalte kann, wie bereits an anderen Stellen, auch hier wieder auf Rz. 151 der GoBD Bezug genommen werden:

- *»Der Umfang der im Einzelfall erforderlichen Dokumentation wird dadurch bestimmt, was zum Verständnis des DV-Verfahrens, der Bücher und Aufzeichnungen sowie der aufbewahrten Unterlagen notwendig ist.«*[173]
- *»Die konkrete Ausgestaltung der Verfahrensdokumentation ist abhängig von der Komplexität und Diversifikation der Geschäftstätigkeit und der Organisationsstruktur sowie des eingesetzten DV-Systems.«*[174]

Die Frage, welche Verfahren, Prozesse, DV-Systeme etc. in einer Verfahrensdokumentation über die oben beschriebenen Hauptthemen hinaus zu beschreiben sind, lässt sich nicht klarer beantworten als über diese Anweisung. Da jedes Unternehmen individuelle Vorgehensweisen hat, muss gegebenenfalls in Gruppengesprächen erarbeitet werden, was relevant ist und was nicht.

Als Anregung, welche Verfahren bereits in der Praxis in solchen Gesprächen erarbeitet wurden, findet sich nachfolgend eine Auflistung, nach dem jeweiligen Themengebiet sortiert:

- **E-Commerce:** In dieser Branche fallen buchhalterisch komplexe Problemstellungen an, weswegen die Anzahl der Verfahren hier auch schnell anwachsen kann. Beispiele aus der Praxis:
  - **Verkauf im eigenen Online-Shop:** Auch Unternehmen, welche nicht im E-Commerce ihr Hauptgeschäft haben, verkaufen eventuell in einem eigenen Online-Shop.
  - **Verkauf auf Online-Shops von Drittanbietern:** Wenn auch noch auf anderen Verkaufsplattformen verkauft wird, sind gegebenenfalls die hier genutzten Prozesse zu beschreiben.
  - **Weiterverarbeitung der Exporte einzelner Verkaufsplattformen:** Gegebenenfalls verkaufen Unternehmen auf verschiedenen Verkaufsplattformen. Die Berichte der einzelnen Plattformen müssen in der Regel für die Buchhaltung aufbereitet werden. Je mehr Plattformen im Einsatz sind, desto umfangreicher wird der Bericht ausfallen.

173 BMF-Schreiben vom 11.03.2024 – IV D 2-S 0316/21/10001:002, FMNR2024/0184201, Rz. 151.
174 BMF-Schreiben vom 11.03.2024 – IV D 2-S 0316/21/10001:002, FMNR2024/0184201, Rz. 151.

  - **Einkauf:** Nicht nur der Verkauf, sondern auch der Einkauf von Waren beeinflusst die Buchhaltung.
  - **Lagermanagement:** Wenn Waren selbst gelagert werden, sind die Vorgehensweisen bei der Verwaltung relevant.
- **Buchhalterische Unterstützung:** In manchen Betrieben ist die Buchhaltung in zahlreiche operative Prozesse eingebunden, um sicherzustellen, dass diese durch die dort arbeitenden Mitarbeiter konform durchgeführt werden. Beispiele aus der Praxis:
  - **Unterstützung bei Angebotserstellung:** Der Vertrieb wird gegebenenfalls an bestimmten Stellen unterstützt, sodass sichergestellt ist, dass die Informationen für die Buchhaltung korrekt eingehen.
  - **Unterstützung bei Projektabschluss:** Auch bei Beenden eines Projekts finden vonseiten der Buchhaltung noch Freigaben und Kontrollen statt.
- **Operatives Geschäft:** Obwohl die Aktivitäten, die mit dem Betriebszweck in Zusammenhang stehen, grundsätzlich nicht relevant für die Verfahrensdokumentation sind, kann es Gründe geben, weshalb Prozesse in Teilen trotzdem beschrieben werden sollen. Beispiele aus der Praxis:
  - **Zeiterfassung:** Wenn die Verfahren zur Zeiterfassung mit den operativen Tätigkeiten verknüpft sind, sollten diese im Kontext des Verfahrens beschrieben werden.
  - **Abrechnung:** Die Regelungen zur Abrechnung können gegebenenfalls relevant sein.
  - **Fahrtenbuch:** Wenn die Führung des Fahrtenbuchs in elektronischer Form erfolgt, ist es empfehlenswert dies ebenfalls darzustellen.
- **Gastronomie:** Gastronomien verfügen teils über komplexe Verfahren, die gegebenenfalls nicht mit der Dokumentation der Kassenvorgänge ausreichend beschrieben sind. Hier können auch einige andere Themen relevant werden. Beispiele aus der Praxis:
  - **Aufstockung des Barbestands:** Das Nachholen von Kleingeld kann mit seinen Zuständigkeiten und Schutzmechanismen beschrieben werden.
  - **Kassensturz:** Der Ablauf der Feststellung von Soll- und Ist-Bestand der Kasse

PRAXISTIPP:

Die Identifikation weiterer relevanter Verfahren geschieht häufig automatisch während der Erarbeitung der offensichtlicheren Bereiche. Gerade extrovertierte Verantwortliche erwähnen regelmäßig weitere Prozesse, welche mit ihrer Tätigkeit in Zusammenhang stehen. Durch Offenheit und ausreichend Zeit können die relevanten Inhalte herausgearbeitet werden.

Teil V: Praxistipps und Erfahrungswerte

13 Praxistipps und Erfahrungswerte in der Beratung

13.1 Beratung und Begleitung von Mandanten: Vorteile der Verfahrensdokumentation

In der Steuerberatungspraxis und im Steuerberatungsalltag spielte die Verfahrensdokumentation in den letzten Jahren zunächst keine wesentliche Rolle. Wie in Kapitel 1 beschrieben, führten die rechtlichen Unklarheiten und später die Corona-Pandemie dazu, dass das Thema in den Hintergrund geriet. Das wird sich in den kommenden Jahren ändern, da die Digitalisierung weiter fortschreitet und die eingesetzten Technologien komplexer werden (beispielsweise KI, Quantencomputer, Blockchain). Spätestens mit der Einführung der E-Rechnungspflicht in den kommenden Jahren wird die Prüfbarkeit der Buchhaltung mehr denn je eine saubere, vollständige und transparente Verfahrensdokumentation erfordern.

Es ist davon auszugehen, dass die Verfahrensdokumentation in Zukunft eine zentrale Rolle spielen muss, die über die Erfüllung gesetzlicher Vorgaben hinausgeht. Es wird zunehmend klar, dass die umfassende Dokumentation von Geschäftsprozessen im digitalen Zeitalter für Unternehmen von großer Bedeutung ist. Im Folgenden werden die Gründe betrachtet, warum eine ausführliche und aktuelle Verfahrensdokumentation nicht nur eine notwendige Pflicht, sondern auch eine strategische Investition für Unternehmen darstellt.

Sicher ist die Einhaltung der steuerrechtlichen Bestimmungen unabdingbar, um bei Betriebsprüfungen geschützt zu sein und den Nachweis zu erbringen, dass im Unternehmen GoBD-konform gearbeitet wird. Aber welche Argumente gibt es noch, die für die Verfahrensdokumentation sprechen?

Welche Antwort kann man geben, wenn Mandanten fragen: »Wofür brauche ich das? Brauche ich das wirklich?«

→ Vorteile der Verfahrensdokumentation

Regelung und Dokumentation buchhalterischer Prozesse, Optimierungspotenziale nutzen: Eine sauber strukturierte Verfahrensdokumentation ermöglicht nicht nur eine effiziente interne Organisation, sondern trägt auch zur Steigerung der betrieblichen Effizienz bei. Indem Abläufe klar und nachvollziehbar dokumentiert werden, entsteht ein wertvolles Instrument zur Prozessoptimierung und Leistungssteigerung. Unternehmen können so nicht nur die Einhaltung ihrer steuerlichen Verpflichtungen sicherstellen, sondern auch ihre betriebliche Leistungsfähigkeit erhöhen und langfristige Wettbewerbsvorteile sichern. Diese Vorteile der Verfahrensdokumentation wurden im Verlauf des Buches bereits genannt und erläutert.

Papierloses Büro durch sog. Ersetzendes Scannen:
Unternehmen dürfen erhaltene Papierbelege nach dem Scannen vernichten, wenn sie über eine Verfahrensdokumentation verfügen, die den Scan-Prozess detailliert beschreibt und die weiteren hierfür erforderlichen Vorgaben der GoBD eingehalten werden (Rz. 140 ff.). Nähere Ausführungen zur sog. ersetzenden bildhaften Verarbeitung finden sich in Kapitel 9. Die Verfahrensdokumentation dient als belastbares Beweismittel bei Rechtsstreitigkeiten und bewirkt, dass die digitalen Dokumente in ihrer Beweiskraft den Originalen gleichgestellt werden. In der Verfahrensdokumentation müssen die möglichen Gefahren für die Beweiskraft der Scans erkannt und entsprechende Kontrollen und Maßnahmen beschrieben werden. Auch wenn eine Verfahrensdokumentation vorliegt, ist es ratsam, die Originale bis zur nächsten Betriebsprüfung aufzubewahren. Wird die Dokumentation dort akzeptiert, können die Papierbelege vernichtet werden. Durch das papierlose Büro können Effizienzen geschaffen und Kosten für die Archivierung und Lagerung von Papierbelegen eingespart werden.

Zeitersparnis durch Übersicht und Transparenz:
Die übersichtliche Darstellung erleichtert unternehmerische Entscheidungsprozesse. Zudem gibt es bei der Betriebsprüfung Zeitersparnisse, da langwierige Erläuterungen und Recherchen nicht mehr notwendig sind.

Einarbeitung neuer Mitarbeiter:
Die Einarbeitung neuer Mitarbeiter kann effizienter und schneller umgesetzt werden, weil gut dokumentierte Informationsgrundlagen im Unternehmen vorliegen. Neue Mitarbeiter können sich anhand der Verfahrensdokumentation leichter in die firmeninternen Prozesse einfinden. In einer Verfahrensdokumentation ist ihre spezifische Rolle ggf. sogar genau geregelt.

Kommunikation mit Dritten:
Die Verfahrensdokumentation kann auch dazu verwendet werden, gegenüber dritten Parteien (z. B. Banken, Kaufinteressenten oder Investoren) Transparenz über die internen Kontroll- und Buchführungssysteme zu schaffen. Dies stärkt das Vertrauen in die Unternehmensführung und kann zu einem positiven Bild des Unternehmens beitragen. Das Vorliegen einer sorgfältigen Verfahrensdokumentation kann zudem bei der Unternehmensbewertung einen positiven Einfluss haben. Im Rahmen von Due-Diligence-Prüfungen müssen auch die bestehenden buchhalterischen und steuerrechtlichen Risiken einbezogen werden. Die Vorlage der Verfahrensdokumentation erleichtert die Prüfung und hat einen positiven Effekt bei der Risikoeinschätzung der Prüfer.

Beweismittel bei Gerichtsverfahren und mildernde Umstände bei Strafverfahren:
Im Rahmen von Strafverfahren und Gerichtsverfahren kann eine sorgfältig erstellte und aktuell gehaltene Verfahrensdokumentation Schutzwirkung entfalten und Vorteile bringen. Dies gilt unter anderem auch im Hinblick auf § 153 AO und dessen Neufassung. Es kam auch schon vor, dass eine Verfahrensdokumentation als Beweismittel im gerichtlichen Verfahren berücksich-

tigt wurde.[175] Das Vorhandensein einer Verfahrensdokumentation im Unternehmen inklusive der Umsetzung eines wirksamen IKS spricht dafür, dass die Geschäftsführung alle denkbaren Maßnahmen getroffen hat, um eine möglichst hohe Transparenz sicherzustellen und eine fehlerfreie Buchhaltung zu gewährleisten. Das kann in steuerstrafrechtlichen Verfahren hilfreich sein, um gegen den Vorwurf einer vorsätzlichen oder fahrlässigen Steuerverkürzung zu argumentieren.

Risikomanagement und Schutzmechanismen:
Die Verfahrensdokumentation hilft dabei, Risiken zu identifizieren, zu bewerten und zu steuern, indem sie den Fokus auf die Erarbeitung und die Einhaltung interner Kontrollsysteme lenkt. Wie in Kapitel 6.1 bereits erläutert, führen die Erstellung einer Verfahrensdokumentation und die Einführung eines IKS in der Regel zu einem besseren internen Risikomanagement und Risikobewusstsein bei Unternehmensführung und Angestellten. Dies betrifft verschiedene Aspekte wie Datensicherheit, Zugriffsrechte, Datenspeicherung, Notfallplänen, Checklisten, Fehlerquellen, u.v.m. Auf vielen Ebenen wird aktiv möglichen Risiken entgegengewirkt.

175 FG Münster Urteil v. 26.04.2022 – 15 K 538/17 U.

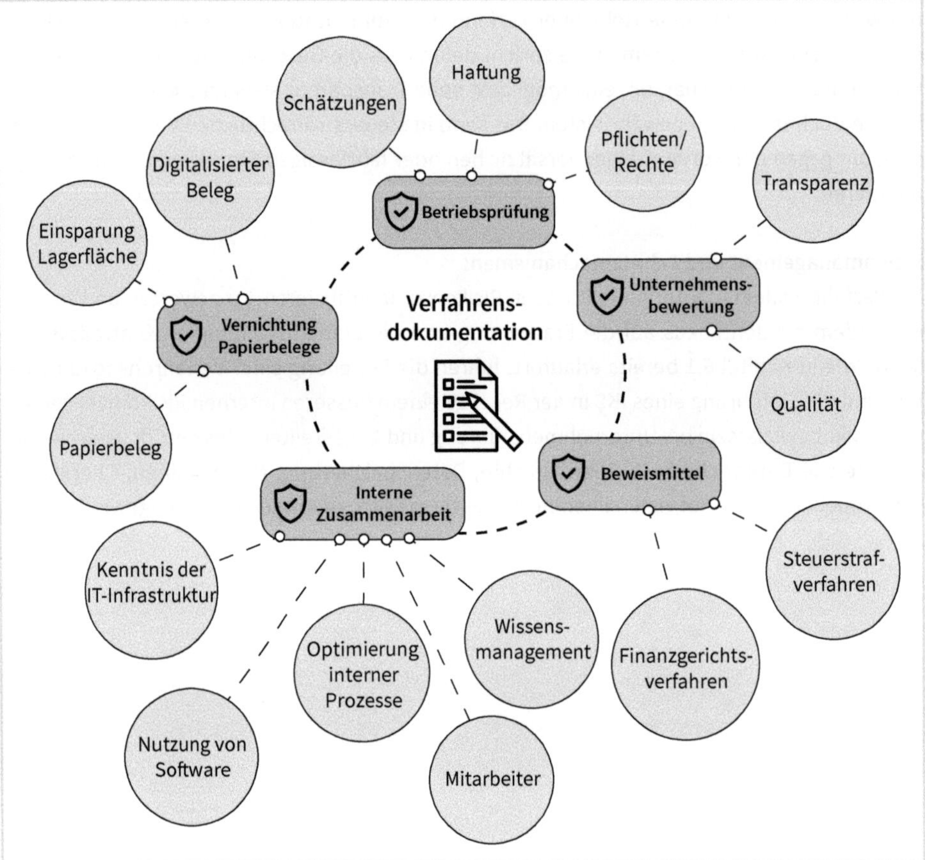

Abb. 32: Vorteile einer Verfahrensdokumentation

Fazit:

Die Verfahrensdokumentation bietet zahlreiche Vorteile, die man Unternehmen nahelegen muss, da sie nicht immer auf den ersten Blick ersichtlich sind.

13.2 Beratung und Begleitung von Mandanten: Häufig gestellte Fragen

Zum Thema Verfahrensdokumentation gibt es neben der Frage nach dem »Warum« noch verschiedene andere Fragen, die regelmäßig von Mandanten gestellt werden. Im Folgenden werden einige der häufig gestellten Fragen beantwortet, um eine Praxishilfe zu bieten.

→ **Häufig gestellte Fragen:**

Wie detailliert muss die Verfahrensdokumentation sein?
Gibt es Richtlinien zur Granularität der Dokumentation oder zur Darstellung der Prozessabläufe?

Das BMF-Schreiben selbst hält sich leider recht vage. Rz. 151 besagt: »*Der Umfang der im Einzelfall erforderlichen Dokumentation wird dadurch bestimmt, was zum Verständnis des DV-Verfahrens, der Bücher und Aufzeichnungen sowie der aufbewahrten Unterlagen notwendig ist. Die Verfahrensdokumentation muss verständlich und damit für einen sachverständigen Dritten in angemessener Zeit nachprüfbar sein. Die konkrete Ausgestaltung der Verfahrensdokumentation ist abhängig von der Komplexität und Diversifikation der Geschäftstätigkeit und der Organisationsstruktur sowie des eingesetzten DV-Systems.*«

Sie muss demnach so detailliert sein, dass ein sachverständiger Dritter die Buchführung innerhalb einer angemessenen Zeit verstehen kann. Das bedeutet, dass alle wesentlichen Prozesse klar und nachvollziehbar dokumentiert sein müssen. Daneben muss das IKS nachvollziehbar dargelegt sein.

Es ist leider eine Ermessens- und Einzelfallentscheidung, was das in der Praxis wirklich bedeutet. Die sinnvollste Empfehlung ist: Lieber etwas mehr und detaillierter dokumentieren als zu wenig. Solange nicht sensible Daten und Firmengeheimnisse preisgegeben werden, die man nicht preisgeben möchte, entsteht für gewöhnlich kein Schaden durch eine detaillierte Verfahrensdokumentation, im Gegenteil. Siehe dazu die Vorteile in Kapitel 13.1.

Wer ist für die Erstellung und Pflege der Verfahrensdokumentation verantwortlich?
Muss das intern erfolgen oder kann es ausgelagert werden? Kann das nur eine Steuerberatung übernehmen?

Die Verantwortung liegt grundsätzlich immer beim Unternehmen, wie bei allen steuerlichen Pflichten. Die Steuerberatung muss auf die Notwendigkeit hinweisen und kann bei der Erstellung unterstützen. Je größer und komplexer das Unternehmen ist, desto wahrscheinlicher wird die Erstellung durch eine Steuerberatung notwendig sein. Wie bei der Erstellung von Jahresabschlüssen und Steuererklärungen, wo man ab einem bestimmten Umfang auf die Expertise von Fachspezialisten angewiesen ist, ist es auch bei der Verfahrensdokumentation sinnvoll, die Steuerberatung zu beauftragen. Wenn es sich nicht gerade um ein sehr kleines Unternehmen handelt und die steuerrechtlichen Kenntnisse im Unternehmen nicht auf professionellem Niveau sind, besteht sonst kaum eine Chance, dass eine ordnungsgemäße Verfahrensdokumentation in Eigenregie erstellt wird.

Wie oft muss die Verfahrensdokumentation aktualisiert werden?
Gibt es bestimmte Fristen oder Ereignisse, die eine Aktualisierung erforderlich machen?

Rz. 154 gibt vor: »*Für den Zeitraum der Aufbewahrungsfrist muss gewährleistet und nachgewiesen sein, dass das in der Dokumentation beschriebene Verfahren dem in der Praxis eingesetzten Verfahren voll entspricht. Dies gilt insbesondere für die eingesetzten Versionen der Programme (Programmidentität).*« Somit muss die Verfahrensdokumentation stets aktuell gehalten werden. Änderungen der Rahmenbedingungen machen eine Aktualisierung erforderlich. Grundsätzlich empfehlenswert ist eine regelmäßige Überprüfung, mindestens einmal jährlich. Viele Steuerberater fordern im Rahmen der Jahresabschlusserstellung eine aktualisierte Fassung bei den Mandanten an und legen sie zu den Jahresabschlussunterlagen ab. Spätestens vor einer Betriebsprüfung sollte immer eine Überprüfung und Aktualisierung erfolgen.

Kann die Verfahrensdokumentation nicht auch erst kurz vor der Betriebsprüfung erstellt werden?
Reicht es nicht sogar, erst eine zu erstellen, wenn die Betriebsprüfung sie anfordert?

Man muss sich hier einfach den Praxisfall vorstellen: Eine Betriebsprüferin prüft im Jahr 2027 die Jahre 2024 bis 2026. Sie findet Unstimmigkeiten in den Buchhaltungsdaten bezüglich der Umsatzsteuerausweise aus dem Jahr 2024 und fordert die entsprechende Verfahrensdokumentation an.

Da die Verfahrensdokumentation den aktuellen Stand der Verfahren und Prozesse im Unternehmen darstellen muss, wird es im Jahr 2027 sehr schwer bis fast unmöglich sein, die Prozesse, Verfahren, Hard- und Software und zuständigen Personen von vor drei Jahren nachträglich zu rekonstruieren. Noch schwerer wird es, ein IKS nachzuweisen, das gegebenenfalls gar nicht vorhanden war. Der Schaden ist zu dem Zeitpunkt schon unabwendbar, denn die Unstimmigkeiten in der Buchführung gepaart mit der fehlenden Verfahrensdokumentation stellen eine nicht ordnungsgemäße Buchhaltung dar. Eine Hinzuschätzung wird wahrscheinlich. Von einer nachträglichen Erstellung ist somit deutlich abzuraten.

Können Muster oder Vorlagen für die Verfahrensdokumentation genutzt werden?
Gibt es Standarddokumente und wie individuell muss die Dokumentation für das jeweilige Unternehmen gestaltet sein?

Muster und Vorlagen können grundsätzlich als Ausgangspunkt dienen, müssen aber individuell an die spezifischen Prozesse des Unternehmens angepasst werden. Vor allem bei größeren Unternehmen ist der erwartete Informationsgehalt der Verfahrensdokumentation deutlich umfangreicher und komplexer als die in Umlauf befindlichen Muster. Bei sehr kleinen Unternehmen kann die Orientierung an den Mustern aber hilfreich sein. Siehe dazu Kapitel 7.

Müssen nicht operativ tätige Unternehmen, wie rein vermögensverwaltende Holdinggesellschaften, eine Verfahrensdokumentation erstellen und vorlegen?
Und wie sieht das z. B. bei deutschen Betriebsstätten ausländischer Unternehmen aus?

Grundsätzlich muss sich jede Entität und jedes Unternehmen, das in Deutschland buchführungspflichtig ist, an die GoBD halten. Dazu gehört auch die Verpflichtung zur Erstellung einer Verfahrensdokumentation. Buchführungspflichtige deutsche Betriebsstätten ausländischer Unternehmen müssen eine Verfahrensdokumentation vorlegen können.

Grundsätzlich ist nicht zu beanstanden, wenn in Fällen von vermögensverwaltenden Gesellschaften ohne tatsächliche operative Tätigkeit entsprechend der meist sehr einfachen Buchhaltungsstrukturen auch nur eine entsprechend einfache und kurz gehaltene Verfahrensdokumentation erstellt wird.

Muss in einer Unternehmensgruppe jedes Unternehmen eine Verfahrensdokumentation erstellen?
Wie ist es z. B. bei einer Bäckerei-Kette mit vielen Filialen, wo überall die gleiche Soft- und Hardware im Einsatz ist und die Prozesse gleich sind. Muss jede Filiale eine Verfahrensdokumentation erstellen?

Grundsätzlich ja. Es muss nach dem Wortlaut der GoBD (Rz. 151) sogar für jedes DV-System eine Verfahrensdokumentation erstellt werden. Umso mehr sich jedoch die Prozesse, technischen Gegebenheiten und handelnden Personen in den Unternehmen ähneln oder überschneiden, desto leichter wird es möglich sein, die Verfahrensdokumentation zu kopieren bzw. zumindest ähnlich auszugestalten und nur an Stellen, an denen Bedarf besteht, für die jeweilige Niederlassung zu individualisieren.

Wir haben für unser Unternehmen eine ISO-Zertifizierung durchführen lassen, reicht das nicht als Verfahrensdokumentation aus?
Muss die ganze Arbeit nochmals gemacht werden?

Eine ISO-Zertifizierung dient grundsätzlich einerseits der Qualitätssicherung nach innen und andererseits als Nachweis von Qualitätsstandards nach außen z. B. gegenüber Kunden und Geschäftspartnern. Der Zweck der Verfahrensdokumentation ist wie erläutert in erster Linie der Nachweis der Einhaltung der GoBD gegenüber den Finanzbehörden. Darum kann alleine schon aufgrund der unterschiedlichen Ziele keine Übereinstimmung dieser Berichte vorliegen. Die Erstellung einer Verfahrensdokumentation für das Finanzamt bleibt erforderlich. Die Dokumentationen, die man im Zusammenhang mit den ISO-Zertifizierungen erstellen muss, können aber bei der Erstellung der Verfahrensdokumentation durchaus hilfreich sein und als Informationsquelle dienen. Näheres dazu ist in Kapitel 4.7 zu finden.

Gibt es branchenspezifische Besonderheiten bei der Verfahrensdokumentation?
Müssen bestimmte Branchen zusätzliche Vorgaben berücksichtigen?

Ja, abhängig von der Branche können zusätzliche regulatorische Anforderungen bestehen, die in der Verfahrensdokumentation berücksichtigt werden müssen. Vor allem im Bereich der

Kassenführung sind weitere strenge Vorgaben zu beachten und die Verfahrensdokumentation besonders ausführlich und tiefgehend zur Erläuterung der Kassensysteme und deren Handhabung zu erstellen. Aber nicht nur die bargeldintensiven Branchen stehen im Fokus. Stark digitalisierte Unternehmen mit automatisierten Buchhaltungsprozessen (z. B. E-Commerce und Software as a Service) und große Unternehmen sollten ihre Verfahrensdokumentation sorgfältig und detailliert erstellen. Im folgenden Kapitel wird darauf näher eingegangen.

13.3 Branchenspezifische Verfahrensdokumentation

Obwohl grundsätzlich alle Unternehmen von den GoBD betroffen sind, gibt es einige Branchen, die besonders im Fokus stehen und deren Verfahrensdokumentation entsprechend detailliert und ausführlich erstellt werden muss.

13.3.1 Branchen mit Kassenführung

Besondere Bedeutung kommt der Verfahrensdokumentation seit 01.01.2018 im Rahmen der Kassennachschau (§ 146b AO) zu. Kassengeschäfte waren schon immer einem größeren Risiko für Fehler bis hin zur Steuerhinterziehung ausgesetzt, darum wurden die Vorgaben an die technische Ausstattung besonders streng geregelt. Durch das Gesetz zum Schutz vor Manipulationen an digitalen Grundaufzeichnungen vom 22.12.2016[176] ist § 146a AO eingeführt worden, dabei handelt es sich um eine sehr wichtige Ordnungsvorschrift für die Buchführung und Aufzeichnung mittels elektronischer Aufzeichnungssysteme. Hierzu erging zudem der Anwendungserlass zu § 146a AO, der nähere Ausführungen enthielt.

Die Anforderungen an elektronische Aufzeichnungssysteme und elektronische oder computergestützte Kassensysteme und Registrierkassen wurden außerdem in der Verordnung zur Bestimmung der technischen Anforderungen an elektronische Aufzeichnungs- und Sicherungssysteme im Geschäftsverkehr (abgekürzt KassenSichV) geregelt. Spezifizierungen und weitere Vorgaben gab es später noch im BMF-Schreiben vom 17.06.2019.[177] Kurz gesagt wurde vor allem der Schutz durch die zwingend erforderliche, zertifizierte technische Sicherheitseinrichtung (gem. § 146a Abs. 1 Satz 2 AO) geregelt und definiert. Die gängige Kurzbezeichnung lautet TSE.

Die Regelungen des § 146a AO sollen für digitale Grundaufzeichnungen, die mittels elektronischem Aufzeichnungssystem i. S. d. § 146a AO i. V. m. § 1 Satz 1 KassenSichV geführt werden, Folgendes sicherstellen:[178]

---

176 BGBl S. 3152.
177 Rz. 1.1 BMF v. 17.06.2019 – IV A 4-S 0316-a/18/10001, BStBl 2019 I S. 518.
178 Rz. 1.4 BMF v. 17.06.2019 – IV A 4- 0316-a/18/10001, BStBl 2019 I S. 518.

- deren Integrität,
- deren Authentizität
- und deren Vollständigkeit.

Es würde den hier vorhandenen Rahmen sprengen, auf die genauen Vorgaben näher einzugehen. Wichtig zu wissen ist, dass das Sicherheitsmodul folgende Protokolldaten erzeugt:[179]

- Zeitpunkt des Vorgangsbeginns sowie Zeitpunkt der Vorgangsbeendigung (auch bei Vorgangsabbruch),
- eindeutige und fortlaufende Transaktionsnummer,
- Prüfwert (vgl. Ziffer 3.3.4 der BSI-TR 03153),
- Seriennummer der Technischen Sicherheitseinrichtung,
- Signaturzähler.

Vorgaben hierzu sind insbesondere in folgenden technischen Richtlinien erfasst:[180]

- BSI TR-03153 Technische Sicherheitseinrichtung für elektronische Aufzeichnungssysteme, Version 1.0.1,
- BSI TR-03151 Secure Element API (SE API), Version 1.0.1,
- BSI TR-03116 Kryptographische Vorgaben für Projekte der Bundesregierung Teil 5 – Anwendungen der Secure Element API, Stand 2019.[181]

Fazit:

Um die Einhaltung dieser komplexen Vorgaben überprüfen zu können, ist die Vorlage einer detaillierten Verfahrensdokumentation notwendig. Entsprechend umfangreich und tiefgehend muss sie bei Branchen mit Einsatz von Kassensystemen ausgearbeitet sein.

Wer ist betroffen?

Diverse Branchen nutzen Kassensysteme für den Verkauf von Waren oder Dienstleistungen und die Abwicklung von Bargeschäften. Hier sind einige Beispiele für Branchen, die unter die o.g. Regelungen fallen:

- **Einzelhandel**: Geschäfte, Supermärkte und Boutiquen nutzen Kassen, um Kundenkäufe zu erfassen und zu verarbeiten.
- **Gastronomie**: Restaurants, Cafés, Bars und Imbissstände verwenden Kassensysteme, um Bestellungen aufzunehmen und Zahlungen zu verarbeiten.
- **Dienstleistungssektor**: Friseursalons, Schönheitssalons, Waschanlagen und andere Dienstleister nutzen oft Kassen, um Barzahlungen und manchmal auch Kartenzahlungen zu verarbeiten.
- **Freizeit- und Unterhaltungsbranche**: Kinos, Theater, Museen, Freizeitparks und Veranstaltungsorte verwenden Kassen, um Eintrittskarten zu verkaufen und Dienstleistungen abzurechnen.

179 Rz. 3.2 BMF v. 17.06.2019 – IV A 4-S 0316-a/18/10001, BStBl 2019 I S. 518.
180 BMF-Schreiben vom 11.03.2024, IV D 2-S 0316/21/10001:002, FMNR202400432.
181 Rz. 1.4 BMF v. 17.06.2019 – IV A 4-S 0316-a/18/10001, BStBl 2019 I S. 518.

- **Transport und Parken**: Taxibetriebe, Parkhäuser und öffentliche Verkehrsbetriebe haben Kassensysteme für den Verkauf von Fahrkarten oder die Abrechnung von Parkgebühren.
- **Hotellerie**: Hotels und Pensionen nutzen Kassen für diverse Dienstleistungen wie den Verkauf von Übernachtungen, Essen und Zusatzservices.
- **Marktstände und mobile Verkäufer**: Marktverkäufer und mobile Händler nutzen tragbare Kassen, um auf Märkten oder bei Veranstaltungen Verkäufe zu tätigen.
- **Sportstätten**: Fitnessstudios, Schwimmbäder und Sportarenen nutzen Kassen, um Mitgliedsbeiträge zu verwalten und Eintrittsgelder zu kassieren.

Die Aufzählung ist nicht abschließend. Kassensysteme werden überall eingesetzt, wo Bargeldzahlung möglich ist. Die Anforderungen an eine ordnungsgemäße Kassenführung und Bargeldhandhabung müssen dann strengstens beachtet werden.

Fazit:

Mit der Einführung der Kassensicherungsverordnung (KassenSichV) und der damit verbundenen Pflicht zur Nutzung von elektronischen Kassensystemen mit TSE müssen die Kassen in den meisten dieser Branchen bestimmten technischen Anforderungen genügen und es muss jederzeit eine aktuelle Verfahrensdokumentation vorgelegt werden können.

13.3.2 Sonstige Branchen mit spezifischer Verfahrensdokumentation

Es kann unterschiedliche Gründe dafür geben, warum Unternehmen einer speziellen Branche besondere Erfordernisse bei der Verfahrensdokumentation erfüllen müssen.

Wie bei den Branchen mit Kasseneinsatz kann es um die **technische Ausstattung** gehen, die branchenspezifisch genutzt wird.

Die **Masse und Anzahl von Transaktionen** (E-Commerce) kann ebenso ein Grund sein, warum eine Branche im Fokus steht und eine besonders detaillierte Verfahrensdokumentation erforderlich wird.

Die Gründe können auch in **besonderen Sicherheitserfordernissen** liegen. Besonders wenn bestimmte Audits und Zertifizierungen notwendig sind, kann dies zutreffen. Ein besonders effizientes Risikomanagement muss hier gewährleistet werden. Das kann aufgrund besonders strenger Regulatorien oder anspruchsvoller Kundenanforderungen der Fall sein (z. B. Banken und öffentlicher Sektor).

Im Folgenden findet sich eine nicht abschließende Auflistung der Branchen, die hiervon betroffen sein können:

1. **Finanzdienstleistungen und Bankwesen**: Es gibt besonders strenge Regulatorien und Unternehmen müssen eine lückenlose Dokumentation ihrer Finanztransaktionen und ein perfektes Risikomanagement sicherstellen.
2. **Gesundheitswesen**: Krankenhäuser, Arztpraxen und Pharmaindustrie müssen neben den finanziellen Aspekten auch Patientendaten und Compliance den gesundheitsrechtlichen Vorschriften anpassen.
3. **Online-Handel**: Besonders im E-Commerce kommen häufig große Datenmengen und viele Transaktionen, die automatisiert erstellt werden, zusammen.
4. **Logistik und Transport**: Hier sind komplexe IT-Systeme zur Abwicklung grenzüberschreitender Unternehmenstätigkeiten im Einsatz. Auch das Thema Zoll spielt hier eine Rolle.
5. **Öffentlicher Sektor**: Einrichtungen des öffentlichen Sektors haben oft spezifische Dokumentationsvorgaben, die über die reine Buchhaltung hinausgehen und öffentliche Mittelverwendung und Compliance beinhalten.

Fazit:

Es ist bei der Erstellung der Verfahrensdokumentation unbedingt darauf zu achten, ob die spezifische Branche besondere Vorgaben mit sich bringt oder die technischen Gegebenheiten eine besonders detaillierte Dokumentation und spezielle Angaben erforderlich machen.

13.4 Rechtliche Beratung und Digitalisierungsberatung im Rahmen des IKS

Im Rahmen der Erstellung der Verfahrensdokumentation kommen oft – wie in den bisherigen Kapiteln erläutert – auch Schwachstellen im Rahmen des internen Kontrollsystems ans Licht.

Diese Probleme können z. B. bei der Sicherung der Prozesse oder von Daten, bei Zugriffsrechten, aber auch bei der generellen Einhaltung der Grundsätze ordnungsgemäßer Buchführung liegen. Eine Steuerberatung, die die Erstellung vornimmt oder begleitet, ist hier verpflichtet, auf vorhandene Schwachstellen und Mängel hinzuweisen und deren Beseitigung einzufordern.

In der Praxis hat sich gezeigt, dass Steuerberater, die die Verfahrensdokumentation für ihre Mandanten erstellen, in diesem Zusammenhang auch gleich gefragt werden, ob nicht eine Beratung erfolgen kann, die hilft, diese Schwachstellen zu beseitigen. Auch Unterstützung bei der Optimierung und Digitalisierung vorhandener gegebenenfalls noch analog durchgeführter Buchhaltungsprozesse wird bei der Steuerberatung in diesem Zusammenhang nicht selten angefragt.

Sicher ist die Steuerberatung grundsätzlich keine IT-Beratung und sie kann solche Leistungen meist auch nur in begrenztem Rahmen anbieten. Wer sich jedoch entscheidet, die Erstellung von Verfahrensdokumentationen als Dienstleistung in seiner Kanzlei anzubieten, sollte im besten Fall auch auf diese Fragestellungen vorbereitet sein.

Große Kanzleien haben eher die Möglichkeit, Mitarbeiter bzgl. spezifischer digitaler Steuerthemen auszubilden und gezielt in diesen Bereichen einzusetzen. Spezialisierungen und der Ausbau eigener Abteilungen für Digitalisierungsberatung sind in der Regel anzutreffen. Für kleinere Kanzleien kann es empfehlenswert sein, entsprechende qualifizierte IT-Dienstleister im Netzwerk zu haben, die bei solchen Themen beraten und bei der Umsetzung der Digitalisierung unterstützen können.

PRAXISTIPP:

Da die Erstellung einer Verfahrensdokumentation häufig auch Handlungsbedarf im Rahmen der digitalen Prozesse und des IKS aufzeigt, ist es für Steuerberater, die diese erstellen, empfehlenswert, auch hier Antworten und Lösungen in einem realistischen Rahmen anbieten zu können.

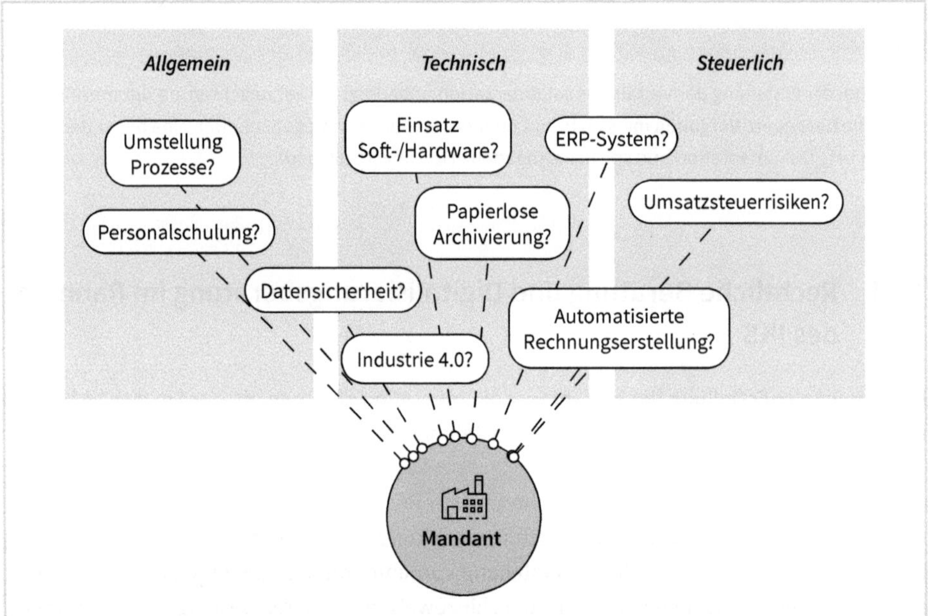

Abb. 33: Digitalisierungsberatung

14 Verfahrensdokumentation in der Betriebsprüfung

14.1 Schwachstellen erkennen und vermeiden

Es ist wichtig, eine Verfahrensdokumentation zu erstellen, die in der Betriebsprüfung nicht angreifbar ist. Aber kann eine Verfahrensdokumentation denn überhaupt im Rahmen einer Betriebsprüfung angegriffen werden? Da sie eine Pflichtvorgabe im Rahmen der GoBD darstellt, lautet die Antwort: Ja, sie kann. Und die Erfahrung sagt: Ja, sie wird. Umso umfangreicher und komplexer die Technologie wird, die bei der Buchhaltung zum Einsatz kommt, und umso automatisierter Buchhaltungsprozesse stattfinden, desto mehr wird die Betriebsprüfung sich auf formale Schwächen fokussieren.

Was aber bedeutet angreifbar grundsätzlich? Wann ist eine Verfahrensdokumentation nicht ausreichend oder nicht ordnungsgemäß?

Da bisher nur begrenzt Erfahrungswerte aus der Praxis vorliegen und Betriebsprüfungen unter Einbeziehung der Verfahrensdokumentation in den vergangenen Jahren erstmalig vorgenommen wurden, ist es nicht leicht, alle denkbaren Schwachstellen zu erkennen. Man kann aber diverse Angriffspunkte identifizieren, die bereits heute in der Praxis eine Rolle spielen.

Bei einer Außenprüfung können verschiedene Teile einer Verfahrensdokumentation besondere Aufmerksamkeit erfahren und potenziell kritisch hinterfragt werden.

Vollständigkeit:
Ein wichtiger zu nennender Punkt ist die **Vollständigkeit.** Prüfer werden darauf achten, ob alle relevanten Prozesse und Verfahren dokumentiert sind. Eine lückenhafte Verfahrensdokumentation, die Fragen offen lässt, kann zu Beanstandungen führen. Vor allem würden folgende Mängel Angriffspunkte bieten:
Wenn in der Verfahrensdokumentation nicht alle relevanten Geschäftsprozesse und die damit verbundenen buchhaltungsrelevanten Abläufe detailliert und nachvollziehbar beschrieben sind, kann es zu Unklarheiten und Missverständnissen kommen. Gleichzeitig kann es bei einer **unzureichenden Beschreibung der DV-Systeme**, die eingesetzt werden, zu Problemen kommen, wenn deren Funktionen dadurch nicht nachvollziehbar sind.

Nachvollziehbarkeit:
In diesem Zusammenhang ist die **Nachvollziehbarkeit** ein weiterer wichtiger Punkt. Wurden die Dokumentation und alle Erläuterungen dazu klar und verständlich dargelegt? Sind die Abläufe nachvollziehbar oder führen sie zu Rückfragen und Zweifeln? Sollte dies zutreffen, kann es im schlimmsten Fall sein, dass die Ordnungsmäßigkeit der Verfahrensdokumentation angezweifelt wird.

Dokumentation der Einhaltung der GoBD:
Inhaltlich wird vor allem die Richtlinienkonformität und die **Einhaltung der GoBD** im Mittelpunkt stehen. Es sollte deutlich werden, dass der Nachweis der Einhaltung sämtlicher Vorgaben der GoBD mit der Verfahrensdokumentation erbracht ist. Es sollte kein Zweifel daran möglich sein, dass die Vorgaben der GoBD bei der Buchführung und dem Belegwesen im Detail berücksichtigt wurden. Ein zentraler Prüfungspunkt ist zum Beispiel die Art und Weise, wie Geschäftsvorfälle dokumentiert und belegt werden. Es wird geprüft, ob alle relevanten Informationen korrekt und zeitnah erfasst werden. Hier sollten keine Schwachstellen an der Handhabung im täglichen Buchungsprozess erkennbar sein, z. B. bei der Festschreibung von Journalbuchungen.

Aktualität:
Ein weiterer Kritikpunkt kann mangelnde **Aktualität** der Verfahrensdokumentation sein. Veraltete Dokumente, die nicht mehr den aktuellen Geschäftsprozessen entsprechen, können bemängelt werden. Es sollten die aktuellen Software-Versionen genannt werden, die tatsächliche Hardware, mit der gearbeitet wird, und die aktuell tätigen Personen, denen die Aufgaben übertragen wurden. Eine überholte Verfahrensdokumentation, die nicht die Unternehmensrealität abbildet, ist im Rahmen der Betriebsprüfung angreifbar. Zudem sollten die mitgeltenden Unterlagen wie zum Beispiel Handbücher zur eingesetzten Soft- und Hardware aktuell sein.

Dokumentation und Umsetzung des IKS:
Ein besonderer Fokus im Rahmen der Außenprüfung kann bei der Dokumentation und Umsetzung des **internen Kontrollsystems liegen**. Diverse Fragestellungen ergeben sich hier, die auf Fehlerquellen in der Buchführung hindeuten können: Wie hoch sind die geprüften Risiken einzuschätzen? Welche Auswirkungen haben mögliche Risiken? Welche Kontrollen und Maßnahmen nennt die Verfahrensdokumentation, um die Risiken zu beseitigen? Wurden diese Kontrollen und Maßnahmen im Unternehmensalltag tatsächlich umgesetzt? Ein unzureichendes internes Kontrollsystem kann Betriebsprüfern im schlimmsten Fall sogar Hinweise auf Fehlerquellen bei der Buchführung geben und sich damit nachteilig auswirken. Das interne Kontrollsystem muss entsprechend gut durchdacht, dokumentiert und umgesetzt werden. Es sollte den Risiken effizient entgegenwirken und im Unternehmen nachweislich auch tatsächlich durchgeführt werden.

Datenzugriffskonzept und Datensicherheit:
Ein wichtiger Aspekt, der Angriffsfläche bieten kann, sind **der Datenzugriff und die Datensicherheit**. Wenn kein sauberes Zugriffskonzept ersichtlich ist und aus der Verfahrensdokumentation nicht hervorgeht, wer Zugriff auf welche Daten hat und wie Zugriffsrechte protokolliert werden, kann dies im Rahmen einer Betriebsprüfung Unsicherheiten auslösen. Denn wenn der Datenzugriff nicht geregelt und begrenzt ist, kann die Manipulation von Daten auch nicht ausgeschlossen werden. Zudem muss sichergestellt sein, dass Datenverlust jeglicher Art ausgeschlossen ist, ansonsten könnte auch hier ein Kritikpunkt zu finden sein.

Protokollierung von Änderungen:
Ob und wie Änderungen der Verfahrensdokumentation protokolliert wurden, kann ebenfalls geprüft werden. Die Integrität der Verfahrensdokumentation kann infrage gestellt werden, wenn Anpassungen nicht z. B. durch Versionsnummern nachvollziehbar sind. Es könnten mehrere Verfahrensdokumentationen gleichzeitig in Umlauf sein, ohne dass klar ist, welche die aktuell geltende Version ist.

Tatsächliche Umsetzung:
Nicht zuletzt spielt die Einhaltung der beschriebenen Prozesse im Unternehmensalltag eine wichtige Rolle. Nicht nur die Existenz der Dokumentation ist relevant, sondern auch, ob die Mitarbeiter tatsächlich nach den dokumentierten Methoden und Vorgehensweisen handeln. Wenn dies eindeutig nicht der Fall ist und nur eine Verfahrensdokumentation »zum Schein« erstellt wurde, die mit dem Lebensalltag im Unternehmen nicht übereinstimmt, dann kann die Glaubhaftigkeit der Verfahrensdokumentation infrage stehen.

Fazit:

Eine ordnungsgemäße Verfahrensdokumentation unterstützt die Glaubwürdigkeit und Richtigkeit der Buchführung und kann somit zur Reduzierung von Risiken bei einer Betriebsprüfung beitragen.

14.2 Prüfungsschwerpunkte in der Betriebsprüfung

Welche Schwerpunkte könnten zudem zukünftig verstärkt im Rahmen einer Prüfung beleuchtet werden, da sie im Rahmen der Digitalisierung wachsendes Fehlerpotenzial bieten? Im Folgenden finden sich kritische Themen, bei denen man davon ausgehen kann, dass der Fokus der Finanzverwaltung darauf (weiter) zunehmen wird:

- Kassen
- Datenschnittstellen
- Programmschnittstellen
- Unveränderbarkeit von Datenformaten
- Rechnungsnummern
- Festschreibung/Journalbuchungen
- Unveränderbarkeit in Archiven (DMS)
- Archivierung/Erstellung der Unterlagen im Ausland
- Automatisierte Erstellung von Belegen
- Vernichtung von Papierbelegen – ordnungsgemäße Aufbewahrung
- Automatisierte (umsatz-)steuerrechtliche Beurteilung von Sachverhalten
- Automatisierter Einsatz von Vorsystemen und Nebensystem bspw. im Bereich E-Commerce
- Daten aus Zahlungskanälen (Paypal, Stripe usw.)

Diese nicht abschließende Liste beinhaltet Beispiele kritischer Themen, bei denen eine saubere Verfahrensdokumentation im Rahmen der Betriebsprüfung Schutz bieten kann.

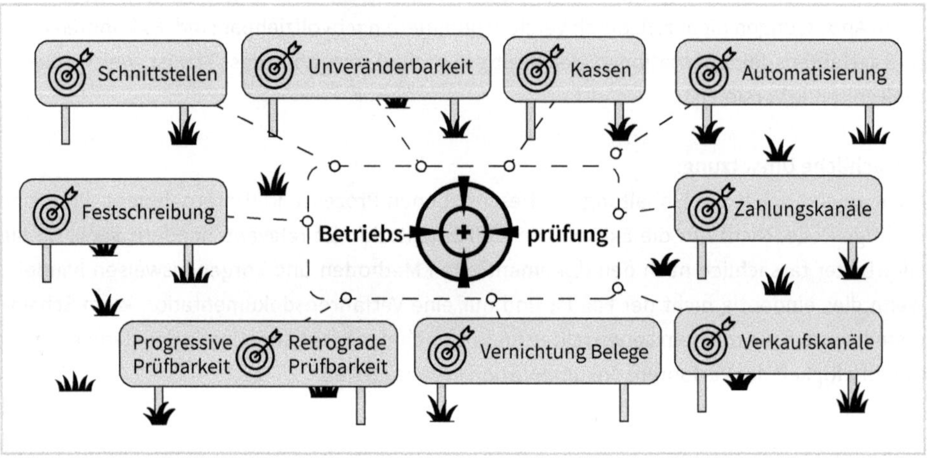

Abb. 34: Schwerpunkte in der Betriebsprüfung

14.3 Verteidigung der Verfahrensdokumentation bei Beanstandungen

Um Beanstandungen an der Verfahrensdokumentation während einer Betriebsprüfung zu widerlegen, können verschiedene Argumente und Nachweise herangezogen werden.

Zu den in Kapitel 14.1 genannten möglichen Schwachstellen und Problemfeldern sind folgende Argumentationsmöglichkeiten beispielsweise sinnvoll:

Vollständigkeit:
Bei der Kritik, dass Informationen ganz oder in Teilen fehlen könnten, lässt sich sehr gut mit der unklaren Rechtslage und Ausformulierung der GoBD dagegen argumentieren. Wie bereits erläutert, ist der Umfang einer Verfahrensdokumentation stark von der Größe und Komplexität des jeweiligen Unternehmens abhängig. Solange glaubhaft gemacht werden kann, dass zu dem Zeitpunkt der Erstellung der gewählte Umfang nach bestem Wissen **als angemessen beurteilt wurde** und keine schwerwiegenden Versäumnisse wie zum Beispiel das komplette Fehlen eines internen Kontrollsystems vorliegen, sollten Mängel an der Vollständigkeit, solange sie einen kleinen Rahmen umfassen, keine schwerwiegenden Problemfelder eröffnen.

Nachvollziehbarkeit:
Wenn unkomplizierte und einfache Prozesse zugrunde liegen und diese übersichtlich dargestellt wurden, sollte die Nachvollziehbarkeit schwer infrage gestellt werden können. Sollte dies

trotzdem der Fall sein, kann zum Beispiel mit dem **Einsatz von standardisierter Software** argumentiert werden. Wurde marktübliche, zertifizierte Buchhaltungssoftware verwendet, kann auch ohne eine äußerst detaillierte Darstellung der Prozesse von ihrer Zuverlässigkeit ausgegangen werden. Wenn z. B. eine in der Branche bekannte, häufig genutzte und als sicher bewertete Software im Einsatz ist, kann erläutert werden, dass eine komplexe Prozessbeschreibung aufgrund der üblichen und einfachen Vorgehensweisen nicht als notwendig erachtet wurde.

Einhaltung der GoBD:
Gutachten und Stellungnahmen von Dritten, z. B. Testate von Wirtschaftsprüfern, können in Zweifelsfällen als Nachweis für die Einhaltung der GoBD im Unternehmen Hilfestellung bieten. Auch wenn sie für die Finanzverwaltung nicht bindend sind, liefern sie eine gute Argumentationsgrundlage. Auch der Einsatz von GoBD-zertifizierter oder TÜV-geprüfter Soft- und Hardware kann beim Nachweis helfen.

Aktualität:
Durch **Datumseinträge und Versionshistorien** kann nachgewiesen werden, dass die Verfahrensdokumentation regelmäßig aktualisiert und an Veränderungen in den Geschäftsprozessen oder in der IT-Landschaft angepasst wurde. Zertifizierte elektronische Signaturen, mit denen die Geschäftsleitung die aktuellste Version unterschreibt und die dabei den Zeitpunkt der digitalen Unterschrift schreibgeschützt dokumentieren, können zusätzlich die Aktualität bekräftigen. Dass regelmäßige Updates durchgeführt wurden, wird durch diese Methode ebenfalls ersichtlich. Zudem kann die Archivierung der früheren Versionen mit einmalig vergebener Versionsnummer eine eindeutige zeitliche Zuordnung ermöglichen.

Internes Kontrollsystem:
Durch **Protokollierungen**, die nachweisen, dass die im IKS festgelegten Maßnahmen regelmäßig durchgeführt wurden, kann Kritik an einer fehlenden Umsetzung widersprochen werden. Am besten geeignet sind Checklisten, die die betreffenden Mitarbeiter ausfüllen und unterschreiben müssen, oder Protokolle, die die Umsetzung regelmäßig dokumentieren.

Auch kann der Nachweis, dass die Maßnahmen des IKS tatsächlich umgesetzt werden, auf verschiedenen Wegen erbracht werden. Z. B. die Durchführung von entsprechenden Schulungen der Mitarbeiter, von Anleitungen, die den Mitarbeitern ausgehändigt werden, und Einarbeitungsanweisungen, die mit neuen Mitarbeitern durchgegangen werden, sind hier hilfreich.

Datenzugriffskonzept und Datensicherheit:
Es müssten idealerweise Protokolle vorgelegt werden können, die die Einhaltung von Zugriffsregelungen und die Protokollierung von Zugriffen auf das Buchhaltungssystem dokumentieren. Aufzeichnungen über **Zugriffsbeschränkungen im System** können oft auch softwareseitig ausgegeben und als Nachweis verwendet werden. Für den Nachweis der Datensicherheit können auch Dokumentationen zu sog. Penetrations- und Crashtests sinnvoll sein, die die IT regelmäßig durchgeführt hat.

Protokollierung von Änderungen:
Siehe »Aktualität«.

Tatsächliche Umsetzung:
Schulungsunterlagen, Checklisten, Protokolle und Mitarbeiteranweisungen, die laufend genutzt wurden und in den Unternehmensalltag integriert waren, können hier glaubhafte Nachweise sein.

Ein anspruchsvolles Qualitätsmanagement im Unternehmen und eine entsprechende Unternehmenskultur können zudem als Beleg dafür dienen, dass die Umsetzung erfolgt ist. Vor allem wenn eine ISO-Zertifizierung vorliegt und die Konzepte des Qualitätsmanagements streng eingehalten werden, spricht das dafür, dass auch die in der Verfahrensdokumentation dokumentieren Angaben der Unternehmensrealität entsprechen.

Fazit:

Beanstandungen der Verfahrensdokumentation kann in vielfältiger Weise entgegengewirkt werden. Aber es gilt: **Vorsorge ist besser als Nachsorge.** Umso detaillierter und sauberer die Verfahrensdokumentation erstellt wird, desto weniger Möglichkeiten der Beanstandung gibt es im Rahmen einer Prüfung.

Teil VI: Schlussbemerkungen und Ausblick

Trends und Entwicklungen im Bereich der Verfahrensdokumentation: E-Rechnung, Tax-CMS
Nach dem Wirksamwerden der überarbeiteten GoBDs rechnete man mit einem verstärkten Interesse der Finanzverwaltung an der Prüfung der Einhaltung dieser und damit an der Vorlage einer Verfahrensdokumentation im Rahmen der steuerlichen Außenprüfung. Im März 2020 drängten sich allerdings durch die Corona-Pandemie andere Themen in den Vordergrund und in Außenprüfungen und in der Steuerberatung wurde das Thema Verfahrensdokumentation weiterhin eher zögerlich auf die Tagesordnung gesetzt.

Erst im Jahr 2023, nach dem Ende der Corona-Pandemie und nachdem in vielerlei Hinsicht wieder eine gewisse Normalität (wenn man überhaupt von so etwas sprechen kann) in die Beratungspraxis eingekehrt ist, scheint das Thema greifbar und aktuell zu werden. Betriebsprüfer werden geschult und angewiesen, besonders bei technisch kritisch angesiedelten Branchen mit Bargeschäften oder Online-Umsätzen die Verfahrensdokumentation als weitere Prüfungsgrundlage anzufordern.

Das Thema wird in den nächsten Jahren zunehmend an Aktualität gewinnen – nicht zuletzt, wenn auch in Deutschland die E-Rechnungspflicht zwischen Unternehmen eingeführt und umgesetzt wird.

Darüber hinaus rückt das Thema Tax-Compliance-Management zunehmend in den Vordergrund. Nachdem Konzerne im Rahmen ihrer Compliance-Pflichten schon lange auch Tax-Compliance-Management-Systeme auf der Agenda haben, kommt das Thema neuerdings vermehrt auch bei mittelständischen Unternehmen auf die Tagesordnung.

Wenn Unternehmen ein wirksames Tax-Compliance-Management-System implementieren möchten, ist es dringend notwendig, als Grundlage eine umfassende Verfahrensdokumentation für die DV-Systeme und Prozesse als Bestandteil der Tax Compliance zu erstellen. Ohne Verfahrensdokumentation fehlt der Nachweis für die GoBD-konforme Buchführung und ohne GoBD-konforme Buchführung gibt es keine Tax Compliance.

Der Trend geht eindeutig in Richtung einer verstärkten Notwendigkeit für Unternehmen, eine akkurate Verfahrensdokumentation vorlegen zu können, um den verschärften Anforderungen der Finanzverwaltung gerecht zu werden.

Mit der Einführung der E-Rechnungspflicht und der verstärkten Fokussierung auf digitale Prozesse wird dieser Trend weiter an Bedeutung gewinnen. Unternehmen müssen aktiv werden, um auf die digitale und prüfungsintensive Zukunft vorbereitet zu sein.

Literaturverzeichnis

Alves, Crashkurs Internes Kontrollsystem für Buchhaltung und Steuern, 2. Auflage, 2021

Arens/Elder/Beasley/Hogan, Auditing and Assurance Services, An Integrated Approach, 17. Auflage, 2017

Armeloh, WPg-Gesamtjahresregister 2003, Jahrgang 56, 2003

AWV-Arbeitskreis 3.4 »GoB beim IT-Einsatz«, GoBD: Ein Praxisleitfaden für Unternehmen, Version 2.2 (Stand Dezember 2023), 2023

BFH-Urteil vom 28.09.2011 – VIII R 8/09 BStBl 2012 II, 2012

Biermann, CRUD, https://mindsquare.de/knowhow/crud/, Zugriff am 25.02.2024

Bitkom, Leitfaden zum elektronischen Datenzugriff der Finanzverwaltung, https://www.bitkom.org/Bitkom/Publikationen/Leitfaden-zum-elektronischen-Datenzugriff-der-Finanzverwaltung.html, Zugriff am 21.01.2024

Bitkom, Musterantrag gem. § 146 Abs. 2a AO, Antrag zur Aufbewahrung und Führung von elektronischen Büchern und Aufzeichnungen außerhalb des Geltungsbereichs der Abgabenordnung, https://www.bitkom.org/sites/default/files/2019-06/2016-03-22_antrag_speicherung_daten_im_ausland.pdf, Zugriff am 24.02.2024

BMF-Schreiben vom 7.11.1995 – IV A 8-S 0316/52/95, BStBl 1995 I S. 738, Grundsätze ordnungsmäßiger DV-gestützter Buchführungssysteme (GoBS), 1995

BMF-Schreiben vom 14.11.2014 – IV A 4-S 0316/13/10003, BStBl 2014 I S. 1450, Grundsätze zur ordnungsmäßigen Führung und Aufbewahrung von Büchern, Aufzeichnungen und Unterlagen in elektronischer Form sowie zum Datenzugriff (GoBD), 2014

BMF-Schreiben vom 28.11.2019 – IV A 4-S0316/19/10003:001, BStBl I S. 1269, Grundsätze zur ordnungsmäßigen Führung und Aufbewahrung von Büchern, Aufzeichnungen und Unterlagen in elektronischer Form sowie zum Datenzugriff (GoBD), 2019

BMF-Schreiben vom 11.03.2024 – IV D 2-S 0316/21/10001:002, FMNR2024/0184201, Grundsätze zur ordnungsmäßigen Führung und Aufbewahrung von Büchern, Aufzeichnungen und Unterlagen in elektronischer Form sowie zum Datenzugriff (GoBD), Änderung aufgrund verschiedener gesetzlicher Änderungen, 2024

Britze/Greulich/Groß/Harms/Moszynski (Bitkom), Elektronische Beleg- und Rechnungsdaten im Jahr 2022, Die Corona-Pandemie als Treiber der Digitalisierung, 2022

Bundesamt für Sicherheit in der Informationstechnik, BSI Technische Richtlinie 03138 Ersetzendes Scannen, Ersetzendes Scannen (RESISCAN) BSI TR-03138 RESISCAN Version 1.4.1, 2021

Bundesamt für Sicherheit in der Informationstechnik, Häufig gestellte Fragen und Antworten (FAQ), https://www.bsi.bund.de/DE/Themen/Unternehmen-und-Organisationen/Standards-und-Zertifizierung/Schutz-vor-Manipulation-an-digitalen-Grundaufzeichnungen/Fragen-und-Antworten/fragen-und-antworten_node.html, abgerufen am 19.02.2024

Bundesarchiv, Empfehlungen des Bundesarchivs zur Anwendung der verschiedenen PDF/A-Versionen, 2021

Bundesfinanzministerium, Bundesgesetzblatt Jahrgang 2017 Teil I Nr. 66, ausgegeben zu Bonn am 06.10.2017, Verordnung zur Bestimmung der technischen Anforderungen an elektronische

Aufzeichnungs- und Sicherungssysteme im Geschäftsverkehr (Kassensicherungsverordnung – KassenSichV), 2017

Bundessteuerberaterkammer, Deutscher Steuerberaterverband e. V., Muster-Verfahrensdokumentation zum ersetzenden Scannen (Version: 2.0; Stand: 29.11.2019), 2019

Bungartz, COSO-Report (IPPF Nr. 2100), http://www.internerevisiondigital.de/ce/coso-report-ippf-nr-2100/detail.html, abgerufen am 05.02.2024

Danielmeyer/Neubert/Unger, Anforderungen an die elektronische Verfahrensdokumentation betrieblicher Prozesse, AO-StB, 2019 (Heft 04), 2019

de Oliveira, Checkliste: Was ist ein barrierefreies PDF-Dokument, https://www.netz-barrierefrei.de/wordpress/barrierefreies-publizieren/barrierefreie-pdfs/anforderungen-an-barrierefreie-pdfs/, abgerufen am 18.01.2024

Derst/Cejvanovic (Bundesamt für Sicherheit in der Informationstechnik), Ersetzendes Scannen leichtgemacht – eine Handlungshilfe für Institutionen und Unternehmen, Version 1.0, 2020

Freund/Rücker, Praxishandbuch BPMN, Mit Einführung in DMN, 6. aktualisierte Auflage, 2019

Goldshteyn/Thelen, Praxishandbuch digitale Betriebsprüfung, Anforderungen der neuen GoBD an Buchführung, Datenspeicherung und Datenzugriff, 2016

Graumann, Unternehmensbewertung, https://datenbank.nwb.de/Dokument/256238/, abgerufen am 21.01.2024

Graumann, Wirtschaftliches Prüfungswesen, 6. Auflage, 2020

Hachmeister/Kahle/Mock/Schüppen, Bilanzrecht: Handelsbilanz, Prüfung, Offenlegung, Gesellschaftsrecht · Steuerbilanz, 4. neu bearbeitete Auflage, 2024

Haufe Online Redaktion, Verpflichtung zur elektronischen Rechnung, https://www.haufe.de/steuern/gesetzgebung-politik/elektronische-rechnung-wird-pflicht-e-rechnung-im-ueberblick_168_605558.html, abgerufen am 06.02.2024

Hruschka/Peters/von Freeden, Steuerliche Betriebsprüfung, 2022, 1. Lieferung, 2021

Hurtz, Wie Samsung beim Mond nachbessert, https://www.sueddeutsche.de/wirtschaft/samsung-smartphone-mond-fotografie-kuenstliche-intelligenz-1.5767932, abgerufen am 01.02.2024

Institut der Wirtschaftsprüfer e. V., IDW-Verlautbarungen, Stand: 24.09.2002, RS FAIT 1, 2002

Institut der Wirtschaftsprüfer e. V., IDW-Verlautbarungen, 2024, Stand: IDW Life 01/2024, 2024

International Organization for Standardization, BSI Standards Publication: BS ISO 31000:2018, Risk management — Guidelines, 2. Auflage, 2018

International Organization for Standardization, ISO/IEC 27001:2022, Information security, cybersecurity and privacy protection, https://www.iso.org/standard/27001, abgerufen am 26.01.2024

International Organization for Standardization, ISO 9000 family, Quality management, https://www.iso.org/standards/popular/iso-9000-family, abgerufen am 26.01.2024

International Organization for Standardization, Risk management — Risk assessment techniques, 2009

IWW-Institut, GoBD – Finanzverwaltung verschärft Prüfung von Verfahrensdokumentationen, https://content.bfd-online.de/steuer-ihv/fshow?id=2016_03_43909083, abgerufen am 23.01.2024

Kahle (Ministerium für Wirtschaft, Innovation, Digitalisierung und Energie des Landes Nordrhein Westfalen), Ersetzendes Scannen Verfahrensanweisung, Stand 22.11.2017, 2017

Kuhni, Prüfungssichere Kassenführung in bargeldintensiven Unternehmen, 3. Auflage, 2020

Lee, Object-Oriented Software Engineering with UML, A Hands-On-Approach, 2019

Lippold, Grundlagen der Unternehmensberatung: Strukturen – Konzepte – Methoden, 2016

Mandant im Blickpunkt, Verlagerung der Buchführung ins Ausland: An die Zustimmung des Finanzamts denken!, https://www.iww.de/mbp/experten-berichten-aus-der-praxis/der-praktische-fall-verlagerung-der-buchfuehrung-ins-ausland-an-die-zustimmung-des-finanzamts-denken-f114017, Zugriff am 24.02.2024

Moeller, Executive's Guide to COSO Internal Controls, Understanding and Implementing the New Framework, 2014

OFD Nordrhein-Westfalen v. 28.07.2015 – S 0316-2015/0006-St 432a, Aufzeichnungs- und Aufbewahrungspflicht der digitalen Grundaufzeichnungen – § 238 HGB, §§ 140, 145 – 147 AO, 2015

Radeisen, Streitpunkte beim Vorsteuerabzug und dessen Berichtigung, Stbg 2008, 17

Roßnagel, Simulationsstudie Ersetzendes Scannen, 2013

Roßnagel/Jandt (Bundesministerium für Wirtschaft und Technologie), Handlungsleitfaden zum Scannen von Papierdokumenten, 2008

Soukup, Wissensmanagement, Wissen zwischen Steuerung und Selbstorganisation, 1. Auflage, 2001

Statista Research Department, Durchschnittlicher Jahresumsatz pro Berater in der Unternehmensberatungsbranche in ausgewählten europäischen Ländern in den Jahren 2017 bis 2019, https://de.statista.com/statistik/daten/studie/954624/, abgerufen am 21.01.2024

Stiftung Datenschutz, Technische und organisatorische Maßnahmen, Praxisratgeber, https://stiftungdatenschutz.org/ehrenamt/praxisratgeber/praxisratgeber-detailseite/technische-und-organisatorische-massnahmen-318, abgerufen am 26.01.2024

Teutemacher, Praxis-GoBD – Handbuch zur praktischen Umsetzung der Grundsätze zur ordnungsmäßigen Führung und Aufbewahrung von Büchern, Aufzeichnungen und Unterlagen in elektronischer Form sowie zum Datenzugriff (GoBD), 1. Auflage, 2020

Wiegert, Rechtliche Rahmenbedingungen für Ihren Online-Shop + Checkliste, https://it-couch.de/rechtliche-rahmenbedingungen-online-shop-checkliste, abgerufen am 15.02.2024

Wiese, Unternehmensnachfolge, Steuerliche und rechtliche Gestaltung, 2021

Anhang 1

BMF-Schreiben v. 28.11.2019 – IV A 4-S 0316/19/10003 :001 BStBl 2019 I S. 1269

Grundsätze zur ordnungsmäßigen Führung und Aufbewahrung von Büchern, Aufzeichnungen und Unterlagen in elektronischer Form sowie zum Datenzugriff (GoBD)

Unter Bezugnahme auf das Ergebnis der Erörterungen mit den obersten Finanzbehörden der Länder gilt für die Anwendung dieser Grundsätze Folgendes:

1. Allgemeines

[1] Die betrieblichen Abläufe in den Unternehmen werden ganz oder teilweise unter Einsatz von Informations- und Kommunikations-Technik abgebildet.

[2] Auch die nach außersteuerlichen oder steuerlichen Vorschriften zu führenden Bücher und sonst erforderlichen Aufzeichnungen werden in den Unternehmen zunehmend in elektronischer Form geführt (z. B. als Datensätze). Darüber hinaus werden in den Unternehmen zunehmend die aufbewahrungspflichtigen Unterlagen in elektronischer Form (z. B. als elektronische Dokumente) aufbewahrt.

1.1 Nutzbarmachung außersteuerlicher Buchführungs- und Aufzeichnungspflichten für das Steuerrecht

[3] Nach § 140 AO sind die außersteuerlichen Buchführungs- und Aufzeichnungspflichten, die für die Besteuerung von Bedeutung sind, auch für das Steuerrecht zu erfüllen. Außersteuerliche Buchführungs- und Aufzeichnungspflichten ergeben sich insbesondere aus den Vorschriften der §§ 238 ff. HGB und aus den dort bezeichneten handelsrechtlichen Grundsätzen ordnungsmäßiger Buchführung (GoB). Für einzelne Rechtsformen ergeben sich flankierende Aufzeichnungspflichten z. B. aus §§ 91 ff. Aktiengesetz, §§ 41 ff. GmbH-Gesetz oder § 33 Genossenschaftsgesetz. Des Weiteren sind zahlreiche gewerberechtliche oder branchenspezifische Aufzeichnungsvorschriften vorhanden, die gem. § 140 AO im konkreten Einzelfall für die Besteuerung von Bedeutung sind, wie z. B. Apothekenbetriebsordnung, Eichordnung, Fahrlehrergesetz, Gewerbeordnung, § 26 Kreditwesengesetz oder § 55 Versicherungsaufsichtsgesetz.

1.2 Steuerliche Buchführungs- und Aufzeichnungspflichten

[4] Steuerliche Buchführungs- und Aufzeichnungspflichten ergeben sich sowohl aus der Abgabenordnung (z. B. §§ 90 Absatz 3, 141 bis 144 AO) als auch aus Einzelsteuergesetzen (z. B. § 22 UStG, § 4 Absatz 3 Satz 5, § 4 Absatz 4a Satz 6, § 4 Absatz 7 und § 41 EStG).

1.3 Aufbewahrung von Unterlagen zu Geschäftsvorfällen und von solchen Unterlagen, die zum Verständnis und zur Überprüfung der für die Besteuerung gesetzlich vorgeschriebenen Aufzeichnungen von Bedeutung sind

[5] Neben den außersteuerlichen und steuerlichen Büchern, Aufzeichnungen und Unterlagen zu Geschäftsvorfällen sind alle Unterlagen aufzubewahren, die zum Verständnis und zur Überprüfung der für die Besteuerung gesetzlich vorgeschriebenen Aufzeichnungen im Einzelfall von Bedeutung sind (vgl. BFH-Urteil vom 24. Juni 2009, BStBl 2010 II S. 452).

Dazu zählen neben Unterlagen in Papierform auch alle Unterlagen in Form von Daten, Datensätzen und elektronischen Dokumenten, die dokumentieren, dass die Ordnungsvorschriften umgesetzt und deren Einhaltung überwacht wurde. Nicht aufbewahrungspflichtig sind z. B. reine Entwürfe von Handels- oder Geschäftsbriefen, sofern diese nicht tatsächlich abgesandt wurden.

Beispiel 1:

Dienen Kostenstellen der Bewertung von Wirtschaftsgütern, von Rückstellungen oder als Grundlage für die Bemessung von Verrechnungspreisen sind diese Aufzeichnungen aufzubewahren, soweit sie zur Erläuterung steuerlicher Sachverhalte benötigt werden.

[6] Form, Umfang und Inhalt dieser im Sinne der Rzn. 3 bis 5 nach außersteuerlichen und steuerlichen Rechtsnormen aufzeichnungs- und aufbewahrungspflichtigen Unterlagen (Daten, Datensätze sowie Dokumente in elektronischer oder Papierform) und der zu ihrem Verständnis erforderlichen Unterlagen werden durch den Steuerpflichtigen bestimmt. Eine abschließende Definition der aufzeichnungs- und aufbewahrungspflichtigen Aufzeichnungen und Unterlagen ist nicht Gegenstand der nachfolgenden Ausführungen. Die Finanzverwaltung kann diese Unterlagen nicht abstrakt im Vorfeld für alle Unternehmen abschließend definieren, weil die betrieblichen Abläufe, die auf- zeichnungs- und aufbewahrungspflichtigen Aufzeichnungen und Unterlagen sowie die eingesetzten Buchführungs- und Aufzeichnungssysteme in den Unternehmen zu unterschiedlich sind.

1.4 Ordnungsvorschriften

[7] Die Ordnungsvorschriften der §§ 145 bis 147 AO gelten für die vorbezeichneten Bücher und sonst erforderlichen Aufzeichnungen und der zu ihrem Verständnis erforderlichen Unterlagen (vgl. Rzn. 3 bis 5; siehe auch Rzn. 23, 25 und 28).

1.5 Führung von Büchern und sonst erforderlichen Aufzeichnungen auf Datenträgern

[8] Bücher und die sonst erforderlichen Aufzeichnungen können nach § 146 Absatz 5 AO auch auf Datenträgern geführt werden, soweit diese Form der Buchführung einschließlich des dabei angewandten Verfahrens den GoB entspricht (siehe unter 1.4.). Bei Aufzeichnungen, die allein nach den Steuergesetzen vorzunehmen sind, bestimmt sich die Zulässigkeit des angewendeten Verfahrens nach dem Zweck, den die Aufzeichnungen für die Besteuerung erfüllen sollen

(§ 145 Absatz 2 AO; § 146 Absatz 5 Satz 1 2. HS AO). Unter diesen Voraussetzungen sind auch Aufzeichnungen auf Datenträgern zulässig.

[9] Somit sind alle Unternehmensbereiche betroffen, in denen betriebliche Abläufe durch DV-gestützte Verfahren abgebildet werden und ein Datenverarbeitungssystem (DV-System, siehe auch Rz. 20) für die Erfüllung der in den Rzn. 3 bis 5 bezeichneten außersteuerlichen oder steuerlichen Buchführungs-, Aufzeichnungs- und Aufbewahrungspflichten verwendet wird (siehe auch unter 11.1 zum Datenzugriffsrecht).

[10] Technische Vorgaben oder Standards (z. B. zu Archivierungsmedien oder Kryptografieverfahren) können angesichts der rasch fortschreitenden Entwicklung und der ebenfalls notwendigen Betrachtung des organisatorischen Umfelds nicht festgelegt werden. Im Zweifel ist über einen Analogieschluss festzustellen, ob die Ordnungsvorschriften eingehalten wurden, z. B. bei einem Vergleich zwischen handschriftlich geführten Handelsbüchern und Unterlagen in Papierform, die in einem verschlossenen Schrank aufbewahrt werden, einerseits und elektronischen Handelsbüchern und Unterlagen, die mit einem elektronischen Zugriffsschutz gespeichert werden, andererseits.

1.6 Beweiskraft von Buchführung und Aufzeichnungen, Darstellung von Beanstandungen durch die Finanzverwaltung

[11] Nach § 158 AO sind die Buchführung und die Aufzeichnungen des Steuerpflichtigen, die den Vorschriften der §§ 140 bis 148 AO entsprechen, der Besteuerung zugrunde zu legen, soweit nach den Umständen des Einzelfalls kein Anlass besteht, ihre sachliche Richtigkeit zu beanstanden. Werden Buchführung oder Aufzeichnungen des Steuerpflichtigen im Einzelfall durch die Finanzverwaltung beanstandet, so ist durch die Finanzverwaltung der Grund der Beanstandung in geeigneter Form darzustellen.

1.7 Aufzeichnungen

[12] Aufzeichnungen sind alle dauerhaft verkörperten Erklärungen über Geschäftsvorfälle in Schriftform oder auf Medien mit Schriftersatzfunktion (z. B. auf Datenträgern). Der Begriff der Aufzeichnungen umfasst Darstellungen in Worten, Zahlen, Symbolen und Grafiken.

[13] Werden Aufzeichnungen nach verschiedenen Rechtsnormen in einer Aufzeichnung zusammengefasst (z. B. nach §§ 238 ff. HGB und nach § 22 UStG), müssen die zusammengefassten Aufzeichnungen den unterschiedlichen Zwecken genügen. Erfordern verschiedene Rechtsnormen gleichartige Aufzeichnungen, so ist eine mehrfache Aufzeichnung für jede Rechtsnorm nicht erforderlich.

1.8 Bücher

[14] Der Begriff ist funktional unter Anknüpfung an die handelsrechtliche Bedeutung zu verstehen. Die äußere Gestalt (gebundenes Buch, Loseblattsammlung oder Datenträger) ist unerheblich.

[15] Der Kaufmann ist verpflichtet, in den Büchern seine Handelsgeschäfte und die Lage des Vermögens ersichtlich zu machen (§ 238 Absatz 1 Satz 1 HGB). Der Begriff Bücher umfasst sowohl die Handelsbücher der Kaufleute (§§ 238 ff. HGB) als auch die diesen entsprechenden Aufzeichnungen von Geschäftsvorfällen der Nichtkaufleute. Bei Kleinstunternehmen, die ihren Gewinn durch Einnahmen-Überschussrechnung ermitteln (bis 17.500 Euro Jahresumsatz), ist die Erfüllung der Anforderungen an die Aufzeichnungen nach den GoBD regelmäßig auch mit Blick auf die Unternehmensgröße zu bewerten.

1.9 Geschäftsvorfälle

[16] Geschäftsvorfälle sind alle rechtlichen und wirtschaftlichen Vorgänge, die innerhalb eines bestimmten Zeitabschnitts den Gewinn bzw. Verlust oder die Vermögenszusammensetzung in einem Unternehmen dokumentieren oder beeinflussen bzw. verändern (z. B. zu einer Veränderung des Anlage- und Umlaufvermögens sowie des Eigen- und Fremdkapitals führen).

1.10 Grundsätze ordnungsmäßiger Buchführung (GoB)

[17] Die GoB sind ein unbestimmter Rechtsbegriff, der insbesondere durch Rechtsnormen und Rechtsprechung geprägt ist und von der Rechtsprechung und Verwaltung jeweils im Einzelnen auszulegen und anzuwenden ist (BFH-Urteil vom 12. Mai 1966, BStBl III S. 371; BVerfG-Beschluss vom 10. Oktober 1961, 2 BvL 1/59, BVerfGE 13 S. 153).

[18] Die GoB können sich durch gutachterliche Stellungnahmen, Handelsbrauch, ständige Übung, Gewohnheitsrecht, organisatorische und technische Änderungen weiterentwickeln und sind einem Wandel unterworfen.

[19] Die GoB enthalten sowohl formelle als auch materielle Anforderungen an eine Buchführung. Die formellen Anforderungen ergeben sich insbesondere aus den §§ 238 ff. HGB für Kaufleute und aus den §§ 145 bis 147 AO für Buchführungs- und Aufzeichnungspflichtige (siehe unter 3.). Materiell ordnungsmäßig sind Bücher und Aufzeichnungen, wenn die Geschäftsvorfälle einzeln, nachvollziehbar, vollständig, richtig, zeitgerecht und geordnet in ihrer Auswirkung erfasst und anschließend gebucht bzw. verarbeitet sind (vgl. § 239 Absatz 2 HGB, § 145 AO, § 146 Absatz 1 AO). Siehe Rz. 11 zur Beweiskraft von Buchführung und Aufzeichnungen.

1.11 Datenverarbeitungssystem; Haupt-, Vor- und Nebensysteme

[20] Unter DV-System wird die im Unternehmen oder für Unternehmenszwecke zur elektronischen Datenverarbeitung eingesetzte Hard- und Software verstanden, mit denen Daten und Dokumente im Sinne der Rzn. 3 bis 5 erfasst, erzeugt, empfangen, übernommen, verarbeitet, gespeichert oder übermittelt werden. Dazu gehören das Hauptsystem sowie Vor- und Nebensysteme (z. B. Finanzbuchführungssystem, Anlagenbuchhaltung, Lohnbuchhaltungssystem, Kassensystem, Warenwirtschaftssystem, Zahlungsverkehrssystem, Taxameter, Geldspielgeräte, elektronische Waagen, Materialwirtschaft, Fakturierung, Zeiterfassung, Archivsystem, DokumentenManagement-System) einschließlich der Schnittstellen zwischen den Systemen. Auf die Bezeichnung des DV-Systems oder auf dessen Größe (z. B. Einsatz von Einzelgeräten

oder von Netzwerken) kommt es dabei nicht an. Ebenfalls kommt es nicht darauf an, ob die betreffenden DV-Systeme vom Steuerpflichtigen als eigene Hardware bzw. Software erworben und genutzt oder in einer Cloud bzw. als eine Kombination dieser Systeme betrieben werden.

2. Verantwortlichkeit

[21] Für die Ordnungsmäßigkeit elektronischer Bücher und sonst erforderlicher elektronischer Aufzeichnungen im Sinne der Rzn. 3 bis 5, einschließlich der eingesetzten Verfahren, ist allein der Steuerpflichtige verantwortlich. Dies gilt auch bei einer teilweisen oder vollständigen organisatorischen und technischen Auslagerung von Buchführungs- und Aufzeichnungsaufgaben auf Dritte (z. B. Steuerberater oder Rechenzentrum).

3. Allgemeine Anforderungen

[22] Die Ordnungsmäßigkeit elektronischer Bücher und sonst erforderlicher elektronischer Aufzeichnungen im Sinne der Rzn. 3 bis 5 ist nach den gleichen Prinzipien zu beurteilen wie die Ordnungsmäßigkeit bei manuell erstellten Büchern oder Aufzeichnungen.

[23] Das Erfordernis der Ordnungsmäßigkeit erstreckt sich – neben den elektronischen Büchern und sonst erforderlichen Aufzeichnungen – auch auf die damit in Zusammenhang stehenden Verfahren und Bereiche des DV-Systems (siehe unter 1.11), da die Grundlage für die Ordnungsmäßigkeit elektronischer Bücher und sonst erforderlicher Aufzeichnungen bereits bei der Entwicklung und Freigabe von Haupt-, Vor- und Nebensystemen einschließlich des dabei angewandten DV-gestützten Verfahrens gelegt wird. Die Ordnungsmäßigkeit muss bei der Einrichtung und unternehmensspezifischen Anpassung des DV-Systems bzw. der DV-gestützten Verfahren im konkreten Unternehmensumfeld und für die Dauer der Aufbewahrungsfrist erhalten bleiben.

[24] Die Anforderungen an die Ordnungsmäßigkeit ergeben sich aus:

- außersteuerlichen Rechtsnormen (z. B. den handelsrechtlichen GoB gem. §§ 238, 239, 257, 261 HGB), die gem. § 140 AO für das Steuerrecht nutzbar gemacht werden können, wenn sie für die Besteuerung von Bedeutung sind, und
- steuerlichen Ordnungsvorschriften (insbesondere gem. §§ 145 bis 147 AO).

[25] Die allgemeinen Ordnungsvorschriften in den §§ 145 bis 147 AO gelten nicht nur für Buchführungs- und Aufzeichnungspflichten nach § 140 AO und nach den §§ 141 bis 144 AO. Insbesondere § 145 Absatz 2 AO betrifft alle zu Besteuerungszwecken gesetzlich geforderten Aufzeichnungen, also auch solche, zu denen der Steuerpflichtige aufgrund anderer Steuergesetze verpflichtet ist, wie z. B. nach § 4 Absatz 3 Satz 5, Absatz 7 EStG und nach § 22 UStG (BFH-Urteil vom 24. Juni 2009, BStBl 2010 II S. 452).

[26] Demnach sind bei der Führung von Büchern in elektronischer oder in Papierform und sonst erforderlicher Aufzeichnungen in elektronischer oder in Papierform im Sinne der Rzn. 3 bis 5 die folgenden Anforderungen zu beachten:

- Grundsatz der Nachvollziehbarkeit und Nachprüfbarkeit (siehe unter 3.1),
- Grundsätze der Wahrheit, Klarheit und fortlaufenden Aufzeichnung (siehe unter 3.2):
  - Vollständigkeit (siehe unter 3.2.1),
  - Einzelaufzeichnungspflicht (siehe unter 3.2.1),
  - Richtigkeit (siehe unter 3.2.2),
  - zeitgerechte Buchungen und Aufzeichnungen (siehe unter 3.2.3),
  - Ordnung (siehe unter 3.2.4),
  - Unveränderbarkeit (siehe unter 3.2.5).

[27] Diese Grundsätze müssen während der Dauer der Aufbewahrungsfrist nachweisbar erfüllt werden und erhalten bleiben.

[28] Nach § 146 Absatz 6 AO gelten die Ordnungsvorschriften auch dann, wenn der Unternehmer elektronische Bücher und Aufzeichnungen führt, die für die Besteuerung von Bedeutung sind, ohne hierzu verpflichtet zu sein.

[29] Der Grundsatz der Wirtschaftlichkeit rechtfertigt es nicht, dass Grundprinzipien der Ordnungsmäßigkeit verletzt und die Zwecke der Buchführung erheblich gefährdet werden. Die zur Vermeidung einer solchen Gefährdung erforderlichen Kosten muss der Steuerpflichtige genauso in Kauf nehmen wie alle anderen Aufwendungen, die die Art seines Betriebes mit sich bringt (BFH-Urteil vom 26. März 1968, BStBl II S. 527).

3.1 Grundsatz der Nachvollziehbarkeit und Nachprüfbarkeit (§ 145 Absatz 1 AO, § 238 Absatz 1 Satz 2 und Satz 3 HGB)

[30] Die Verarbeitung der einzelnen Geschäftsvorfälle sowie das dabei angewandte Buchführungs- oder Aufzeichnungsverfahren müssen nachvollziehbar sein. Die Buchungen und die sonst erforderlichen Aufzeichnungen müssen durch einen Beleg nachgewiesen sein oder nachgewiesen werden können (Belegprinzip, siehe auch unter 4.).

[31] Aufzeichnungen sind so vorzunehmen, dass der Zweck, den sie für die Besteuerung erfüllen sollen, erreicht wird. Damit gelten die nachfolgenden Anforderungen der progressiven und retrograden Prüfbarkeit – soweit anwendbar – sinngemäß.

[32] Die Buchführung muss so beschaffen sein, dass sie einem sachverständigen Dritten innerhalb angemessener Zeit einen Überblick über die Geschäftsvorfälle und über die Lage des Unternehmens vermitteln kann. Die einzelnen Geschäftsvorfälle müssen sich in ihrer Entstehung und Abwicklung lückenlos verfolgen lassen (progressive und retrograde Prüfbarkeit).

[33] Die progressive Prüfung beginnt beim Beleg, geht über die Grund(buch)aufzeichnungen und Journale zu den Konten, danach zur Bilanz mit Gewinn- und Verlustrechnung und schließlich zur Steueranmeldung bzw. Steuererklärung. Die retrograde Prüfung verläuft umgekehrt. Die progressive und retrograde Prüfung muss für die gesamte Dauer der Aufbewahrungsfrist und in jedem Verfahrensschritt möglich sein.

[34] Die Nachprüfbarkeit der Bücher und sonst erforderlichen Aufzeichnungen erfordert eine aussagekräftige und vollständige Verfahrensdokumentation (siehe unter 10.1), die sowohl die aktuellen als auch die historischen Verfahrensinhalte für die Dauer der Aufbewahrungsfrist nachweist und den in der Praxis eingesetzten Versionen des DV-Systems entspricht.

[35] Die Nachvollziehbarkeit und Nachprüfbarkeit muss für die Dauer der Aufbewahrungsfrist gegeben sein. Dies gilt auch für die zum Verständnis der Buchführung oder Aufzeichnungen erforderliche Verfahrensdokumentation.

3.2 Grundsätze der Wahrheit, Klarheit und fortlaufenden Aufzeichnung

3.2.1 Vollständigkeit (§ 146 Absatz 1 AO, § 239 Absatz 2 HGB)

[36] Die Geschäftsvorfälle sind vollzählig und lückenlos aufzuzeichnen (Grundsatz der Einzelaufzeichnungspflicht; vgl. AEAO zu § 146 AO Nr. 2.1). Eine vollzählige und lückenlose Aufzeichnung von Geschäftsvorfällen ist auch dann gegeben, wenn zulässigerweise nicht alle Datenfelder eines Datensatzes gefüllt werden.

[37] Die GoB erfordern in der Regel die Aufzeichnung jedes Geschäftsvorfalls – also auch jeder Betriebseinnahme und Betriebsausgabe, jeder Einlage und Entnahme – in einem Umfang, der eine Überprüfung seiner Grundlagen, seines Inhalts und seiner Bedeutung für den Betrieb ermöglicht. Das bedeutet nicht nur die Aufzeichnung der in Geld bestehenden Gegenleistung, sondern auch des Inhalts des Geschäfts und des Namens des Vertragspartners (BFH-Urteil vom 12. Mai 1966, BStBl III S. 371) – soweit zumutbar, mit ausreichender Bezeichnung des Geschäftsvorfalls (BFH-Urteil vom 1. Oktober 1969, BStBl 1970 II S. 45). Branchenspezifische Mindestaufzeichnungspflichten und Zumutbarkeitsgesichtspunkte sind zu berücksichtigen.

Beispiele 2
zu branchenspezifisch entbehrlichen Aufzeichnungen und zur Zumutbarkeit:

- In einem Einzelhandelsgeschäft kommt zulässigerweise eine PC-Kasse ohne Kundenverwaltung zum Einsatz. Die Namen der Kunden werden bei Bargeschäften nicht erfasst und nicht beigestellt. – Keine Beanstandung.
- Bei einem Taxiunternehmer werden Angaben zum Kunden im Taxameter nicht erfasst und nicht beigestellt. – Keine Beanstandung.

[38] Dies gilt auch für Bareinnahmen; der Umstand der sofortigen Bezahlung rechtfertigt keine Ausnahme von diesem Grundsatz (BFH-Urteil vom 26. Februar 2004, BStBl 2004 II S. 599).

[39] Die Aufzeichnung jedes einzelnen Geschäftsvorfalls ist nur dann nicht zumutbar, wenn es technisch, betriebswirtschaftlich und praktisch unmöglich ist, die einzelnen Geschäftsvorfälle aufzuzeichnen (BFH-Urteil vom 12. Mai 1966, IV 472/60, BStBl III S. 371). Das Vorliegen dieser Voraussetzungen ist durch den Steuerpflichtigen nachzuweisen.

Beim Verkauf von Waren an eine Vielzahl von nicht bekannten Personen gegen Barzahlung gilt die Einzelaufzeichnungspflicht nach § 146 Absatz 1 Satz 1 AO aus Zumutbarkeitsgründen nicht, wenn kein elektronisches Aufzeichnungssystem, sondern eine offene Ladenkasse verwendet wird (§ 146 Absatz 1 Satz 3 und 4 AO, vgl. AEAO zu § 146, Nr. 2.1.4). Wird hingegen ein elektronisches Aufzeichnungssystem verwendet, gilt die Einzelaufzeichnungspflicht nach § 146 Absatz 1 Satz 1 AO unabhängig davon, ob das elektronische Aufzeichnungssystem und die digitalen Aufzeichnungen nach § 146a Absatz 3 AO i. V. m. der KassenSichV mit einer zertifizierten technischen Sicherheitseinrichtung zu schützen sind. Die Zumutbarkeitsüberlegungen, die der Ausnahmeregelung nach § 146 Absatz 1 Satz 3 AO zugrunde liegen, sind grundsätzlich auch auf Dienstleistungen übertragbar (vgl. AEAO zu § 146, Nr. 2.2.6).

[40] Die vollständige und lückenlose Erfassung und Wiedergabe aller Geschäftsvorfälle ist bei DV-Systemen durch ein Zusammenspiel von technischen (einschließlich programmierten) und organisatorischen Kontrollen sicherzustellen (z. B. Erfassungskontrollen, Plausibilitätskontrollen bei Dateneingaben, inhaltliche Plausibilitätskontrollen, automatisierte Vergabe von Datensatznummern, Lückenanalyse oder Mehrfachbelegungsanalyse bei Belegnummern).

[41] Ein und derselbe Geschäftsvorfall darf nicht mehrfach aufgezeichnet werden.

Beispiel 3:
Ein Wareneinkauf wird gewinnwirksam durch Erfassung des zeitgleichen Lieferscheins und später nochmals mittels Erfassung der (Sammel)Rechnung erfasst und verbucht. Keine mehrfache Aufzeichnung eines Geschäftsvorfalles in verschiedenen Systemen oder mit verschiedenen Kennungen (z. B. für Handelsbilanz, für steuerliche Zwecke) liegt vor, soweit keine mehrfache bilanzielle oder gewinnwirksame Auswirkung gegeben ist.

[42] Zusammengefasste oder verdichtete Aufzeichnungen im Hauptbuch (Konto) sind zulässig, sofern sie nachvollziehbar in ihre Einzelpositionen in den Grund(buch)aufzeichnungen oder des Journals aufgegliedert werden können. Andernfalls ist die Nachvollziehbarkeit und Nachprüfbarkeit nicht gewährleistet.

[43] Die Erfassung oder Verarbeitung von tatsächlichen Geschäftsvorfällen darf nicht unterdrückt werden. So ist z. B. eine Bon- oder Rechnungserteilung ohne Registrierung der bar vereinnahmten Beträge (Abbruch des Vorgangs) in einem DV-System unzulässig.

3.2.2 Richtigkeit (§ 146 Absatz 1 AO, § 239 Absatz 2 HGB)

[44] Geschäftsvorfälle sind in Übereinstimmung mit den tatsächlichen Verhältnissen und im Einklang mit den rechtlichen Vorschriften inhaltlich zutreffend durch Belege abzubilden (BFH-Urteil vom 24. Juni 1997, BStBl 1998 II S. 51), der Wahrheit entsprechend aufzuzeichnen und bei kontenmäßiger Abbildung zutreffend zu kontieren.

3.2.3 Zeitgerechte Buchungen und Aufzeichnungen (§ 146 Absatz 1 AO, § 239 Absatz 2 HGB)

[45] Das Erfordernis »zeitgerecht« zu buchen verlangt, dass ein zeitlicher Zusammenhang zwischen den Vorgängen und ihrer buchmäßigen Erfassung besteht (BFH-Urteil vom 25. März 1992, BStBl 1992 II S. 1010; BFH-Urteil vom 5. März 1965, BStBl III S. 285).

[46] Jeder Geschäftsvorfall ist zeitnah, d. h. möglichst unmittelbar nach seiner Entstehung in einer Grundaufzeichnung oder in einem Grundbuch zu erfassen. Nach den GoB müssen die Geschäftsvorfälle grundsätzlich laufend gebucht werden (Journal). Es widerspricht dem Wesen der kaufmännischen Buchführung, sich zunächst auf die Sammlung von Belegen zu beschränken und nach Ablauf einer langen Zeit auf Grund dieser Belege die Geschäftsvorfälle in Grundaufzeichnungen oder Grundbüchern einzutragen (vgl. BFH-Urteil vom 10. Juni 1954, BStBl III S. 298). Die Funktion der Grund(buch)aufzeichnungen kann auf Dauer auch durch eine geordnete und übersichtliche Belegablage erfüllt werden (§ 239 Absatz 4 HGB; § 146 Absatz 5 AO; H 5.2 »Grundbuchaufzeichnungen« EStH).

[47] Jede nicht durch die Verhältnisse des Betriebs oder des Geschäftsvorfalls zwingend bedingte Zeitspanne zwischen dem Eintritt des Vorganges und seiner laufenden Erfassung in Grund(buch)aufzeichnungen ist bedenklich. Eine Erfassung von unbaren Geschäftsvorfällen innerhalb von zehn Tagen ist unbedenklich. Wegen der Forderung nach zeitnaher chronologischer Erfassung der Geschäftsvorfälle ist zu verhindern, dass die Geschäftsvorfälle buchmäßig für längere Zeit in der Schwebe gehalten werden und sich hierdurch die Möglichkeit eröffnet, sie später anders darzustellen, als sie richtigerweise darzustellen gewesen wären, oder sie ganz außer Betracht zu lassen und im privaten, sich in der Buchführung nicht niederschlagenden Bereich abzuwickeln. Bei zeitlichen Abständen zwischen der Entstehung eines Geschäftsvorfalls und seiner Erfassung sind daher geeignete Maßnahmen zur Sicherung der Vollständigkeit zu treffen.

[48] Kasseneinnahmen und Kassenausgaben sind nach § 146 Absatz 1 Satz 2 AO täglich festzuhalten.

[49] Es ist nicht zu beanstanden, wenn Waren- und Kostenrechnungen, die innerhalb von acht Tagen nach Rechnungseingang oder innerhalb der ihrem gewöhnlichen Durchlauf durch den Betrieb entsprechenden Zeit beglichen werden, kontokorrentmäßig nicht (z. B. Geschäftsfreundebuch, Personenkonten) erfasst werden (vgl. R 5.2 Absatz 1 EStR).

[50] Werden bei der Erstellung der Bücher Geschäftsvorfälle nicht laufend, sondern nur periodenweise gebucht bzw. den Büchern vergleichbare Aufzeichnungen der Nichtbuchführungspflichtigen nicht laufend, sondern nur periodenweise erstellt, dann ist dies unter folgenden Voraussetzungen nicht zu beanstanden:

- Die Geschäftsvorfälle werden vorher zeitnah (bare Geschäftsvorfälle täglich, unbare Geschäftsvorfälle innerhalb von zehn Tagen) in Grund(buch)aufzeichnungen oder Grundbüchern festgehalten und durch organisatorische Vorkehrungen ist sichergestellt, dass die

Unterlagen bis zu ihrer Erfassung nicht verloren gehen, z. B. durch laufende Nummerierung der eingehenden und ausgehenden Rechnungen, durch Ablage in besonderen Mappen und Ordnern oder durch elektronische Grund(buch)aufzeichnungen in Kassensystemen, Warenwirtschaftssystemen, Fakturierungssystemen etc.,

- die Vollständigkeit der Geschäftsvorfälle wird im Einzelfall gewährleistet und
- es wurde zeitnah eine Zuordnung (Kontierung, mindestens aber die Zuordnung betrieblich/privat, Ordnungskriterium für die Ablage) vorgenommen.

[51] Jeder Geschäftsvorfall ist periodengerecht der Abrechnungsperiode zuzuordnen, in der er angefallen ist. Zwingend ist die Zuordnung zum jeweiligen Geschäftsjahr oder zu einer nach Gesetz, Satzung oder Rechnungslegungszweck vorgeschriebenen kürzeren Rechnungsperiode.

[52] Erfolgt die Belegsicherung oder die Erfassung von Geschäftsvorfällen unmittelbar nach Eingang oder Entstehung mittels DV-System (elektronische Grund(buch)aufzeichnungen), so stellt sich die Frage der Zumutbarkeit und Praktikabilität hinsichtlich der zeitgerechten Erfassung/Belegsicherung und längerer Fristen nicht. Erfüllen die Erfassungen Belegfunktion bzw. dienen sie der Belegsicherung (auch für Vorsysteme, wie Kasseneinzelaufzeichnungen und Warenwirtschaftssystem), dann ist eine unprotokollierte Änderung nicht mehr zulässig (siehe unter 3.2.5). Bei zeitlichen Abständen zwischen Erfassung und Buchung, die über den Ablauf des folgenden Monats hinausgehen, sind die Ordnungsmäßigkeitsanforderungen nur dann erfüllt, wenn die Geschäftsvorfälle vorher fortlaufend richtig und vollständig in Grund(buch)aufzeichnungen oder Grundbüchern festgehalten werden (vgl. Rz. 50). Zur Erfüllung der Funktion der Grund(buch)aufzeichnung vgl. Rz. 46.

3.2.4 Ordnung (§ 146 Absatz 1 AO, § 239 Absatz 2 HGB)

[53] Der Grundsatz der Klarheit verlangt u. a. eine systematische Erfassung und übersichtliche, eindeutige und nachvollziehbare Buchungen.

[54] Die geschäftlichen Unterlagen dürfen nicht planlos gesammelt und aufbewahrt werden. Ansonsten würde dies mit zunehmender Zahl und Verschiedenartigkeit der Geschäftsvorfälle zur Unübersichtlichkeit der Buchführung führen, einen jederzeitigen Abschluss unangemessen erschweren und die Gefahr erhöhen, dass Unterlagen verlorengehen oder später leicht aus dem Buchführungswerk entfernt werden können. Hieraus folgt, dass die Bücher und Aufzeichnungen nach bestimmten Ordnungsprinzipien geführt werden müssen und eine Sammlung und Aufbewahrung der Belege notwendig ist, durch die im Rahmen des Möglichen gewährleistet wird, dass die Geschäftsvorfälle leicht und identifizierbar feststellbar und für einen die Lage des Vermögens darstellenden Abschluss unverlierbar sind (BFH-Urteil vom 26. März 1968, BStBl II S. 527).

[55] In der Regel verstößt die nicht getrennte Verbuchung von baren und unbaren Geschäftsvorfällen oder von nicht steuerbaren, steuerfreien und steuerpflichtigen Umsätzen ohne genügende Kennzeichnung gegen die Grundsätze der Wahrheit und Klarheit einer kaufmännischen Buchführung. Die nicht getrennte Aufzeichnung von nicht steuerbaren, steuerfreien und steuerpflichtigen Umsätzen ohne genügende Kennzeichnung verstößt in der Regel gegen steuerrechtliche Anforderungen (z. B. § 22 UStG). Eine kurzzeitige gemeinsame Erfassung von baren und unbaren Tagesgeschäften im Kassenbuch ist regelmäßig nicht zu beanstanden, wenn die ursprünglich im Kassenbuch erfassten unbaren Tagesumsätze (z. B. EC-Kartenumsätze) gesondert kenntlich gemacht sind und nachvollziehbar unmittelbar nachfolgend wieder aus dem Kassenbuch auf ein gesondertes Konto aus- bzw. umgetragen werden, soweit die Kassensturzfähigkeit der Kasse weiterhin gegeben ist.

[56] Bei der doppelten Buchführung sind die Geschäftsvorfälle so zu verarbeiten, dass sie geordnet darstellbar sind und innerhalb angemessener Zeit ein Überblick über die Vermögens- und Ertragslage gewährleistet ist.

[57] Die Buchungen müssen einzeln und sachlich geordnet nach Konten dargestellt (Kontenfunktion) und unverzüglich lesbar gemacht werden können. Damit bei Bedarf für einen zurückliegenden Zeitpunkt ein Zwischenstatus oder eine Bilanz mit Gewinn- und Verlustrechnung aufgestellt werden kann, sind die Konten nach Abschlusspositionen zu sammeln und nach Kontensummen oder Salden fortzuschreiben (Hauptbuch, siehe unter 5.4).

3.2.5 Unveränderbarkeit (§ 146 Absatz 4 AO, § 239 Absatz 3 HGB)

[58] Eine Buchung oder eine Aufzeichnung darf nicht in einer Weise verändert werden, dass der ursprüngliche Inhalt nicht mehr feststellbar ist. Auch solche Veränderungen dürfen nicht vorgenommen werden, deren Beschaffenheit es ungewiss lässt, ob sie ursprünglich oder erst später gemacht worden sind (§ 146 Absatz 4 AO, § 239 Absatz 3 HGB).

[59] Veränderungen und Löschungen von und an elektronischen Buchungen oder Aufzeichnungen (vgl. Rzn. 3 bis 5) müssen daher so protokolliert werden, dass die Voraussetzungen des § 146 Absatz 4 AO bzw. § 239 Absatz 3 HGB erfüllt sind (siehe auch unter 8). Für elektronische Dokumente und andere elektronische Unterlagen, die gem. § 147 AO aufbewahrungspflichtig und nicht Buchungen oder Aufzeichnungen sind, gilt dies sinngemäß.

Beispiel 4:
Der Steuerpflichtige erstellt über ein Fakturierungssystem Ausgangsrechnungen und bewahrt die inhaltlichen Informationen elektronisch auf (zum Beispiel in seinem Fakturierungssystem). Die Lesbarmachung der abgesandten Handels- und Geschäftsbriefe aus dem Fakturierungssystem erfolgt jeweils unter Berücksichtigung der in den aktuellen Stamm- und Bewegungsdaten enthaltenen Informationen.

In den Stammdaten ist im Jahr 01 der Steuersatz 16% und der Firmenname des Kunden A hinterlegt. Durch Umfirmierung des Kunden A zu B und Änderung des Steuersatzes auf 19% werden die Stammdaten im Jahr 02 geändert. Eine Historisierung der Stammdaten erfolgt nicht.

Der Steuerpflichtige ist im Jahr 02 nicht mehr in der Lage, die inhaltliche Übereinstimmung der abgesandten Handels- und Geschäftsbriefe mit den ursprünglichen Inhalten bei Lesbarmachung sicher zu stellen.

[60] Der Nachweis der Durchführung der in dem jeweiligen Verfahren vorgesehenen Kontrollen ist u. a. durch Verarbeitungsprotokolle sowie durch die Verfahrensdokumentation (siehe unter 6. und unter 10.1) zu erbringen.

4. Belegwesen (Belegfunktion)

[61] Jeder Geschäftsvorfall ist urschriftlich bzw. als Kopie der Urschrift zu belegen. Ist kein Fremdbeleg vorhanden, muss ein Eigenbeleg erstellt werden. Zweck der Belege ist es, den sicheren und klaren Nachweis über den Zusammenhang zwischen den Vorgängen in der Realität einerseits und dem aufgezeichneten oder gebuchten Inhalt in Büchern oder sonst erforderlichen Aufzeichnungen und ihre Berechtigung andererseits zu erbringen (Belegfunktion). Auf die Bezeichnung als »Beleg« kommt es nicht an. Die Belegfunktion ist die Grundvoraussetzung für die Beweiskraft der Buchführung und sonst erforderlicher Aufzeichnungen. Sie gilt auch bei Einsatz eines DV-Systems.

[62] Inhalt und Umfang der in den Belegen enthaltenen Informationen sind insbesondere von der Belegart (z. B. Aufträge, Auftragsbestätigungen, Bescheide über Steuern oder Gebühren, betriebliche Kontoauszüge, Gutschriften, Lieferscheine, Lohn- und Gehaltsabrechnungen, Barquittungen, Rechnungen, Verträge, Zahlungsbelege) und der eingesetzten Verfahren abhängig.

[63] Empfangene oder abgesandte Handels- oder Geschäftsbriefe erhalten erst mit dem Kontierungsvermerk und der Verbuchung auch die Funktion eines Buchungsbelegs.

[64] Zur Erfüllung der Belegfunktionen sind deshalb Angaben zur Kontierung, zum Ordnungskriterium für die Ablage und zum Buchungsdatum auf dem Papierbeleg erforderlich. Bei einem elektronischen Beleg kann dies auch durch die Verbindung mit einem Datensatz mit Angaben zur Kontierung oder durch eine elektronische Verknüpfung (z. B. eindeutiger Index, Barcode) erfolgen. Ein Steuerpflichtiger hat andernfalls durch organisatorische Maßnahmen sicherzustellen, dass die Geschäftsvorfälle auch ohne Angaben auf den Belegen in angemessener Zeit progressiv und retrograd nachprüfbar sind.

Korrektur- bzw. Stornobuchungen müssen auf die ursprüngliche Buchung rückbeziehbar sein.

[65] Ein Buchungsbeleg in Papierform oder in elektronischer Form (z. B. Rechnung) kann einen oder mehrere Geschäftsvorfälle enthalten.

[66] Aus der Verfahrensdokumentation (siehe unter 10.1) muss ersichtlich sein, wie die elektronischen Belege erfasst, empfangen, verarbeitet, ausgegeben und aufbewahrt (zur Aufbewahrung siehe unter 9.) werden.

4.1 Belegsicherung

[67] Die Belege in Papierform oder in elektronischer Form sind zeitnah, d. h. möglichst unmittelbar nach Eingang oder Entstehung gegen Verlust zu sichern (vgl. zur zeitgerechten Belegsicherung unter 3.2.3, vgl. zur Aufbewahrung unter 9.).

[68] Bei Papierbelegen erfolgt eine Sicherung z. B. durch laufende Nummerierung der eingehenden und ausgehenden Lieferscheine und Rechnungen, durch laufende Ablage in besonderen Mappen und Ordnern, durch zeitgerechte Erfassung in Grund(buch)aufzeichnungen oder durch laufende Vergabe eines Barcodes und anschließende bildliche Erfassung der Papierbelege im Sinne des § 147 Absatz 2 AO (siehe Rz. 130).

[69] Bei elektronischen Belegen (z. B. Abrechnung aus Fakturierung) kann die laufende Nummerierung automatisch vergeben werden (z. B. durch eine eindeutige Belegnummer).

[70] Die Belegsicherung kann organisatorisch und technisch mit der Zuordnung zwischen Beleg und Grund(buch)aufzeichnung oder Buchung verbunden werden.

4.2 Zuordnung zwischen Beleg und Grund(buch)aufzeichnung oder Buchung

[71] Die Zuordnung zwischen dem einzelnen Beleg und der dazugehörigen Grund(buch)aufzeichnung oder Buchung kann anhand von eindeutigen Zuordnungsmerkmalen (z. B. Index, Paginiernummer, Dokumenten-ID) und zusätzlichen Identifikationsmerkmalen für die Papierablage oder für die Such- und Filtermöglichkeit bei elektronischer Belegablage gewährleistet werden. Gehören zu einer Grund(buch)aufzeichnung oder Buchung mehrere Belege (z. B. Rechnung verweist für Menge und Art der gelieferten Gegenstände nur auf Lieferschein), bedarf es zusätzlicher Zuordnungs- und Identifikationsmerkmale für die Verknüpfung zwischen den Belegen und der Grund(buch)aufzeichnung oder Buchung.

[72] Diese Zuordnungs- und Identifizierungsmerkmale aus dem Beleg müssen bei der Aufzeichnung oder Verbuchung in die Bücher oder Aufzeichnungen übernommen werden, um eine progressive und retrograde Prüfbarkeit zu ermöglichen.

[73] Die Ablage der Belege und die Zuordnung zwischen Beleg und Aufzeichnung müssen in angemessener Zeit nachprüfbar sein. So kann z. B. Beleg- oder Buchungsdatum, Kontoauszugnummer oder Name bei umfangreichem Beleganfall mangels Eindeutigkeit in der Regel kein geeignetes Zuordnungsmerkmal für den einzelnen Geschäftsvorfall sein.

[74] **Beispiel 5:**

Ein Steuerpflichtiger mit ausschließlich unbaren Geschäftsvorfällen erhält nach Abschluss eines jeden Monats von seinem Kreditinstitut einen Kontoauszug in Papierform mit vielen einzelnen Kontoblättern. Für die Zuordnung der Belege und Aufzeichnungen erfasst der Unternehmer ausschließlich die Kontoauszugsnummer. Allein anhand der Kontoauszugsnummer – ohne zusätzliche Angabe der Blattnummer und der Positionsnummer – ist eine Zuordnung von Beleg und Aufzeichnung oder Buchung in angemessener Zeit nicht nachprüfbar.

4.3 Erfassungsgerechte Aufbereitung der Buchungsbelege

[75] Eine erfassungsgerechte Aufbereitung der Buchungsbelege in Papierform oder die entsprechende Übernahme von Beleginformationen aus elektronischen Belegen (Daten, Datensätze, elektronische Dokumente und elektronische Unterlagen) ist sicherzustellen. Diese Aufbereitung der Belege ist insbesondere bei Fremdbelegen von Bedeutung, da der Steuerpflichtige im Allgemeinen keinen Einfluss auf die Gestaltung der ihm zugesandten Handels- und Geschäftsbriefe (z. B. Eingangsrechnungen) hat.

[76] Werden neben bildhaften Urschriften auch elektronische Meldungen bzw. Datensätze ausgestellt (identische Mehrstücke derselben Belegart), ist die Aufbewahrung der tatsächlich weiterverarbeiteten Formate (buchungsbegründende Belege) ausreichend, sofern diese über die höchste maschinelle Auswertbarkeit verfügen. In diesem Fall erfüllt das Format mit der höchsten maschinellen Auswertbarkeit mit dessen vollständigem Dateninhalt die Belegfunktion und muss mit dessen vollständigem Inhalt gespeichert werden. Andernfalls sind beide Formate aufzubewahren. Dies gilt entsprechend, wenn mehrere elektronische Meldungen bzw. mehrere Datensätze ohne bildhafte Urschrift ausgestellt werden. Dies gilt auch für elektronische Meldungen (strukturierte Daten, wie z. B. ein monatlicher Kontoauszug im CSV-Format oder als XML-File), für die inhaltsgleiche bildhafte Dokumente zusätzlich bereitgestellt werden. Eine zusätzliche Archivierung der inhaltsgleichen Kontoauszüge in PDF oder Papier kann bei Erfüllung der Belegfunktion durch die strukturierten Kontoumsatzdaten entfallen.

Bei Einsatz eines Fakturierungsprogramms muss unter Berücksichtigung der vorgenannten Voraussetzungen keine bildhafte Kopie der Ausgangsrechnung (z. B. in Form einer PDF-Datei) ab Erstellung gespeichert bzw. aufbewahrt werden, wenn jederzeit auf Anforderung ein entsprechendes Doppel der Ausgangsrechnung erstellt werden kann.

Hierfür sind u. a. folgende Voraussetzungen zu beachten:

- Entsprechende Stammdaten (z. B. Debitoren, Warenwirtschaft etc.) werden laufend historisiert
- AGB werden ebenfalls historisiert und aus der Verfahrensdokumentation ist ersichtlich, welche AGB bei Erstellung der Originalrechnung verwendet wurden
- Originallayout des verwendeten Geschäftsbogens wird als Muster (Layer) gespeichert und bei Änderungen historisiert. Zudem ist aus der Verfahrensdokumentation ersichtlich, welches Format bei Erstellung der Originalrechnung verwendet wurde (idealerweise kann bei Ausdruck oder Lesbarmachung des Rechnungsdoppels dieses Originallayout verwendet werden).
- Weiterhin sind die Daten des Fakturierungsprogramms in maschinell auswertbarer Form und unveränderbar aufzubewahren.

[77] Jedem Geschäftsvorfall muss ein Beleg zugrunde liegen, mit folgenden Inhalten:

Bezeichnung	Begründung
Eindeutige Belegnummer (z. B. Index, Paginiernummer, Dokumenten-ID, fortlaufende Rechnungsausgangsnummer)	Angabe zwingend (§ 146 Absatz 1 Satz 1 AO, einzeln, vollständig, geordnet) Kriterium für Vollständigkeitskontrolle (Belegsicherung) Bei umfangreichem Beleganfall ist Zuordnung und Identifizierung regelmäßig nicht aus Belegdatum oder anderen Merkmalen eindeutig ableitbar. Sofern die Fremdbelegnummer eine eindeutige Zuordnung zulässt, kann auch diese verwendet werden.
Belegaussteller und -empfänger	Soweit dies zu den branchenüblichen Mindestaufzeichnungspflichten gehört und keine Aufzeichnungserleichterungen bestehen (z. B. § 33 UStDV)
Betrag bzw. Mengen- oder Wertangaben, aus denen sich der zu buchende Betrag ergibt	Angabe zwingend (BFH vom 12. Mai 1966, BStBl III S. 371); Dokumentation einer Veränderung des Anlage- und Umlaufvermögens sowie des Eigen- und Fremdkapitals
Währungsangabe und Wechselkurs bei Fremdwährung	Ermittlung des Buchungsbetrags
Hinreichende Erläuterung des Geschäftsvorfalls	Hinweis auf BFH-Urteil vom 12. Mai 1966, BStBl III S. 371; BFH-Urteil vom 1. Oktober 1969, BStBl 1970 II S. 45
Belegdatum	Angabe zwingend (§ 146 Absatz 1 Satz 1 AO, zeitgerecht). Identifikationsmerkmale für eine chronologische Erfassung, bei Bargeschäften regelmäßig Zeitpunkt des Geschäftsvorfalls Evtl. zusätzliche Erfassung der Belegzeit bei umfangreichem Beleganfall erforderlich
Verantwortlicher Aussteller, soweit vorhanden	Z. B. Bediener der Kasse

Vgl. Rz. 85 zu den Inhalten der Grund(buch)aufzeichnungen.

Vgl. Rz. 94 zu den Inhalten des Journals.

[78] Für umsatzsteuerrechtliche Zwecke können weitere Angaben erforderlich sein. Dazu gehören beispielsweise die Rechnungsangaben nach §§ 14, 14a UStG und § 33 UStDV.

[79] Buchungsbelege sowie abgesandte oder empfangene Handels- oder Geschäftsbriefe in Papierform oder in elektronischer Form enthalten darüber hinaus vielfach noch weitere Informationen, die zum Verständnis und zur Überprüfung der für die Besteuerung gesetzlich vorgeschriebenen Aufzeichnungen im Einzelfall von Bedeutung und damit ebenfalls aufzubewahren sind. Dazu gehören z. B.:

- Mengen- oder Wertangaben zur Erläuterung des Buchungsbetrags, sofern nicht bereits unter Rz. 77 berücksichtigt,
- Einzelpreis (z. B. zur Bewertung),
- Valuta, Fälligkeit (z. B. zur Bewertung),
- Angaben zu Skonti, Rabatten (z. B. zur Bewertung),
- Zahlungsart (bar, unbar),
- Angaben zu einer Steuerbefreiung.

4.4 Besonderheiten

[80] Bei DV-gestützten Prozessen wird der Nachweis der zutreffenden Abbildung von Geschäftsvorfällen oft nicht durch konventionelle Belege erbracht (z. B. Buchungen aus Fakturierungssätzen, die durch Multiplikation von Preisen mit entnommenen Mengen aus der Betriebsdatenerfassung gebildet werden). Die Erfüllung der Belegfunktion ist dabei durch die ordnungsgemäße Anwendung des jeweiligen Verfahrens wie folgt nachzuweisen:

- Dokumentation der programminternen Vorschriften zur Generierung der Buchungen,
- Nachweis oder Bestätigung, dass die in der Dokumentation enthaltenen Vorschriften einem autorisierten Änderungsverfahren unterlegen haben (u. a. Zugriffsschutz, Versionsführung, Test- und Freigabeverfahren),
- Nachweis der Anwendung des genehmigten Verfahrens sowie
- Nachweis der tatsächlichen Durchführung der einzelnen Buchungen.

[81] Bei Dauersachverhalten sind die Ursprungsbelege Basis für die folgenden Automatikbuchungen. Bei (monatlichen) AfA-Buchungen nach Anschaffung eines abnutzbaren Wirtschaftsguts ist der Anschaffungsbeleg mit der AfA-Bemessungsgrundlage und weiteren Parametern (z. B. Nutzungsdauer) aufbewahrungspflichtig. Aus der Verfahrensdokumentation und der ordnungsmäßigen Anwendung des Verfahrens muss der automatische Buchungsvorgang nachvollziehbar sein.

5. Aufzeichnung der Geschäftsvorfälle in zeitlicher Reihenfolge und in sachlicher Ordnung (Grund(buch)aufzeichnungen, Journal- und Kontenfunktion)

[82] Der Steuerpflichtige hat organisatorisch und technisch sicherzustellen, dass die elektronischen Buchungen und sonst erforderlichen elektronischen Aufzeichnungen einzeln, vollständig, richtig, zeitgerecht und geordnet vorgenommen werden (§ 146 Absatz 1 Satz 1 AO, § 239 Absatz 2 HGB). Jede Buchung oder Aufzeichnung muss im Zusammenhang mit einem Beleg stehen (BFH-Urteil vom 24. Juni 1997, BStBl 1998 II S. 51).

[83] Bei der doppelten Buchführung müssen alle Geschäftsvorfälle in zeitlicher Reihenfolge (Grund(buch)aufzeichnung, Journalfunktion) und in sachlicher Gliederung (Hauptbuch, Kontenfunktion, siehe unter 5.4) darstellbar sein. Im Hauptbuch bzw. bei der Kontenfunktion verursacht jeder Geschäftsvorfall eine Buchung auf mindestens zwei Konten (Soll- und Habenbuchung).

[84] Die Erfassung der Geschäftsvorfälle in elektronischen Grund(buch)aufzeichnungen (siehe unter 5.1 und 5.2) und die Verbuchung im Journal (siehe unter 5.3) kann organisatorisch und zeitlich auseinanderfallen (z.B. Grund(buch)aufzeichnung in Form von Kassenauftragszeilen). Erfüllen die Erfassungen Belegfunktion bzw. dienen sie der Belegsicherung, dann ist eine unprotokollierte Änderung nicht mehr zulässig (vgl. Rzn. 58 und 59). In diesen Fällen gelten die Ordnungsvorschriften bereits mit der ersten Erfassung der Geschäftsvorfälle und der Daten und müssen über alle nachfolgenden Prozesse erhalten bleiben (z.B. Übergabe von Daten aus Vor- in Hauptsysteme).

5.1 Erfassung in Grund(buch)aufzeichnungen

[85] Die fortlaufende Aufzeichnung der Geschäftsvorfälle erfolgt zunächst in Papierform oder in elektronischen Grund(buch)aufzeichnungen (Grundaufzeichnungsfunktion), um die Belegsicherung und die Garantie der Unverlierbarkeit des Geschäftsvorfalls zu gewährleisten. Sämtliche Geschäftsvorfälle müssen der zeitlichen Reihenfolge nach und materiell mit ihrem richtigen und erkennbaren Inhalt festgehalten werden.

Zu den aufzeichnungspflichtigen Inhalten gehören

- die in Rzn. 77, 78 und 79 enthaltenen Informationen,
- das Erfassungsdatum, soweit abweichend vom Buchungsdatum Begründung:
  - Angabe zwingend (§ 146 Absatz 1 Satz 1 AO, zeitgerecht),
  - Zeitpunkt der Buchungserfassung und -verarbeitung,
  - Angabe der »Festschreibung« (Veränderbarkeit nur mit Protokollierung) zwingend, soweit nicht Unveränderbarkeit automatisch mit Erfassung und Verarbeitung in Grund(buch)aufzeichnung.

Vgl. Rz. 94 zu den Inhalten des Journals.

[86] Die Grund(buch)aufzeichnungen sind nicht an ein bestimmtes System gebunden. Jedes System, durch das die einzelnen Geschäftsvorfälle fortlaufend, vollständig und richtig festgehalten werden, so dass die Grundaufzeichnungsfunktion erfüllt wird, ist ordnungsmäßig (vgl. BFH-Urteil vom 26. März 1968, BStBl II S. 527 für Buchführungspflichtige).

5.2 Digitale Grund(buch)aufzeichnungen

[87] Sowohl beim Einsatz von Haupt- als auch von Vor- oder Nebensystemen ist eine Verbuchung im Journal des Hauptsystems (z.B. Finanzbuchhaltung) bis zum Ablauf des folgenden Monats nicht zu beanstanden, wenn die einzelnen Geschäftsvorfälle bereits in einem Vor- oder Nebensystem die Grundaufzeichnungsfunktion erfüllen und die Einzeldaten aufbewahrt werden.

[88] Durch Erfassungs-, Übertragungs- und Verarbeitungskontrollen ist sicherzustellen, dass alle Geschäftsvorfälle vollständig erfasst oder übermittelt werden und danach nicht unbefugt (d.h. nicht ohne Zugriffsschutzverfahren) und nicht ohne Nachweis des vorausgegangenen Zustandes verändert werden können. Die Durchführung der Kontrollen ist zu protokollieren. Die konkrete Ausgestaltung der Protokollierung ist abhängig von der Komplexität und Diversifikation der Geschäftstätigkeit und der Organisationsstruktur sowie des eingesetzten DV-Systems.

[89] Neben den Daten zum Geschäftsvorfall selbst müssen auch alle für die Verarbeitung erforderlichen Tabellendaten (Stammdaten, Bewegungsdaten, Metadaten wie z.B. Grund- oder Systemeinstellungen, geänderte Parameter), deren Historisierung und Programme gespeichert sein. Dazu gehören auch Informationen zu Kriterien, die eine Abgrenzung zwischen den steuerrechtlichen, den handelsrechtlichen und anderen Buchungen (z.B. nachrichtliche Datensätze zu Fremdwährungen, alternative Bewertungsmethoden, statistische Buchungen, GuV-Kontennullstellungen, Summenkonten) ermöglichen.

5.3 Verbuchung im Journal (Journalfunktion)

[90] Die Journalfunktion erfordert eine vollständige, zeitgerechte und formal richtige Erfassung, Verarbeitung und Wiedergabe der eingegebenen Geschäftsvorfälle. Sie dient dem Nachweis der tatsächlichen und zeitgerechten Verarbeitung der Geschäftsvorfälle.

[91] Werden die unter 5.1 genannten Voraussetzungen bereits mit fortlaufender Verbuchung im Journal erfüllt, ist eine zusätzliche Erfassung in Grund(buch)aufzeichnungen nicht erforderlich. Eine laufende Aufzeichnung unmittelbar im Journal genügt den Erfordernissen der zeitgerechten Erfassung in Grund(buch)aufzeichnungen (vgl. BFH-Urteil vom 16. September 1964, BStBl III S. 654). Zeitversetzte Buchungen im Journal genügen nur dann, wenn die Geschäftsvorfälle vorher fortlaufend richtig und vollständig in Grundaufzeichnungen oder Grundbüchern aufgezeichnet werden. Die Funktion der Grund(buch)aufzeichnungen kann auf Dauer auch durch eine geordnete und übersichtliche Belegablage erfüllt werden (§ 239 Absatz 4 HGB, § 146 Absatz 5 AO, H 5.2 »Grundbuchaufzeichnungen« EStH; vgl. Rz. 46).

[92] Die Journalfunktion ist nur erfüllt, wenn die gespeicherten Aufzeichnungen gegen Veränderung oder Löschung geschützt sind.

[93] Fehlerhafte Buchungen können wirksam und nachvollziehbar durch Stornierungen oder Neubuchungen geändert werden (siehe unter 8.). Es besteht deshalb weder ein Bedarf noch die Notwendigkeit für weitere nachträgliche Veränderungen einer einmal erfolgten Buchung. Bei der doppelten Buchführung kann die Journalfunktion zusammen mit der Kontenfunktion erfüllt werden, indem bereits bei der erstmaligen Erfassung des Geschäftsvorfalls alle für die sachliche Zuordnung notwendigen Informationen erfasst werden.

[94] Zur Erfüllung der Journalfunktion und zur Ermöglichung der Kontenfunktion sind bei der Buchung insbesondere die nachfolgenden Angaben zu erfassen oder bereit zu stellen:

- Eindeutige Belegnummer (siehe Rz. 77),
- Buchungsbetrag (siehe Rz. 77),
- Währungsangabe und Wechselkurs bei Fremdwährung (siehe Rz. 77),
- Hinreichende Erläuterung des Geschäftsvorfalls (siehe Rz. 77) – kann (bei Erfüllung der Journal- und Kontenfunktion) im Einzelfall bereits durch andere in Rz. 94 aufgeführte Angaben gegeben sein,
- Belegdatum, soweit nicht aus den Grundaufzeichnungen ersichtlich (siehe Rzn. 77 und 85)
- Buchungsdatum,
- Erfassungsdatum, soweit nicht aus der Grundaufzeichnung ersichtlich (siehe Rz. 85),
- Autorisierung soweit vorhanden,
- Buchungsperiode/Voranmeldungszeitraum (Ertragsteuer/Umsatzsteuer),
- Umsatzsteuersatz (siehe Rz. 78),
- Steuerschlüssel, soweit vorhanden (siehe Rz. 78),
- Umsatzsteuerbetrag (siehe Rz. 78),
- Umsatzsteuerkonto (siehe Rz. 78),
- Umsatzsteuer-Identifikationsnummer (siehe Rz. 78),
- Steuernummer (siehe Rz. 78),
- Konto und Gegenkonto,
- Buchungsschlüssel (soweit vorhanden),
- Soll- und Haben-Betrag,
- eindeutige Identifikationsnummer (Schlüsselfeld) des Geschäftsvorfalls (soweit Aufteilung der Geschäftsvorfälle in Teilbuchungssätze [Buchungs-Halbsätze] oder zahlreiche Soll- oder Habenkonten [Splitbuchungen] vorhanden). Über die einheitliche und je Wirtschaftsjahr eindeutige Identifikationsnummer des Geschäftsvorfalls muss die Identifizierung und Zuordnung aller Teilbuchungen einschließlich Steuer-, Sammel-, Verrechnungs- und Interimskontenbuchungen eines Geschäftsvorfalls gewährleistet sein.

5.4 Aufzeichnung der Geschäftsvorfälle in sachlicher Ordnung (Hauptbuch)

[95] Die Geschäftsvorfälle sind so zu verarbeiten, dass sie geordnet darstellbar sind (Kontenfunktion) und damit die Grundlage für einen Überblick über die Vermögens- und Ertragslage darstellen. Zur Erfüllung der Kontenfunktion bei Bilanzierenden müssen Geschäftsvorfälle nach Sach- und Personenkonten geordnet dargestellt werden.

[96] Die Kontenfunktion verlangt, dass die im Journal in zeitlicher Reihenfolge einzeln aufgezeichneten Geschäftsvorfälle auch in sachlicher Ordnung auf Konten dargestellt werden. Damit bei Bedarf für einen zurückliegenden Zeitpunkt ein Zwischenstatus oder eine Bilanz mit Gewinn- und Verlustrechnung aufgestellt werden kann, müssen Eröffnungsbilanzbuchungen und alle Abschlussbuchungen in den Konten enthalten sein. Die Konten sind nach Abschlussposition zu sammeln und nach Kontensummen oder Salden fortzuschreiben.

[97] Werden innerhalb verschiedener Bereiche des DV-Systems oder zwischen unterschiedlichen DV-Systemen differierende Ordnungskriterien verwendet, so müssen entsprechende

Zuordnungstabellen (z. B. elektronische Mappingtabellen) vorgehalten werden (z. B. Wechsel des Kontenrahmens, unterschiedliche Nummernkreise in Vor- und Hauptsystem). Dies gilt auch bei einer elektronischen Übermittlung von Daten an die Finanzbehörde (z. B. unterschiedliche Ordnungskriterien in Bilanz/GuV und EÜR einerseits und USt-Voranmeldung, LSt-Anmeldung, Anlage EÜR und E-Bilanz andererseits). Sollte die Zuordnung mit elektronischen Verlinkungen oder Schlüsselfeldern erfolgen, sind die Verlinkungen in dieser Form vorzuhalten.

[98] Die vorstehenden Ausführungen gelten für die Nebenbücher entsprechend.

[99] Bei der Übernahme verdichteter Zahlen ins Hauptsystem müssen die zugehörigen Einzelaufzeichnungen aus den Vor- und Nebensystemen erhalten bleiben.

6. Internes Kontrollsystem (IKS)

[100] Für die Einhaltung der Ordnungsvorschriften des § 146 AO (siehe unter 3.) hat der Steuerpflichtige Kontrollen einzurichten, auszuüben und zu protokollieren. Hierzu gehören beispielsweise

- Zugangs- und Zugriffsberechtigungskontrollen auf Basis entsprechender Zugangs- und Zugriffsberechtigungskonzepte (z. B. spezifische Zugangs- und Zugriffsberechtigungen),
- Funktionstrennungen,
- Erfassungskontrollen (Fehlerhinweise, Plausibilitätsprüfungen),
- Abstimmungskontrollen bei der Dateneingabe,
- Verarbeitungskontrollen,
- Schutzmaßnahmen gegen die beabsichtigte und unbeabsichtigte Verfälschung von Programmen, Daten und Dokumenten.

Die konkrete Ausgestaltung des Kontrollsystems ist abhängig von der Komplexität und Diversifikation der Geschäftstätigkeit und der Organisationsstruktur sowie des eingesetzten DV-Systems.

[101] Im Rahmen eines funktionsfähigen IKS muss auch anlassbezogen (z. B. Systemwechsel) geprüft werden, ob das eingesetzte DV-System tatsächlich dem dokumentierten System entspricht (siehe Rz. 155 zu den Rechtsfolgen bei fehlender oder ungenügender Verfahrensdokumentation).

[102] Die Beschreibung des IKS ist Bestandteil der Verfahrensdokumentation (siehe unter 10.1).

7. Datensicherheit

[103] Der Steuerpflichtige hat sein DV-System gegen Verlust (z. B. Unauffindbarkeit, Vernichtung, Untergang und Diebstahl) zu sichern und gegen unberechtigte Eingaben und Veränderungen (z. B. durch Zugangs- und Zugriffskontrollen) zu schützen.

[104] Werden die Daten, Datensätze, elektronischen Dokumente und elektronischen Unterlagen nicht ausreichend geschützt und können deswegen nicht mehr vorgelegt werden, so ist die Buchführung formell nicht mehr ordnungsmäßig.

[105] **Beispiel 6:**
Unternehmer überschreibt unwiderruflich die Finanzbuchhaltungsdaten des Vorjahres mit den Daten des laufenden Jahres.

Die sich daraus ergebenden Rechtsfolgen sind vom jeweiligen Einzelfall abhängig.

[106] Die Beschreibung der Vorgehensweise zur Datensicherung ist Bestandteil der Verfahrensdokumentation (siehe unter 10.1). Die konkrete Ausgestaltung der Beschreibung ist abhängig von der Komplexität und Diversifikation der Geschäftstätigkeit und der Organisationsstruktur sowie des eingesetzten DV-Systems.

8. Unveränderbarkeit, Protokollierung von Änderungen

[107] Nach § 146 Absatz 4 AO darf eine Buchung oder Aufzeichnung nicht in einer Weise verändert werden, dass der ursprüngliche Inhalt nicht mehr feststellbar ist. Auch solche Veränderungen dürfen nicht vorgenommen werden, deren Beschaffenheit es ungewiss lässt, ob sie ursprünglich oder erst später gemacht worden sind.

[108] Das zum Einsatz kommende DV-Verfahren muss die Gewähr dafür bieten, dass alle Informationen (Programme und Datenbestände), die einmal in den Verarbeitungsprozess eingeführt werden (Beleg, Grundaufzeichnung, Buchung), nicht mehr unterdrückt oder ohne Kenntlichmachung überschrieben, gelöscht, geändert oder verfälscht werden können. Bereits in den Verarbeitungsprozess eingeführte Informationen (Beleg, Grundaufzeichnung, Buchung) dürfen nicht ohne Kenntlichmachung durch neue Daten ersetzt werden.

[109] Beispiele 7 für unzulässige Vorgänge:

- Elektronische Grund(buch)aufzeichnungen aus einem Kassen- oder Warenwirtschaftssystem werden über eine Datenschnittstelle in ein Officeprogramm exportiert, dort unprotokolliert editiert und anschließend über eine Datenschnittstelle reimportiert.
- Vorerfassungen und Stapelbuchungen werden bis zur Erstellung des Jahresabschlusses und darüber hinaus offen gehalten. Alle Eingaben können daher unprotokolliert geändert werden.

[110] Die Unveränderbarkeit der Daten, Datensätze, elektronischen Dokumente und elektronischen Unterlagen (vgl. Rzn. 3 bis 5) kann sowohl hardwaremäßig (z. B. unveränderbare und fälschungssichere Datenträger) als auch softwaremäßig (z. B. Sicherungen, Sperren, Festschreibung, Löschmerker, automatische Protokollierung, Historisierungen, Versionierungen) als auch organisatorisch (z. B. mittels Zugriffsberechtigungskonzepten) gewährleistet werden.

Die Ablage von Daten und elektronischen Dokumenten in einem Dateisystem erfüllt die Anforderungen der Unveränderbarkeit regelmäßig nicht, soweit nicht zusätzliche Maßnahmen ergriffen werden, die eine Unveränderbarkeit gewährleisten.

[111] Spätere Änderungen sind ausschließlich so vorzunehmen, dass sowohl der ursprüngliche Inhalt als auch die Tatsache, dass Veränderungen vorgenommen wurden, erkennbar bleiben. Bei programmgenerierten bzw. programmgesteuerten Aufzeichnungen (automatisierte Belege bzw. Dauerbelege) sind Änderungen an den der Aufzeichnung zugrunde liegenden Generierungs- und Steuerungsdaten ebenfalls aufzuzeichnen. Dies betrifft insbesondere die Protokollierung von Änderungen in Einstellungen oder die Parametrisierung der Software. Bei einer Änderung von Stammdaten (z.B. Abkürzungs- oder Schlüsselverzeichnisse, Organisationspläne) muss die eindeutige Bedeutung in den entsprechenden Bewegungsdaten (z.B. Umsatzsteuerschlüssel, Währungseinheit, Kontoeigenschaft) erhalten bleiben. Ggf. müssen Stammdatenänderungen ausgeschlossen oder Stammdaten mit Gültigkeitsangaben historisiert werden, um mehrdeutige Verknüpfungen zu verhindern. Auch eine Änderungshistorie darf nicht nachträglich veränderbar sein.

[112] Werden Systemfunktionalitäten oder Manipulationsprogramme eingesetzt, die diesen Anforderungen entgegenwirken, führt dies zur Ordnungswidrigkeit der elektronischen Bücher und sonst erforderlicher elektronischer Aufzeichnungen.

Beispiel 8:
Einsatz von Zappern, Phantomware, Backofficeprodukten mit dem Ziel unprotokollierter Änderungen elektronischer Einnahmenaufzeichnungen.

9. Aufbewahrung

[113] Der sachliche Umfang der Aufbewahrungspflicht in § 147 Absatz 1 AO besteht grundsätzlich nur im Umfang der Aufzeichnungspflicht (BFH-Urteil vom 24. Juni 2009, BStBl 2010 II S. 452; BFH-Urteil vom 26. Februar 2004, BStBl 2004 II S. 599).

[114] Müssen Bücher für steuerliche Zwecke geführt werden, sind sie in vollem Umfang aufbewahrungs- und vorlagepflichtig (z.B. Finanzbuchhaltung hinsichtlich Drohverlustrückstellungen, nicht abziehbare Betriebsausgaben, organschaftliche Steuerumlagen; BFH-Beschluss vom 26. September 2007, BStBl 2008 II S. 415).

[115] Auch Steuerpflichtige, die nach § 4 Absatz 3 EStG als Gewinn den Überschuss der Betriebseinnahmen über die Betriebsausgaben ansetzen, sind verpflichtet, Aufzeichnungen und Unterlagen nach § 147 Absatz 1 AO aufzubewahren (BFH-Urteil vom 24. Juni 2009, BStBl 2010 II S. 452; BFH-Urteil vom 26. Februar 2004, BStBl 2004 II S. 599).

[116] Aufbewahrungspflichten können sich auch aus anderen Rechtsnormen (z.B. § 14b UStG) ergeben.

[117] Die aufbewahrungspflichtigen Unterlagen müssen geordnet aufbewahrt werden. Ein bestimmtes Ordnungssystem ist nicht vorgeschrieben. Die Ablage kann z. B. nach Zeitfolge, Sachgruppen, Kontenklassen, Belegnummern oder alphabetisch erfolgen. Bei elektronischen Unterlagen ist ihr Eingang, ihre Archivierung und ggf. Konvertierung sowie die weitere Verarbeitung zu protokollieren. Es muss jedoch sichergestellt sein, dass ein sachverständiger Dritter innerhalb angemessener Zeit prüfen kann.

[118] Die nach außersteuerlichen und steuerlichen Vorschriften aufzeichnungspflichtigen und nach § 147 Absatz 1 AO aufbewahrungspflichtigen Unterlagen können nach § 147 Absatz 2 AO bis auf wenige Ausnahmen auch als Wiedergabe auf einem Bildträger oder auf anderen Datenträgern aufbewahrt werden, wenn dies den GoB entspricht und sichergestellt ist, dass die Wiedergabe oder die Daten

6. mit den empfangenen Handels- oder Geschäftsbriefen und den Buchungsbelegen bildlich und mit den anderen Unterlagen inhaltlich übereinstimmen, wenn sie lesbar gemacht werden,
7. während der Dauer der Aufbewahrungsfrist jederzeit verfügbar sind, unverzüglich lesbar gemacht und maschinell ausgewertet werden können.

[119] Sind aufzeichnungs- und aufbewahrungspflichtige Daten, Datensätze, elektronische Dokumente und elektronische Unterlagen im Unternehmen entstanden oder dort eingegangen, sind sie auch in dieser Form aufzubewahren und dürfen vor Ablauf der Aufbewahrungsfrist nicht gelöscht werden. Sie dürfen daher nicht mehr ausschließlich in ausgedruckter Form aufbewahrt werden und müssen für die Dauer der Aufbewahrungsfrist unveränderbar erhalten bleiben (z. B. per E-Mail eingegangene Rechnung im PDF-Format oder bildlich erfasste Papierbelege). Dies gilt unabhängig davon, ob die Aufbewahrung im Produktivsystem oder durch Auslagerung in ein anderes DV-System erfolgt. Unter Zumutbarkeitsgesichtspunkten ist es nicht zu beanstanden, wenn der Steuerpflichtige elektronisch erstellte und in Papierform abgesandte Handels- und Geschäftsbriefe nur in Papierform aufbewahrt.

[120] Beispiel 9 zu Rz. 119:

Ein Steuerpflichtiger erstellt seine Ausgangsrechnungen mit einem Textverarbeitungsprogramm. Nach dem Ausdruck der jeweiligen Rechnung wird die hierfür verwendete Maske (Dokumentenvorlage) mit den Inhalten der nächsten Rechnung überschrieben. Es ist in diesem Fall nicht zu beanstanden, wenn das Doppel des versendeten Schreibens in diesem Fall nur als Papierdokument aufbewahrt wird. Werden die abgesandten Handels- und Geschäftsbriefe jedoch tatsächlich in elektronischer Form aufbewahrt (z. B. im File-System oder einem DMS-System), so ist eine ausschließliche Aufbewahrung in Papierform nicht mehr zulässig. Das Verfahren muss dokumentiert werden. Werden Handels- oder Geschäftsbriefe mit Hilfe eines Fakturierungssystems oder ähnlicher Anwendungen erzeugt, bleiben die elektronischen Daten aufbewahrungspflichtig.

[121] Bei den Daten und Dokumenten ist – wie bei den Informationen in Papierbelegen – auf deren Inhalt und auf deren Funktion abzustellen, nicht auf deren Bezeichnung. So sind beispielsweise E-Mails mit der Funktion eines Handels- oder Geschäftsbriefs oder eines Buchungsbelegs in elektronischer Form aufbewahrungspflichtig. Dient eine E-Mail nur als »Transportmittel«, z. B. für eine angehängte elektronische Rechnung, und enthält darüber hinaus keine weitergehenden aufbewahrungspflichtigen Informationen, so ist diese nicht aufbewahrungspflichtig (wie der bisherige Papierbriefumschlag).

[122] Ein elektronisches Dokument ist mit einem nachvollziehbaren und eindeutigen Index zu versehen. Der Erhalt der Verknüpfung zwischen Index und elektronischem Dokument muss während der gesamten Aufbewahrungsfrist gewährleistet sein. Es ist sicherzustellen, dass das elektronische Dokument unter dem zugeteilten Index verwaltet werden kann. Stellt ein Steuerpflichtiger durch organisatorische Maßnahmen sicher, dass das elektronische Dokument auch ohne Index verwaltet werden kann, und ist dies in angemessener Zeit nachprüfbar, so ist aus diesem Grund die Buchführung nicht zu beanstanden.

[123] Das Anbringen von Buchungsvermerken, Indexierungen, Barcodes, farblichen Hervorhebungen usw. darf – unabhängig von seiner technischen Ausgestaltung – keinen Einfluss auf die Lesbarmachung des Originalzustands haben. Die elektronischen Bearbeitungsvorgänge sind zu protokollieren und mit dem elektronischen Dokument zu speichern, damit die Nachvollziehbarkeit und Prüfbarkeit des Originalzustands und seiner Ergänzungen gewährleistet ist.

[124] Hinsichtlich der Aufbewahrung digitaler Unterlagen bei Bargeschäften wird auf das BMF-Schreiben vom 26. November 2010 (IV A 4 – S 0316/08/10004-07, BStBl 2010 I S. 1342) hingewiesen.

9.1 Maschinelle Auswertbarkeit (§ 147 Absatz 2 Nummer 2 AO)

[125] Art und Umfang der maschinellen Auswertbarkeit sind nach den tatsächlichen Informations- und Dokumentationsmöglichkeiten zu beurteilen.

Beispiel 10:
Datenformat für elektronische Rechnungen ZUGFeRD (Zentraler User Guide des Forums elektronische Rechnung Deutschland)

Hier ist vorgesehen, dass Rechnungen im PDF/A-3-Format versendet werden. Diese bestehen aus einem Rechnungsbild (dem augenlesbaren, sichtbaren Teil der PDF-Datei) und den in die PDF-Datei eingebetteten Rechnungsdaten im standardisierten XML-Format.

Entscheidend ist hier jetzt nicht, ob der Rechnungsempfänger nur das Rechnungsbild (Image) nutzt, sondern, dass auch noch tatsächlich XML-Daten vorhanden sind, die nicht durch eine Formatumwandlung (z. B. in TIFF) gelöscht werden dürfen.

Die maschinelle Auswertbarkeit bezieht sich auf sämtliche Inhalte der PDF/A-3-Datei.

[126] Eine maschinelle Auswertbarkeit ist nach diesem Beurteilungsmaßstab bei aufzeichnungs- und aufbewahrungspflichtigen Daten, Datensätzen, elektronischen Dokumenten und elektronischen Unterlagen (vgl. Rzn. 3 bis 5) u.a. gegeben, die

- mathematisch-technische Auswertungen ermöglichen,
- eine Volltextsuche ermöglichen,
- auch ohne mathematisch-technische Auswertungen eine Prüfung im weitesten Sinne ermöglichen (z.B. Bildschirmabfragen, die Nachverfolgung von Verknüpfungen und Verlinkungen oder die Textsuche nach bestimmten Eingabekriterien).

[127] Mathematisch-technische Auswertung bedeutet, dass alle in den aufzeichnungs- und aufbewahrungspflichtigen Daten, Datensätzen, elektronischen Dokumenten und elektronischen Unterlagen (vgl. Rzn. 3 bis 5) enthaltenen Informationen automatisiert (DV-gestützt) interpretiert, dargestellt, verarbeitet sowie für andere Datenbankanwendungen und eingesetzte Prüfsoftware direkt, ohne weitere Konvertierungs- und Bearbeitungsschritte und ohne Informationsverlust nutzbar gemacht werden können (z.B. für wahlfreie Sortier-, Summier-, Verbindungs- und Filterungsmöglichkeiten).

Mathematisch-technische Auswertungen sind z.B. möglich bei:

- Elektronischen Grund(buch)aufzeichnungen (z.B. Kassendaten, Daten aus Warenwirtschaftssystem, Inventurlisten),
- Journaldaten aus Finanzbuchhaltung oder Lohnbuchhaltung,
- Textdateien oder Dateien aus Tabellenkalkulationen mit strukturierten Daten in tabellarischer Form (z.B. Reisekostenabrechnung, Überstundennachweise).

[128] Neben den Daten in Form von Datensätzen und den elektronischen Dokumenten sind auch alle zur maschinellen Auswertung der Daten im Rahmen des Datenzugriffs notwendigen Strukturinformationen (z.B. über die Dateiherkunft [eingesetztes System], die Dateistruktur, die Datenfelder, verwendete Zeichensatztabellen) in maschinell auswertbarer Form sowie die internen und externen Verknüpfungen vollständig und in unverdichteter, maschinell auswertbarer Form aufzubewahren. Im Rahmen einer Datenträgerüberlassung ist der Erhalt technischer Verlinkungen auf dem Datenträger nicht erforderlich, sofern dies nicht möglich ist.

[129] Die Reduzierung einer bereits bestehenden maschinellen Auswertbarkeit, beispielsweise durch Umwandlung des Dateiformats oder der Auswahl bestimmter Aufbewahrungsformen, ist nicht zulässig (siehe unter 9.2).

Beispiele 11:

- Umwandlung von PDF/A-Dateien ab der Norm PDF/A-3 in ein Bildformat (z. B. TIFF, JPEG etc.), da dann die in den PDF/A-Dateien enthaltenen XML-Daten und ggf. auch vorhandene Volltextinformationen gelöscht werden.
- Umwandlung von elektronischen Grund(buch)aufzeichnungen (z. B. Kasse, Warenwirtschaft) in ein PDF-Format.
- Umwandlung von Journaldaten einer Finanzbuchhaltung oder Lohnbuchhaltung in ein PDF-Format.

Eine Umwandlung in ein anderes Format (z. B. Inhouse-Format) ist zulässig, wenn die maschinelle Auswertbarkeit nicht eingeschränkt wird und keine inhaltliche Veränderung vorgenommen wird (siehe Rz. 135).

Der Steuerpflichtige muss dabei auch berücksichtigen, dass entsprechende Einschränkungen in diesen Fällen zu seinen Lasten gehen können (z. B. Speicherung einer E-Mail als PDF-Datei. Die Informationen des Headers [z. B. Informationen zum Absender] gehen dabei verloren und es ist nicht mehr nachvollziehbar, wie der tatsächliche Zugang der E-Mail erfolgt ist).

9.2 Elektronische Aufbewahrung

[130] Werden Handels- oder Geschäftsbriefe und Buchungsbelege in Papierform empfangen und danach elektronisch bildlich erfasst (z. B. gescannt oder fotografiert), ist das hierdurch entstandene elektronische Dokument so aufzubewahren, dass die Wiedergabe mit dem Original bildlich übereinstimmt, wenn es lesbar gemacht wird (§ 147 Absatz 2 AO). Eine bildliche Erfassung kann hierbei mit den verschiedensten Arten von Geräten (z. B. Smartphones, Multifunktionsgeräten oder Scan-Straßen) erfolgen, wenn die Anforderungen dieses Schreibens erfüllt sind. Werden bildlich erfasste Dokumente per Optical-Character-Recognition-Verfahren (OCR-Verfahren) um Volltextinformationen angereichert (zum Beispiel volltextrecherchierbare PDFs), so ist dieser Volltext nach Verifikation und Korrektur über die Dauer der Aufbewahrungsfrist aufzubewahren und auch für Prüfzwecke verfügbar zu machen. § 146 Absatz 2 AO steht einer bildlichen Erfassung durch mobile Geräte (z. B. Smartphones) im Ausland nicht entgegen, wenn die Belege im Ausland entstanden sind bzw. empfangen wurden und dort direkt erfasst werden (z. B. bei Belegen über eine Dienstreise im Ausland).

[131] Eingehende elektronische Handels- oder Geschäftsbriefe und Buchungsbelege müssen in dem Format aufbewahrt werden, in dem sie empfangen wurden (z. B. Rechnungen oder Kontoauszüge im PDF- oder Bildformat). Eine Umwandlung in ein anderes Format (z. B. MSG in PDF) ist dann zulässig, wenn die maschinelle Auswertbarkeit nicht eingeschränkt wird und keine inhaltlichen Veränderungen vorgenommen werden (siehe Rz. 135). Erfolgt eine Anreicherung der Bildinformationen, z. B. durch OCR (Beispiel: Erzeugung einer volltextrecherchierbaren PDF-Datei im Erfassungsprozess), sind die dadurch gewonnenen Informationen nach Verifikation und Korrektur ebenfalls aufzubewahren.

[132] Im DV-System erzeugte Daten im Sinne der Rzn. 3 bis 5 (z.B. Grund(buch)aufzeichnungen in Vor- und Nebensystemen, Buchungen, generierte Datensätze zur Erstellung von Ausgangsrechnungen) oder darin empfangene Daten (z.B. EDI-Verfahren) müssen im Ursprungsformat aufbewahrt werden.

[133] Im DV-System erzeugte Dokumente (z.B. als Textdokumente erstellte Ausgangsrechnungen [§ 14b UStG], elektronisch abgeschlossene Verträge, Handels- und Geschäftsbriefe, Verfahrensdokumentation) sind im Ursprungsformat aufzubewahren. Unter Zumutbarkeitsgesichtspunkten ist es nicht zu beanstanden, wenn der Steuerpflichtige elektronisch erstellte und in Papierform abgesandte Handels- und Geschäftsbriefe nur in Papierform aufbewahrt (Hinweis auf Rzn. 119, 120). Eine Umwandlung in ein anderes Format (z.B. Inhouse-Format) ist zulässig, wenn die maschinelle Auswertbarkeit nicht eingeschränkt wird und keine inhaltliche Veränderung vorgenommen wird (siehe Rz. 135).

[134] Bei Einsatz von Kryptografietechniken ist sicherzustellen, dass die verschlüsselten Unterlagen im DV-System in entschlüsselter Form zur Verfügung stehen. Werden Signaturprüfschlüssel verwendet, sind die eingesetzten Schlüssel aufzubewahren. Die Aufbewahrungspflicht endet, wenn keine der mit den Schlüsseln signierten Unterlagen mehr aufbewahrt werden müssen.

[135] Bei Umwandlung (Konvertierung) aufbewahrungspflichtiger Unterlagen in ein unternehmenseigenes Format (sog. Inhouse-Format) sind beide Versionen zu archivieren, derselben Aufzeichnung zuzuordnen und mit demselben Index zu verwalten sowie die konvertierte Version als solche zu kennzeichnen.

Die Aufbewahrung beider Versionen ist bei Beachtung folgender Anforderungen nicht erforderlich, sondern es ist die Aufbewahrung der konvertierten Fassung ausreichend:

- Es wird keine bildliche oder inhaltliche Veränderung vorgenommen.
- Bei der Konvertierung gehen keine sonstigen aufbewahrungspflichtigen Informationen verloren.
- Die ordnungsgemäße und verlustfreie Konvertierung wird dokumentiert (Verfahrensdokumentation).
- Die maschinelle Auswertbarkeit und der Datenzugriff durch die Finanzbehörde werden nicht eingeschränkt; dabei ist es zulässig, wenn bei der Konvertierung Zwischenaggregationsstufen nicht gespeichert, aber in der Verfahrensdokumentation so dargestellt werden, dass die retrograde und progressive Prüfbarkeit sichergestellt ist.

Nicht aufbewahrungspflichtig sind die während der maschinellen Verarbeitung durch das Buchführungssystem erzeugten Dateien, sofern diese ausschließlich einer temporären Zwischenspeicherung von Verarbeitungsergebnissen dienen und deren Inhalte im Laufe des weiteren Verarbeitungsprozesses vollständig Eingang in die Buchführungsdaten finden. Voraussetzung ist jedoch, dass bei der weiteren Verarbeitung keinerlei »Verdichtung« aufzeichnungs- und aufbewahrungspflichtiger Daten (vgl. Rzn. 3 bis 5) vorgenommen wird.

9.3 Bildliche Erfassung von Papierdokumenten

[136] Papierdokumente werden durch die bildliche Erfassung (siehe Rz. 130) in elektronische Dokumente umgewandelt. Das Verfahren muss dokumentiert werden.

Der Steuerpflichtige sollte daher eine Organisationsanweisung erstellen, die unter anderem regelt:

- wer erfassen darf,
- zu welchem Zeitpunkt erfasst wird oder erfasst werden soll (z. B. beim Posteingang, während oder nach Abschluss der Vorgangsbearbeitung),
- welches Schriftgut erfasst wird,
- ob eine bildliche oder inhaltliche Übereinstimmung mit dem Original erforderlich ist,
- wie die Qualitätskontrolle auf Lesbarkeit und Vollständigkeit und
- wie die Protokollierung von Fehlern zu erfolgen hat.

Die konkrete Ausgestaltung dieser Verfahrensdokumentation ist abhängig von der Komplexität und Diversifikation der Geschäftstätigkeit und der Organisationsstruktur sowie des eingesetzten DV-Systems.

Aus Vereinfachungsgründen (z. B. bei Belegen über eine Dienstreise im Ausland) steht § 146 Absatz 2 AO einer bildlichen Erfassung durch mobile Geräte (z. B. Smartphones) im Ausland nicht entgegen, wenn die Belege im Ausland entstanden sind bzw. empfangen wurden und dort direkt erfasst werden.

Erfolgt im Zusammenhang mit einer, nach § 146 Absatz 2a AO genehmigten, Verlagerung der elektronischen Buchführung ins Ausland eine ersetzende bildliche Erfassung, wird es nicht beanstandet, wenn die papierenen Ursprungsbelege zu diesem Zweck an den Ort der elektronischen Buchführung verbracht werden. Die bildliche Erfassung hat zeitnah zur Verbringung der Papierbelege ins Ausland zu erfolgen.

[137] Eine vollständige Farbwiedergabe ist erforderlich, wenn der Farbe Beweisfunktion zukommt (z. B. Minusbeträge in roter Schrift, Sicht-, Bearbeitungs- und Zeichnungsvermerke in unterschiedlichen Farben).

[138] Für Besteuerungszwecke ist eine elektronische Signatur oder ein Zeitstempel nicht erforderlich.

[139] Im Anschluss an den Erfassungsvorgang (siehe Rz. 130) darf die weitere Bearbeitung nur mit dem elektronischen Dokument erfolgen. Die Papierbelege sind dem weiteren Bearbeitungsgang zu entziehen, damit auf diesen keine Bemerkungen, Ergänzungen usw. vermerkt werden können, die auf dem elektronischen Dokument nicht enthalten sind. Sofern aus organisatorischen Gründen nach dem Erfassungsvorgang eine weitere Vorgangsbearbeitung des Papierbeleges erfolgt, muss nach Abschluss der Bearbeitung der bearbeitete Papierbeleg erneut erfasst und ein Bezug zur ersten elektronischen Fassung des Dokuments hergestellt werden (gemeinsamer Index).

[140] Nach der bildlichen Erfassung im Sinne der Rz. 130 dürfen Papierdokumente vernichtet werden, soweit sie nicht nach außersteuerlichen oder steuerlichen Vorschriften im Original aufzubewahren sind. Der Steuerpflichtige muss entscheiden, ob Dokumente, deren Beweiskraft bei der Aufbewahrung in elektronischer Form nicht erhalten bleibt, zusätzlich in der Originalform aufbewahrt werden sollen.

[141] Der Verzicht auf einen Papierbeleg darf die Möglichkeit der Nachvollziehbarkeit und Nachprüfbarkeit nicht beeinträchtigen.

9.4 Auslagerung von Daten aus dem Produktivsystem und Systemwechsel

[142] Im Falle eines Systemwechsels (z. B. Abschaltung Altsystem, Datenmigration), einer Systemänderung (z. B. Änderung der OCR-Software, Update der Finanzbuchhaltung etc.) oder einer Auslagerung von aufzeichnungs- und aufbewahrungspflichtigen Daten (vgl. Rzn. 3 bis 5) aus dem Produktivsystem ist es nur dann nicht erforderlich, die ursprüngliche Hard- und Software des Produktivsystems über die Dauer der Aufbewahrungsfrist vorzuhalten, wenn die folgenden Voraussetzungen erfüllt sind:

1. Die aufzeichnungs- und aufbewahrungspflichtigen Daten (einschließlich Metadaten, Stammdaten, Bewegungsdaten und der erforderlichen Verknüpfungen) müssen unter Beachtung der Ordnungsvorschriften (vgl. §§ 145 bis 147 AO) quantitativ und qualitativ gleichwertig in ein neues System, in eine neue Datenbank, in ein Archivsystem oder in ein anderes System überführt werden.
   Bei einer erforderlichen Datenumwandlung (Migration) darf ausschließlich das Format der Daten (z. B. Datums- und Währungsformat) umgesetzt, nicht aber eine inhaltliche Änderung der Daten vorgenommen werden. Die vorgenommenen Änderungen sind zu dokumentieren.
   Die Reorganisation von OCR-Datenbanken ist zulässig, soweit die zugrunde liegenden elektronischen Dokumente und Unterlagen durch diesen Vorgang unverändert bleiben und die durch das OCR-Verfahren gewonnenen Informationen mindestens in quantitativer und qualitativer Hinsicht erhalten bleiben.
2. Das neue System, das Archivsystem oder das andere System muss in quantitativer und qualitativer Hinsicht die gleichen Auswertungen der aufzeichnungs- und aufbewahrungspflichtigen Daten ermöglichen als wären die Daten noch im Produktivsystem.

[143] Andernfalls ist die ursprüngliche Hard- und Software des Produktivsystems – neben den aufzeichnungs- und aufbewahrungspflichtigen Daten – für die Dauer der Aufbewahrungsfrist vorzuhalten. Auf die Möglichkeit der Bewilligung von Erleichterungen nach § 148 AO wird hingewiesen.

[144] Eine Aufbewahrung in Form von Datenextrakten, Reports oder Druckdateien ist unzulässig, soweit nicht mehr alle aufzeichnungs- und aufbewahrungspflichtigen Daten übernommen werden.

10. Nachvollziehbarkeit und Nachprüfbarkeit

[145] Die allgemeinen Grundsätze der Nachvollziehbarkeit und Nachprüfbarkeit sind unter 3.1 aufgeführt.

Die Prüfbarkeit der formellen und sachlichen Richtigkeit bezieht sich sowohl auf einzelne Geschäftsvorfälle (Einzelprüfung) als auch auf die Prüfbarkeit des gesamten Verfahrens (Verfahrens- oder Systemprüfung anhand einer Verfahrensdokumentation, siehe unter 10.1).

[146] Auch an die DV-gestützte Buchführung wird die Anforderung gestellt, dass Geschäftsvorfälle für die Dauer der Aufbewahrungsfrist retrograd und progressiv prüfbar bleiben müssen.

[147] Die vorgenannten Anforderungen gelten für sonst erforderliche elektronische Aufzeichnungen sinngemäß (§ 145 Absatz 2 AO).

[148] Von einem sachverständigen Dritten kann zwar Sachverstand hinsichtlich der Ordnungsvorschriften der §§ 145 bis 147 AO und allgemeiner DV-Sachverstand erwartet werden, nicht jedoch spezielle, produktabhängige System- oder Programmierkenntnisse.

[149] Nach § 146 Absatz 3 Satz 3 AO muss im Einzelfall die Bedeutung von Abkürzungen, Ziffern, Buchsta ben und Symbolen eindeutig festliegen und sich aus der Verfahrensdokumentation ergeben.

[150] Für die Prüfung ist eine aussagefähige und aktuelle Verfahrensdokumentation notwendig, die alle System- bzw. Verfahrensänderungen inhaltlich und zeitlich lückenlos dokumentiert.

10.1 Verfahrensdokumentation

[151] Da sich die Ordnungsmäßigkeit neben den elektronischen Büchern und sonst erforderlichen Aufzeichnungen auch auf die damit in Zusammenhang stehenden Verfahren und Bereiche des DV-Systems bezieht (siehe unter 3.), muss für jedes DV-System eine übersichtlich gegliederte Verfahrensdokumentation vorhanden sein, aus der Inhalt, Aufbau, Ablauf und Ergebnisse des DV-Verfahrens vollständig und schlüssig ersichtlich sind. Der Umfang der im Einzelfall erforderlichen Dokumentation wird dadurch bestimmt, was zum Verständnis des DV-Verfahrens, der Bücher und Aufzeichnungen sowie der aufbewahrten Unterlagen notwendig ist. Die Verfahrensdokumentation muss verständlich und damit für einen sachverständigen Dritten in angemessener Zeit nachprüfbar sein. Die konkrete Ausgestaltung der Verfahrensdokumentation ist abhängig von der Komplexität und Diversifikation der Geschäftstätigkeit und der Organisationsstruktur sowie des eingesetzten DV-Systems.

[152] Die Verfahrensdokumentation beschreibt den organisatorisch und technisch gewollten Prozess, z. B. bei elektronischen Dokumenten von der Entstehung der Informationen über die Indizierung, Verarbeitung und Speicherung, dem eindeutigen Wiederfinden und der maschinellen Auswertbarkeit, der Absicherung gegen Verlust und Verfälschung und der Reproduktion.

[153] Die Verfahrensdokumentation besteht in der Regel aus einer allgemeinen Beschreibung, einer Anwenderdokumentation, einer technischen Systemdokumentation und einer Betriebsdokumentation.

[154] Für den Zeitraum der Aufbewahrungsfrist muss gewährleistet und nachgewiesen sein, dass das in der Dokumentation beschriebene Verfahren dem in der Praxis eingesetzten Verfahren voll entspricht. Dies gilt insbesondere für die eingesetzten Versionen der Programme (Programmidentität). Änderungen einer Verfahrensdokumentation müssen historisch nachvollziehbar sein. Dem wird genügt, wenn die Änderungen versioniert sind und eine nachvollziehbare Änderungshistorie vorgehalten wird. Aus der Verfahrensdokumentation muss sich ergeben, wie die Ordnungsvorschriften (z. B. §§ 145 ff. AO, §§ 238 ff. HGB) und damit die in diesem Schreiben enthaltenen Anforderungen beachtet werden. Die Aufbewahrungsfrist für die Verfahrensdokumentation läuft nicht ab, soweit und solange die Aufbewahrungsfrist für die Unterlagen noch nicht abgelaufen ist, zu deren Verständnis sie erforderlich ist.

[155] Soweit eine fehlende oder ungenügende Verfahrensdokumentation die Nachvollziehbarkeit und Nachprüfbarkeit nicht beeinträchtigt, liegt kein formeller Mangel mit sachlichem Gewicht vor, der zum Verwerfen der Buchführung führen kann.

10.2 Lesbarmachung von elektronischen Unterlagen

[156] Wer aufzubewahrende Unterlagen in der Form einer Wiedergabe auf einem Bildträger oder auf anderen Datenträgern vorlegt, ist nach § 147 Absatz 5 AO verpflichtet, auf seine Kosten diejenigen Hilfsmittel zur Verfügung zu stellen, die erforderlich sind, um die Unterlagen lesbar zu machen. Auf Verlangen der Finanzbehörde hat der Steuerpflichtige auf seine Kosten die Unterlagen unverzüglich ganz oder teilweise auszudrucken oder ohne Hilfsmittel lesbare Reproduktionen beizubringen.

[157] Der Steuerpflichtige muss durch Erfassen im Sinne der Rz. 130 digitalisierte Unterlagen über sein DV-System per Bildschirm lesbar machen. Ein Ausdruck auf Papier ist nicht ausreichend. Die elektronischen Dokumente müssen für die Dauer der Aufbewahrungsfrist jederzeit lesbar sein (BFH-Beschluss vom 26. September 2007, BStBl 2008 II S. 415).

11. Datenzugriff

[158] Die Finanzbehörde hat das Recht, die mit Hilfe eines DV-Systems erstellten und nach § 147 Absatz 1 AO aufbewahrungspflichtigen Unterlagen durch Datenzugriff zu prüfen. Das Recht auf Datenzugriff steht der Finanzbehörde nur im Rahmen der gesetzlichen Regelungen zu (z. B. Außenprüfung und Nachschauen). Durch die Regelungen zum Datenzugriff wird der sachliche

Umfang der Außenprüfung (§ 194 AO) nicht erweitert; er wird durch die Prüfungsanordnung (§ 196 AO, § 5 BpO) bestimmt.

11.1 Umfang und Ausübung des Rechts auf Datenzugriff nach § 147 Absatz 6 AO

[159] Gegenstand der Prüfung sind die nach außersteuerlichen und steuerlichen Vorschriften aufzeichnungspflichtigen und die nach § 147 Absatz 1 AO aufbewahrungspflichtigen Unterlagen. Hierfür sind insbesondere die Daten der Finanzbuchhaltung, der Anlagenbuchhaltung, der Lohnbuchhaltung und aller Vor- und Nebensysteme, die aufzeichnungs- und aufbewahrungspflichtige Unterlagen enthalten (vgl. Rzn. 3 bis 5), für den Datenzugriff bereitzustellen. Die Art der Außenprüfung ist hierbei unerheblich, so dass z. B. die Daten der Finanzbuchhaltung auch Gegenstand der Lohnsteuer-Außenprüfung sein können.

[160] Neben den Daten müssen insbesondere auch die Teile der Verfahrensdokumentation auf Verlangen zur Verfügung gestellt werden können, die einen vollständigen Systemüberblick ermöglichen und für das Verständnis des DV-Systems erforderlich sind. Dazu gehört auch ein Überblick über alle im DV-System vorhandenen Informationen, die aufzeichnungs- und aufbewahrungspflichtige Unterlagen betreffen (vgl. Rzn. 3 bis 5); z. B. Beschreibungen zu Tabellen, Feldern, Verknüpfungen und Auswertungen. Diese Angaben sind erforderlich, damit die Finanzverwaltung das durch den Steuerpflichtigen ausgeübte Erstqualifikationsrecht (vgl. Rz. 161) prüfen und Aufbereitungen für die Datenträgerüberlassung erstellen kann.

[161] Soweit in Bereichen des Unternehmens betriebliche Abläufe mit Hilfe eines DV-Systems abgebildet werden, sind die betroffenen DV-Systeme durch den Steuerpflichtigen zu identifizieren, die darin enthaltenen Daten nach Maßgabe der außersteuerlichen und steuerlichen Aufzeichnungs- und Aufbewahrungspflichten (vgl. Rzn. 3 bis 5) zu qualifizieren (Erstqualifizierung) und für den Datenzugriff in geeigneter Weise vorzuhalten (siehe auch unter 9.4). Bei unzutreffender Qualifizierung von Daten kann die Finanzbehörde im Rahmen ihres pflichtgemäßen Ermessens verlangen, dass der Steuerpflichtige den Datenzugriff auf diese nach außersteuerlichen und steuerlichen Vorschriften tatsächlich aufgezeichneten und aufbewahrten Daten nachträglich ermöglicht.

Beispiele 12:

- Ein Steuerpflichtiger stellt aus dem PC-Kassensystem nur Tagesendsummen zur Verfügung. Die digitalen Grund(buch)aufzeichnungen (Kasseneinzeldaten) wurden archiviert, aber nicht zur Verfügung gestellt.
- Ein Steuerpflichtiger stellt für die Datenträgerüberlassung nur einzelne Sachkonten aus der Finanzbuchhaltung zur Verfügung. Die Daten der Finanzbuchhaltung sind archiviert.
- Ein Steuerpflichtiger ohne Auskunftsverweigerungsrecht stellt Belege in Papierform zur Verfügung. Die empfangenen und abgesandten Handels- und Geschäftsbriefe und Buchungsbelege stehen in einem Dokumenten-Management-System zur Verfügung.

[162] Das allgemeine Auskunftsrecht des Prüfers (§§ 88, 199 Absatz 1 AO) und die Mitwirkungspflichten des Steuerpflichtigen (§§ 90, 200 AO) bleiben unberührt.

[163] Bei der Ausübung des Rechts auf Datenzugriff stehen der Finanzbehörde nach dem Gesetz drei gleichberechtigte Möglichkeiten zur Verfügung.

[164] Die Entscheidung, von welcher Möglichkeit des Datenzugriffs die Finanzbehörde Gebrauch macht, steht in ihrem pflichtgemäßen Ermessen; falls erforderlich, kann sie auch kumulativ mehrere Möglichkeiten in Anspruch nehmen (Rzn. 165 bis 170). Sofern noch nicht mit der Außenprüfung begonnen wurde, ist es im Falle eines Systemwechsels oder einer Auslagerung von aufzeichnungs- und aufbewahrungspflichtigen Daten aus dem Produktivsystem ausreichend, wenn nach Ablauf des 5. Kalenderjahres, das auf die Umstellung folgt, nur noch der Z3-Zugriff (Rzn. 167 bis 170) zur Verfügung gestellt wird.

[165] **Unmittelbarer Datenzugriff (Z1)**

Die Finanzbehörde hat das Recht, selbst unmittelbar auf das DV-System dergestalt zuzugreifen, dass sie in Form des Nur-Lesezugriffs Einsicht in die aufzeichnungs- und aufbewahrungspflichtigen Daten nimmt und die vom Steuerpflichtigen oder von einem beauftragten Dritten eingesetzte Hard- und Software zur Prüfung der gespeicherten Daten einschließlich der jeweiligen Meta-, Stamm- und Bewegungsdaten sowie der entsprechenden Verknüpfungen (z. B. zwischen den Tabellen einer relationalen Datenbank) nutzt.

Dabei darf sie nur mit Hilfe dieser Hard- und Software auf die elektronisch gespeicherten Daten zugreifen. Dies schließt eine Fernabfrage (Online-Zugriff) der Finanzbehörde auf das DV-System des Steuerpflichtigen durch die Finanzbehörde aus. Der Nur-Lesezugriff umfasst das Lesen und Analysieren der Daten unter Nutzung der im DV-System vorhandenen Auswertungsmöglichkeiten (z. B. Filtern und Sortieren).

[166] **Mittelbarer Datenzugriff (Z2)**

Die Finanzbehörde kann vom Steuerpflichtigen auch verlangen, dass er an ihrer Stelle die aufzeichnungs- und aufbewahrungspflichtigen Daten nach ihren Vorgaben maschinell auswertet oder von einem beauftragten Dritten maschinell auswerten lässt, um anschließend einen Nur-Lesezugriff durchführen zu können. Es kann nur eine maschinelle Auswertung unter Verwendung der im DV-System des Steuerpflichtigen oder des beauftragten Dritten vorhandenen Auswertungsmöglichkeiten verlangt werden.

[167] **Datenträgerüberlassung (Z3)**

Die Finanzbehörde kann ferner verlangen, dass ihr die aufzeichnungs- und aufbewahrungspflichtigen Daten, einschließlich der jeweiligen Meta-, Stamm- und Bewegungsdaten sowie der internen und externen Verknüpfungen (z. B. zwischen den Tabellen einer relationalen Datenbank), und elektronische Dokumente und Unterlagen auf einem maschinell lesbaren und auswertbaren Datenträger zur Auswertung überlassen werden. Die Finanzbehörde ist nicht berechtigt, selbst Daten aus dem DV-System herunterzuladen oder Kopien vorhandener Datensicherungen vorzunehmen.

[168] Die Datenträgerüberlassung umfasst die Mitnahme der Daten aus der Sphäre des Steuerpflichtigen. Eine Mitnahme der Datenträger aus der Sphäre des Steuerpflichtigen sollte im Regelfall nur in Abstimmung mit dem Steuerpflichtigen erfolgen.

[169] Der zur Auswertung überlassene Datenträger ist spätestens nach Bestandskraft der aufgrund der Außenprüfung ergangenen Bescheide an den Steuerpflichtigen zurückzugeben und die Daten sind zu löschen.

[170] Die Finanzbehörde hat bei Anwendung der Regelungen zum Datenzugriff den Grundsatz der Verhältnismäßigkeit zu beachten.

11.2 Umfang der Mitwirkungspflicht nach §§ 147 Absatz 6 und 200 Absatz 1 Satz 2 AO

[171] Der Steuerpflichtige hat die Finanzbehörde bei Ausübung ihres Rechts auf Datenzugriff zu unterstützen (§ 200 Absatz 1 AO). Dabei entstehende Kosten hat der Steuerpflichtige zu tragen (§ 147 Absatz 6 Satz 3 AO).

[172] Enthalten elektronisch gespeicherte Datenbestände z. B. nicht aufzeichnungs- und aufbewahrungspflichtige, personenbezogene oder dem Berufsgeheimnis (§ 102 AO) unterliegende Daten, so obliegt es dem Steuerpflichtigen oder dem von ihm beauftragten Dritten, die Datenbestände so zu organisieren, dass der Prüfer nur auf die aufzeichnungs- und aufbewahrungspflichtigen Daten des Steuerpflichtigen zugreifen kann. Dies kann z. B. durch geeignete Zugriffsbeschränkungen oder »digitales Schwärzen« der zu schützenden Informationen erfolgen. Für versehentlich überlassene Daten besteht kein Verwertungsverbot.

[173] Mangels Nachprüfbarkeit akzeptiert die Finanzbehörde keine Reports oder Druckdateien, die vom Unternehmen ausgewählte (»vorgefilterte«) Datenfelder und -sätze aufführen, jedoch nicht mehr alle aufzeichnungs- und aufbewahrungspflichtigen Daten (vgl. Rzn. 3 bis 5) enthalten.

Im Einzelnen gilt Folgendes:

[174] Beim unmittelbaren Datenzugriff hat der Steuerpflichtige dem Prüfer die für den Datenzugriff erforderlichen Hilfsmittel zur Verfügung zu stellen und ihn für den Nur-Lesezugriff in das DV-System einzuweisen. Die Zugangsberechtigung muss so ausgestaltet sein, dass dem Prüfer dieser Zugriff auf alle aufzeichnungs- und aufbewahrungspflichtigen Daten eingeräumt wird. Sie umfasst die im DV-System genutzten Auswertungsmöglichkeiten (z. B. Filtern, Sortieren,

Konsolidieren) für Prüfungszwecke (z.B. in Revisionstools, Standardsoftware, Backofficeprodukten). In Abhängigkeit vom konkreten Sachverhalt kann auch eine vom Steuerpflichtigen nicht genutzte, aber im DV-System vorhandene Auswertungsmöglichkeit verlangt werden. Eine Volltextsuche, eine Ansichtsfunktion oder ein selbsttragendes System, das in einer Datenbank nur die für archivierte Dateien vergebenen Schlagworte als Indexwerte nachweist, reicht regelmäßig nicht aus.

Eine Unveränderbarkeit des Datenbestandes und des DV-Systems durch die Finanzbehörde muss seitens des Steuerpflichtigen oder eines von ihm beauftragten Dritten gewährleistet werden.

[175] Beim mittelbaren Datenzugriff gehört zur Mithilfe des Steuerpflichtigen beim Nur-Lesezugriff neben der Zurverfügungstellung von Hard- und Software die Unterstützung durch mit dem DV-System vertraute Personen. Der Umfang der zumutbaren Mithilfe richtet sich nach den betrieblichen Gegebenheiten des Unternehmens. Hierfür können z.B. seine Größe oder Mitarbeiterzahl Anhaltspunkte sein.

[176] Bei der Datenträgerüberlassung sind der Finanzbehörde mit den gespeicherten Unterlagen und Aufzeichnungen alle zur Auswertung der Daten notwendigen Informationen (z.B. über die Dateiherkunft [eingesetztes System], die Dateistruktur, die Datenfelder, verwendete Zeichensatztabellen sowie interne und externe Verknüpfungen) in maschinell auswertbarer Form zur Verfügung zu stellen. Dies gilt auch in den Fällen, in denen sich die Daten bei einem Dritten befinden.

Auch die zur Auswertung der Daten notwendigen Strukturinformationen müssen in maschinell auswertbarer Form zur Verfügung gestellt werden.

Bei unvollständigen oder unzutreffenden Datenlieferungen kann die Finanzbehörde neue Datenträger mit vollständigen und zutreffenden Daten verlangen. Im Verlauf der Prüfung kann die Finanzbehörde auch weitere Datenträger mit aufzeichnungs- und aufbewahrungspflichtigen Unterlagen anfordern.

Das Einlesen der Daten muss ohne Installation von Fremdsoftware auf den Rechnern der Finanzbehörde möglich sein. Eine Entschlüsselung der übergebenen Daten muss spätestens bei der Datenübernahme auf die Systeme der Finanzverwaltung erfolgen.

[177] Der Grundsatz der Wirtschaftlichkeit rechtfertigt nicht den Einsatz einer Software, die den in diesem Schreiben niedergelegten Anforderungen zur Datenträgerüberlassung nicht oder nur teilweise genügt und damit den Datenzugriff einschränkt. Die zur Herstellung des Datenzugriffs erforderlichen Kosten muss der Steuerpflichtige genauso in Kauf nehmen wie alle anderen Aufwendungen, die die Art seines Betriebes mit sich bringt.

[178] Ergänzende Informationen zur Datenträgerüberlassung stehen auf der Internet-Seite des Bundesministeriums der Finanzen zum Download bereit. Die Digitale Schnittstelle der Finanzverwaltung für Kassensysteme (DSFinV-K) steht auf der Internet-Seite des Bundeszentralamts für Steuern (www.bzst.de) zum Download bereit.

12. Zertifizierung und Software-Testate

[179] Die Vielzahl und unterschiedliche Ausgestaltung und Kombination der DV-Systeme für die Erfüllung außersteuerlicher oder steuerlicher Aufzeichnungs- und Aufbewahrungspflichten lassen keine allgemein gültigen Aussagen der Finanzbehörde zur Konformität der verwendeten oder geplanten Hard- und Software zu. Dies gilt umso mehr, als weitere Kriterien (z. B. Releasewechsel, Updates, die Vergabe von Zugriffsrechten oder Parametrisierungen, die Vollständigkeit und Richtigkeit der eingegebenen Daten) erheblichen Einfluss auf die Ordnungsmäßigkeit eines DV-Systems und damit auf Bücher und die sonst erforderlichen Aufzeichnungen haben können.

[180] Positivtestate zur Ordnungsmäßigkeit der Buchführung – und damit zur Ordnungsmäßigkeit DV-gestützter Buchführungssysteme – werden weder im Rahmen einer steuerlichen Außenprüfung noch im Rahmen einer verbindlichen Auskunft erteilt.

[181] »Zertifikate« oder »Testate« Dritter können bei der Auswahl eines Softwareproduktes dem Unternehmen als Entscheidungskriterium dienen, entfalten jedoch aus den in Rz. 179 genannten Gründen gegenüber der Finanzbehörde keine Bindungswirkung.

13. Anwendungsregelung

[182] Im Übrigen bleiben die Regelungen des BMF-Schreibens vom 1. Februar 1984 (IV A 7 – S 0318-1/84, BStBl 1984 I S. 155) unberührt.

[183] Dieses BMF-Schreiben tritt mit Wirkung vom 1. Januar 2020 an die Stelle des BMF-Schreibens vom 14. November 2014 – IV A 4 – S 0316/13/10003 –, BStBl 2014 I S. 1450.

[184] Die übrigen Grundsätze dieses Schreibens sind auf Besteuerungszeiträume anzuwenden, die nach dem 31. Dezember 2019 beginnen. Es wird nicht beanstandet, wenn der Steuerpflichtige diese Grundsätze auf Besteuerungszeiträume anwendet, die vor dem 1. Januar 2020 enden.

Anhang 2

BMF-Schreiben v. 11.03.2024 – IV D 2-S 0316/21/10001 :002

Grundsätze zur ordnungsmäßigen Führung und Aufbewahrung von Büchern, Aufzeichnungen und Unterlagen in elektronischer Form sowie zum Datenzugriff (GoBD); Änderung aufgrund verschiedener gesetzlicher Änderungen

Insbesondere aufgrund des Gesetzes zur Umsetzung der Richtlinie (EU) 2021/514 des Rates vom 22. März 2021 zur Änderung der Richtlinie 2011/16/EU über die Zusammenarbeit der Verwaltungsbehörden im Bereich der Besteuerung und zur Modernisierung des Steuerverfahrensrechts ergibt sich an verschiedenen Stellen Änderungsbedarf bei den GoBD.

Nach Erörterung mit den obersten Finanzbehörden der Länder werden die GoBD, veröffentlicht mit BMF-Schreiben vom 28. November 2019 (BStBl 1 5. 1269), mit sofortiger Wirkung wie folgt geändert:

3. Das Inhaltsverzeichnis wird wie folgt geändert:
   In der Angabe zu 1.6 das Wort »Finanzverwaltung« durch das Wort »Finanzbehörde« ersetzt.
4. In Randziffer 6 Satz 3 und in der Überschrift des Unterabschnitts 1.6 wird jeweils das Wort »Finanzverwaltung« durch das Wort »Finanzbehörde« ersetzt.
5. Randziffer 11 wird wie folgt geändert:
   a) Satz 1 wird durch die folgenden Sätze ersetzt:
      »Nach § 158 Absatz 1 AO sind die Buchführung und die Aufzeichnungen des Steuerpflichtigen, die den Vorschriften der§§ 140 bis 148 AO entsprechen, der Besteuerung zugrunde zu legen. Der Grundsatz gilt nicht, soweit nach den Umständen des Einzelfalls Anlass besteht, die sachliche Richtigkeit der Buchführung oder der Aufzeichnungen zu beanstanden (§ 158 Absatz 2 Nummer 1 AO) oder soweit die elektronischen Daten nicht nach den Vorgaben einer der vorgeschriebenen digitalen Schnittstellen der Finanzbehörde zur Verfügung gestellt werden (§ 158 Absatz 2 Nummer 2 AO).«
   b) In Satz 3 wird jeweils das Wort »Finanzverwaltung« durch das Wort »Finanzbehörde« ersetzt.
6. Randziffer 15 Satz 3 wird wie folgt gefasst:
   »Bei Kleinunternehmen, deren Jahresumsatz die Vorjahresgrenze des§ 19 Absatz 1 Satz 1 UStG in seiner jeweils gültigen Fassung nicht übersteigt und die ihren Gewinn durch Einnahmen-Überschussrechnung ermitteln, ist die Erfüllung der Anforderungen an die Aufzeichnungen nach den GoBD regelmäßig auch mit Blick auf die Unternehmensgröße zu bewerten.«
7. Randziffer 39, 2. Absatz, wird wie folgt geändert:
   a) In Satz 1 wird die Angabe »2.1.4« durch die Angabe »2.2.2« ersetzt.

b) Nach Satz 1 wird folgender Satz eingefügt:
»Bei Vorliegen der übrigen Voraussetzungen des § 146 Absatz 1 Satz 3 AO ist die Zumutbarkeit nicht gesondert zu prüfen.«

8. In Randziffer 43 wird folgender Satz angefügt:
»Auf§ 146a Absatz 2 AO wird hingewiesen.«
9. In Randziffer 94 werden nach dem Tiret »Konto und Gegenkonto« die folgenden Tirets eingefügt:
»• Kontoart (Aktiva, Passiva, Kapital, Aufwand, Ertrag, sonstige),
• Kontotyp (Bilanz, GuV, Debitor, Kreditor, steuerlicher Gewinn/außerbilanzielle Zu- und Abrechnungen, sonstige),«
10. Randziffer 124 wird aufgehoben.
11. In Randziffer 128 Satz 2 wird das Wort »Datenträgerüberlassung« durch das Wort »Datenüberlassung« ersetzt und die Wörter »auf dem Datenträger« gestrichen.
12. In Randziffer 136 wird Satz 1 des letzten Absatzes wie folgt gefasst:
»Erfolgt im Zusammenhang mit einer auf§ 146 Absatz 2a AO beruhenden oder nach § 146 Absatz 2b AO genehmigten Verlagerung der elektronischen Buchführung in einen oder mehrere ausländische Staaten eine ersetzende bildliche Erfassung, wird es nicht beanstandet, wenn die papierenen Ursprungsbelege zu diesem Zweck an den Ort der elektronischen Buchführung verbracht werden.«
13. In Randziffer 159 wird folgender Satz vorangestellt:
»Das Recht auf Datenzugriff nach§ 147 Absatz 6 Satz 1 AO ist in allen dort genannten Ausgestaltungen auf den Rahmen der jeweiligen Außenprüfung beschränkt.«
14. In Randziffer 160 Satz 3 wird das Wort »Datenträgerüberlassung« durch die Wörter »überlassenen Daten« sowie das Wort »Finanzverwaltung« durch das Wort »Finanzbehörde« ersetzt.
15. In Randziffer 161, Beispiel 12, 2. Tiret wird das Wort »Datenträgerüberlassung« durch das Wort »Datenüberlassung« ersetzt.
16. Die Randziffern 167 bis 169 werden durch die folgenden Randziffern ersetzt:

»167 **Datenüberlassung (23)**

Die Finanzbehörde kann ferner verlangen, dass ihr die aufzeichnungs- und aufbewahrungspflichtigen Daten, einschließlich der jeweiligen Meta-, Stamm- und Bewegungsdaten sowie der internen und externen Verknüpfungen (z. B. zwischen den Tabellen einer relationalen Datenbank), und elektronische Dokumente und Unterlagen in einem maschinell lesbaren und auswertbaren Format zur Auswertung überlassen werden. Dies kann z. B. auf einem Datenträger oder durch Zurverfügungstellung der Daten über eine Datenaustauschplattform erfolgen, für die die Finanzbehörde einen Zugang eröffnet hat (§ 87a Absatz 1 AO). Dieses Verlangen kann gern. § 197 Absatz 3 AO mit der Prüfungsanordnung innerhalb einer angemessenen Frist bereits vor dem Beginn der Prüfung geltend gemacht werden. Die Finanzbehörde ist nicht berechtigt, selbst Daten aus dem DV-System herunterzuladen oder Kopien vorhandener Datensicherungen vorzunehmen.

168 Die Datenüberlassung umfasst die Mitnahme der Daten aus der Sphäre des Steuerpflichtigen. Eine Verarbeitung und Aufbewahrung der Daten ist auch auf mobilen Datenverarbeitungssystemen der Finanzbehörden unabhängig von deren Einsatzort zulässig. Die Finanzbehörde darf die Daten bis zur Unanfechtbarkeit der die Daten betreffenden Verwaltungsakte auch auf den mobilen Datenverarbeitungssystemen unabhängig vom Einsatzort aufbewahren (vgl. § 147 Absatz 7 AO).

169 Spätestens nach Bestandskraft der aufgrund der Außenprüfung ergangenen Bescheide sind die vom Steuerpflichtigen überlassenen Daten zu löschen und ggf. zur Auswertung überlassene Datenträger an diesen zurückzugeben.«

17. Randziffer 176 wird wie folgt geändert:
    a) In Satz 1 wird das Wort »Datenträgerüberlassung« durch das Wort »Datenüberlassung« ersetzt.
    b) In Satz 4 und 5 wird jeweils das Wort »Datenträger« durch das Wort »Datenüberlassungen« ersetzt.
    c) In Satz 7 wird das Wort »Finanzverwaltung« durch das Wort »Finanzbehörde« ersetzt.
18. In Randziffer 177 wird das Wort »Datenträgerüberlassung« durch das Wort »Datenüberlassung« ersetzt.
19. Randziffer 178 wird wie folgt gefasst:

»178 Ergänzende Informationen zur Datenüberlassung sind in der Anlage zusammengefasst. Die Digitalen Schnittstellen der Finanzverwaltung (DSFinV bzw. DLS) stehen auf der Internet-Seite des Bundeszentralamts für Steuern (www.bzst.de) zum Download bereit. «

20. Randziffern 182 bis 184 werden durch die folgenden Randziffern ersetzt:

»182 Die GoBD in der Fassung vom 28. November 2019 treten mit Wirkung vom 1. Januar 2020 an die Stelle des BMF-Schreibens vom 14. November 2014 – IV A 4 – S 0316/13/10003 –, BStBl I S. 1450.

183 Die GoBD in der Fassung vom 28. November 2019 sind auf Besteuerungszeiträume anzuwenden, die nach dem 31. Dezember 2019 beginnen. Es wird nicht beanstandet, wenn der Steuerpflichtige diese Grundsätze auf Besteuerungszeiträume anwendet, die vor dem 1. Januar 2020 enden.

184 Die GoBD in der Fassung vom 11. März 2024 gelten ab dem 1. April 2024.«

22. Die Anlage wird wie folgt gefasst:

»Ergänzende Informationen zur Datenüberlassung

Die »Grundsätze zur ordnungsmäßigen Führung und Aufbewahrung von Büchern, Aufzeichnungen und Unterlagen in elektronischer Form sowie zum Datenzugriff (GoBD)« in Form der Neufassung durch das BMF-Schreiben vom 28. November 2019 (BStBl I S. 1269), geändert durch das BMF-Schreiben vom 11. März 2024 regeln die Datenüberlassung.

Auf Verlangen der Finanzbehörde müssen aufzeichnungs- und aufbewahrungspflichtige Daten und zur Auswertung der Daten notwendige Strukturinformationen in maschinell auswertbarer Form durch das geprüfte Unternehmen bereitgestellt werden.

Da gerade die Datenüberlassung dem geprüften Unternehmen erhebliche Probleme bereiten kann, werden nachfolgende Informationen zur Datenüberlassung als Hilfe bereitgestellt.

1. Beschreibungsstandard für die Datenüberlassung

Die Finanzbehörde hat mit Softwareherstellern sowie dem deutschen Vertrieb der bundeseinheitlichen Prüfsoftware der Finanzverwaltung »IDEA« (Firma CaseWare Germany GmbH) eine einheitliche, technische Bereitstellungshilfe zur Format- und Inhaltsbeschreibung der aufzeichnungs- und aufbewahrungspflichtigen Daten entwickelt.

Umfang, Struktur oder Bezeichnung der aufzeichnungs- und aufbewahrungspflichtigen Daten werden durch den Beschreibungsstandard nicht vorgegeben.

1.1 Beschreibungsstandard als technische Bereitstellungshilfe

Der Beschreibungsstandard für die Datenüberlassung definiert die Datenimport-Schnittstelle zur automatisierten Übernahme aufzeichnungs- und aufbewahrungspflichtiger Daten einschließlich der zur maschinellen Auswertung erforderlichen Strukturinformationen und Verknüpfungen. Er ermöglicht Softwareherstellern und geprüften Unternehmen auf freiwilliger Basis eine problemlose Datenübergabe bei angeforderter Datenüberlassung im Rahmen einer Außenprüfung.

1.2 Funktionsweise und Inhalt des XML-basierten Beschreibungsstandards

Um die unterschiedlichen Datenstrukturen verarbeiten zu können, muss das geprüfte Unternehmen oder ein beauftragter Dritter die aufzeichnungs- und aufbewahrungspflichtigen Daten weitgehend »denormalisiert« zur Verfügung stellen. Der Beschreibungsstandard legt das Dateiformat für diese Daten auf gängige Standardformate fest. Zusätzlich liefert der Beschreibungsstandard eine maschinell auswertbare Beschreibung der Daten, Datenformate und Verknüpfungen im XML-Format.

1.3 Weiterführende Informationen zum Beschreibungsstandard

Die aktuelle technische Beschreibung kann bei der Firma CaseWare Germany GmbH (https://www.caseware.net/) kostenlos angefordert werden. Sie beinhaltet insbesondere die technische Organisation des Beschreibungsstandards und eine Erläuterung der zugrunde liegenden DTO (Document Type Definition).

1.4 Muster-index.xml-Dateien der Finanzbehörde

Im Zusammenhang mit der Beschreibung digitaler Schnittstellen stellt die Finanzbehörde Muster-index.xml zur Verfügung. Zur Verwendung und Anpassung der Muster-index.xml gilt Folgendes: Die Felder (Spalten) müssen in jeder zur Verfügung gestellten csv-Datei in der beschriebenen Reihenfolge enthalten sein. In jeder csv-Datei soll ein Kopfdatensatz mit den Bezeichnungen des Feldnamens vorangestellt werden. Darüber hinaus ist eine beschreibende index.xml-Datei beizufügen. Die jeweilige Muster-index.xml der Finanzbehörde ist bei Verwendung von Zusatzfeldern und tabellen zu ergänzen und bei Abweichungen der csv-Daten vom Muster anzupassen (z. B. kein Kopfdatensatz enthalten, Feldtrenner nicht Semikolon, Dezimaltrennzeichen nicht Komma, Tausendertrennzeichen nicht Punkt, Zeilenumbruch nicht CRLF, Texteinschlusszeichen nicht Anführungszeichen).

2. Digitale LohnSchnittstelle

Für den Bereich der Lohnsteuer-Außenprüfung hat die Finanzbehörde die Digitale LohnSchnittstelle (DLS) erarbeitet.

Die DLS ist eine verpflichtend einzuhaltende Datensatzbeschreibung für den standardisierten Datenexport aus dem Lohnabrechnungsprogramm des Arbeitgebers zur Übergabe an die Finanzbehörde. Sie stellt eine einheitliche Strukturierung und Bezeichnung der nach § 41 EStG und § 4 LStDV im Lohnkonto aufzuzeichnenden Daten in Dateien und Datenfelder sicher – unabhängig von dem Lohnabrechnungsprogramm des Arbeitgebers. Eine abschließende Definition und Aufzählung der aufzeichnungs und aufbewahrungspflichtigen Daten sind mit der DLS nicht verbunden.

Das Datenzugriffsrecht nach § 147 Absatz 6 AO auf weitere aufzeichnungs- und aufbewahrungspflichtige Unterlagen bleibt von der Anwendung der DLS unberührt.

Die jeweils aktuelle Version der DLS steht mit weiteren Informationen auf der Internetseite des Bundeszentralamtes für Steuern unter www.bzst.bund.de zur Einsicht und zum Download bereit.

3. Exporte aus elektronischen Aufzeichnungssystemen, die in den Anwendungsbereich des§ 146a Absatz 1 Satz 1 und Absatz 3 AO i. V. m. § 1 Kassensicherungsverordnung fallen

Mit dem Gesetz zum Schutz vor Manipulationen an digitalen Grundaufzeichnungen vom 22. Dezember 2016 (BGBI. 1 S. 3152) wurde geregelt, dass Daten, die mit Hilfe eines elektronischen Aufzeichnungssystems erfasst werden, ab dem 1. Januar 2020 mit einer zertifizierten technischen Sicherheitseinrichtung (TSE) zu schützen sind (vgl. § 146a Absatz 1 Satz 1 und 2 AO i. V. m. § 1 Kassensicherungsverordnung – KassenSichV). Diese Daten sind der Finanzbehörde anlässlich einer Außenprüfung oder einer Kassen-Nachschau über eine einheitliche digitale Schnittstelle (§ 4 KassenSichV) zur Verfügung zu stellen (vgl. § 146a Absatz 1 Satz 4 AO). Die einheitliche digitale Schnittstelle besteht aus der Einbindungsschnittstelle, der Exportschnittstelle sowie der Digitalen Schnittstellen der Finanzverwaltung (DSFinV – vgl. Nr. 4 des AEAO zu§ 146a bzw.

Nr. 1.13 des AEAO zu§ 146a in der ab 1. Januar 2024 geltenden Fassung). Über sie sind jeweils verpflichtend die erforderlichen Daten sowie Formate definiert.

Die jeweilige DSFinV liefert hierzu eine fachliche und technische Beschreibung.

Die jeweils aktuelle Version der jeweiligen DSFinV steht mit weiteren Informationen auf der Internetseite des Bundeszentralamtes für Steuern unter www.bzst.bund.de zur Einsicht und zum Download bereit.

Das Datenzugriffsrecht nach § 147 Absatz 6 AO auf weitere aufzeichnungs- und aufbewahrungspflichtige Unterlagen bleibt von der Anwendung der jeweiligen DSFinV unberührt.

4. Weitere unterstützte Dateiformate der Prüfsoftware

Neben dem Beschreibungsstandard unterstützt die von der Finanzbehörde eingesetzte Prüfsoftware IDEA folgende Dateiformate – sofern die zur Auswertung der Daten notwendigen Strukturinformationen gleichfalls in maschinell auswertbarer Form bereitgestellt werden und das Einlesen der Daten ohne Installation zusätzlicher Fremdsoftware möglich ist:

- ASCII feste Länge
  (zzgl. Information für Struktur und Datenelemente etc. in maschinell auswertbarer Form)
- ASCII Delimited
  (einschließlich kommagetrennter Werte, zzgl. Information für Struktur und Datenelemente etc. in maschinell auswertbarer Form)
- Excel
  (nur Dateien im xlsx-Format/Dateien in anderen Excel-Formaten werden nicht unterstützt, zzgl. Informationen für Struktur und Datenelemente etc. in maschinell auswertbarer Form)
- Access
  (nur Dateien im accdb-Format/Dateien im mdb-Format werden nicht unterstützt, zzgl. Informationen für Struktur und Datenelemente etc. in maschinell auswertbarer Form)
- dBASE
  (zzgl. Informationen für Struktur und Datenelemente etc. in maschinell auswertbarer Form)
- Dateien von SAP/AIS
  (zzgl. Informationen für Struktur und Datenelemente etc. in maschinell auswertbarer Form)

Des Weiteren ist bei passwortgeschützten Dateien erforderlich, das Kennwort anzugeben. Nicht unterstützte Dateiformate müssen in lesbare Formate konvertiert werden.

Werden die Daten aus einer Tabellenkalkulation angeliefert, sollten in den Tabellen nur die reinen Daten und keine leeren Zeilen, Zwischensummenzeilen oder Summenzeilen enthalten sein. Die Felder sollten entsprechend dem Feldtyp formatiert werden und in der ersten Zeile einen entsprechenden Feldnamen enthalten. Verknüpfungen sollten als eindeutige Schlüsselfelder mitgeliefert werden. Für eine maschinelle Auswertbarkeit ist u.a. die Verwendung eindeutiger Feld- und Datensatztrennkriterien sowie Texteinschlusszeichen erforderlich (so darf zum Beispiel das Texteinschlusszeichen nicht als Feldinhalt verwandt werden).

5. Anwendungsregelung
Dieses Schreiben ersetzt das Schreiben vom 28. November 2019.

Soweit folgende Formate nicht mehr aufgenommen wurden, werden diese für Besteuerungszeiträume, die nach dem 31. Dezember 2024 beginnen, nicht mehr unterstützt:

- EBCDIC feste Länge (zzgl. Information für Struktur und Datenelemente etc. in maschinell auswertbarer Form)
- EBCDIC Dateien mit variabler Länge (zzgl. Information für Struktur und Datenelemente etc. in maschinell auswertbarer Form)
- Lotus 123 (zzgl. Informationen für Struktur und Datenelemente etc. in maschinell auswertbarer Form)
- ASCII-Druckdateien (zzgl. Info für Struktur und Datenelemente etc. in maschinell auswertbarer Form)
- Konvertieren von AS/400 Datensatzbeschreibungen
  (FDF-Dateien erstellt von PC Support/400) in RDE-Datensatzbeschreibungen (zzgl. Informationen für Struktur und Datenelemente etc. in maschinell auswertbarer Form)

Für Besteuerungszeiträume, die vor dem 1. Januar 2025 enden, gilt das Schreiben für die vorgenannten Formate in der Fassung vom 28. November 2019 fort. «

Dieses Schreiben wird im Bundessteuerblatt Teil I veröffentlicht. Es steht ab sofort für eine Übergangszeit auf den Internetseiten des Bundesministeriums der Finanzen (http://www.bundesfinanzministerium.de) zum Herunterladen bereit.

Ändernder Verweis

VV DEU BMF 2019-11-28 IV A 4-S 0316/19/10003:001 (Neuregelung)

Stichwortverzeichnis

Autoren

Elisa Lutz ist Steuerberaterin, Dipl. Finanzwirtin (FH), Geschäftsführerin und Partnerin bei der HWS Wirtschaftsprüfungs- und Steuerberatungsgesellschaft mit Hauptsitz in Stuttgart. Sie setzt sich neben der operativen Steuerberatung für den Bereich Innovation und TaxTech ein und leitet die für GoBD, Verfahrensdokumentation und Tax Compliance-Management-Systeme zuständige Abteilung der HWS-Gruppe. Frau Lutz hat für HWS unter anderem die divedo GmbH gegründet und leitet diese.

Michael Bissinger, Wirtschaftsinformatiker, Mitgründer der divedo GmbH, Beratungsgesellschaft für die Erstellung GoBD-konformer Verfahrensdokumentationen, Sindelfingen.

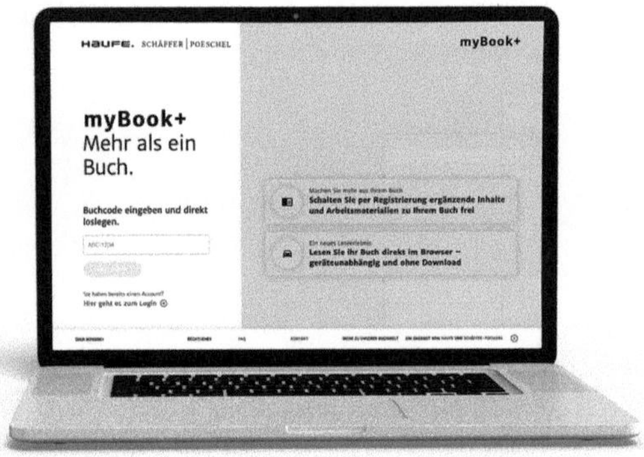

Ihre Online-Inhalte zum Buch: Exklusiv für Buchkäuferinnen und Buchkäufer!

► **https://mybookplus.de**

► Buchcode: **FVI-73540**

PI13771244

9821467